中等职业教育计算机应用专业（物联网方向）系列教材

智能家居设备安装与调试

主　编　于恩普

副主编　张　鲁　高立静　李　宁　聂玉成

参　编　张　曦　鞠　娜　刘鑫国　张海涛

兰秀芹　吕孝琪

主　审　谭胜富

机械工业出版社

本书是集体验与实训于一体的指导操作性教材，共包括8个工程，每个工程按项目逐项进行讲解，每个项目下设若干任务，每个任务都是通过“知识链接”“上岗实操”“职场互动”和“拓展提升”4个部分来完成的。涉及操作技巧和注意事项部分，则是通过“温情提示”表述的。

本书依据项目流程，先通过“智能家居”体验整体效果及项目流程，再按照人们的一般行为习惯逐步展开“智能灯光布局及调控”“智能窗帘购置及安装”“智能影音及红外”“智能门锁及智能识别”以及“智能家居布防与监控”工程的体验与实训，将单项技能整合起来利用“智能家居样板操作间维护”完成智能家居安装调试整体实训任务，最后结合智能家居实际产品进行“智能家居DIY”教学与实训。

本书可作为中等职业学校物联网技术应用专业及相关专业的教材，也可作为智能家居爱好者的参考读本。本书还配有电子课件，选用本书作为教材的教师可以从机械工业出版社教育服务网（www.cmpedu.com）免费注册下载或联系编辑（010-88379194）咨询。

图书在版编目（CIP）数据

智能家居设备安装与调试/于恩普主编.—北京：机械工业出版社，2015.10
（2022.1重印）
中等职业教育计算机应用专业（物联网方向）系列教材
ISBN 978-7-111-51781-8

Ⅰ.①智… Ⅱ.①于… Ⅲ.①房屋建筑设备—电气设备—建筑安装—中等专业学校—教材②房屋建筑设备—电气设备—调试方法—中等专业学校—教材 Ⅳ.①TU85

中国版本图书馆CIP数据核字（2015）第239833号

机械工业出版社（北京市百万庄大街22号 邮政编码100037）
策划编辑：梁 伟 责任编辑：李绍坤 吴晋瑜
封面设计：鞠 杨 责任校对：李 丹
责任印制：郜 敏

北京盛通商印快线网络科技有限公司印刷

2022年1月第1版第8次印刷
184mm×260mm·18印张·451千字
9 901—11 400册
标准书号：ISBN 978-7-111-51781-8
定价：43.00元

电话服务 网络服务
客服电话：010-88361066 机 工 官 网：www.cmpbook.com
010-88379833 机 工 官 博：weibo.com/cmp1952
010-68326294 金 书 网：www.golden-book.com
封底无防伪标均为盗版 机工教育服务网：www.cmpedu.com

教材编审委员会

前 言

智能家居是人们最容易感受到物联网技术应用的典型案例，是开启物联网技术应用的钥匙。以此还可以拓展到智慧社区及智能物业领域，以智能家居为标志的智慧社区建设越来越多，大型的海尔 U-home 智慧社区就新建了多处，发展前景十分可观。

本书是计算机应用专业（物联网方向）建设成果之一，是依据智能家居的国内典型产品与国家职业技能大赛产品，与上海企想信息技术有限公司深度合作、联合开发的具有专业特色的操作式手册型系列化实训教材。本书共 8 个工程主要内容包括：工程 1 智能家居体验、工程 2 智能灯光布局及调控、工程 3 智能窗帘购置及安装、工程 4 智能影音及红外、工程 5 智能门锁及智能识别、工程 6 智能家居布防与监控、工程 7 智能家居样板操作间维护、工程 8 智能家居 DIY。

本书教学建议如下：

工程序号	工程名称	体验（仿真）学时	实训学时	探究学时
1	智能家居体验	8	2	2
2	智能灯光布局及调控	2	8	2
3	智能窗帘购置及安装	2	4	2
4	智能影音及红外学习	2	6	2
5	智能门锁及智能识别	2	6	2
6	智能家居布防与监控	2	6	2
7	智能家居样板操作间维护	4	8	2
8	智能家居 DIY	2	6	2
合 计		24	46	16

本书采用校企合作形式编写，即由校方负责教学设计及教材编写，由企业负责技术支持并制订岗位标准。本书具体分工如下：谭胜富负责教材整体教学设计及审稿工作，于恩普编写工程 1 并统稿，高立静编写工程 2，张曦编写工程 3，鞠娜编写工程 4，刘鑫国编写工程 5，张海涛编写工程 6，李宁编写工程 7，兰秀芹编写工程 8；上海企想信息技术有限公司北方总监张鲁提供技术支持及岗位标准，丹东市中等职业技术专业学校吕孝琪和鞍山市信息工程学校聂玉成负责 PPT 课件的制作。

感谢东北物联网职业教育联盟核心成员的支持及合作单位的配合。

编 者

目　录

工程1　智能家居体验

智能家居安装调试的职场环境是由具有标志性的智能家居情景仿真体验馆、智能家居安装维护和网络综合布线职业技能赛赛场三个实训场馆构成的。

本工程在智能家居情景仿真体验馆中实施，具有“体验与实训一体”特色的实训场馆由三部分组成。

学习测试岛（初级）：该部分由15个工位3组台式计算机组成。学生通过智能家居设备安装调试仿真学习测试合格后，排队进入样板操作间。

样板操作间（中级）：该部分有3组智能家居样板操作间，其中设有12件家居常用电器及配套控制设备，台式计算机和平板电脑各一套，附加一个设备安装调试用的工具箱等。学生须按照智能家居设备安装调试职业竞赛规程要求进行严格训练，考核合格后方能进入到客厅实训区。

客厅实训区（高级）：实际客厅格局及常用家居，配有5套三类国内智能家居完整设备。学生按照“用户”要求，自行设计、选择产品、安装调试，考核合格后可以获得“智能家居安装调试工”合格证书。

本工程在智能家居情景仿真体验馆的客厅实训区开始体验。

工程目标

1）正确识读智能家居设备，能够对智能家居应用系统进行简单集成测试，具有智能家居工程现场施工及管理能力。

2）具备良好的工作品格和严谨的行为规范。具有较好的语言表达能力，能在不同场合恰当地与他人交流和沟通；能正确地撰写规范的施工文献。

3）加强法律意识和责任意识。制订施工合同，并严格按照合同办事。

4）树立团队精神、协作精神，养成良好的心理素质和克服困难的能力以及坚韧不拔的毅力。

项目1　智能家居案例体验

角色设置：客户命名为“小终端”，简称“小仲”；公司命名为“大智慧”，简称“大志”。

项目导引：公司的导购“大志”带领客户“小仲”来到智能家居情景仿真体验馆时，绚丽的灯光和优美的背景音乐引起了“小仲”的极大兴趣。他非常好奇这灯光和音乐是怎么控制的？当从“大志”处得知是用平板电脑和智能手机控制灯光和音乐时，“小仲”兴奋地说：“让我玩玩！”，随后拿过平板电脑就对灯光、电视机、窗帘……进行预定动作的设置。“小仲”突然问道：“那原来的普通开关还能用吗？”“大志”告诉“小仲”原来的普通开关需要换成智能开关，并讲述了智能开关与普通开关的区别。“小仲”疑惑不解地问道：“平板电脑和智能手机是怎么实现对家居电器控制的？”“大志”耐心地解释道：“智能手机和平板电脑通过Wi-Fi 或 3G/4G 网络与连接到网络上的智能家居协调器通信，再通过无线传感设备控制家居电器。”下面介绍智能家居安装调试的整个过程。

活动流程：依据人们的行为习惯，通过安排智能终端的类型与云端控制、智能开关与普通开关的区别、无线传感设备类型及通信方式、智能家居协调器与网络连接等系列活动，使学生对智能家居设备有一个全面的认知，最后一个环节是角色扮演，即学生两两组队：一个作为业主依据自家真实情况提出家居智能化改造设想，另一个作为工程技术人员按照业主需求依据项目规范流程及描述制订出智能家居施工方案。

任务 1　智能终端的类型与“云端”控制

知识链接

1. 智能终端

智能终端设备是指具有多媒体功能的智能设备，这些设备支持音频、视频、数据等方面的功能。如可视电话、会议终端、内置多媒体功能的 PC、PDA 等。

2. “云端”

“云端”是一个小软件，但又是一个大平台。安装“云端”之后，再使用其他软件就不再需要下载安装，直接使用即可；通过虚拟化的运行环境，能够保持系统的长久“干净”、绿色，保持软件与系统的安全隔离——此方面类似于沙盒（Sandbox）。简言之，“云端”等于“应用软件的免安装/便携化安全环境”。注意：云端软件平台的“云端”二字，并不是指目前的“云计算”，而是基于应用虚拟化技术的软件，它与 VMware ThinApp、Symantec SVS、Microsoft APP-V 在技术上有共同之处，但后者都是面向企业级市场提供服务，而“云端”是面向普通用户群体的免费软件。

温情提示

智能终端通常分为家居智能终端、3G/4G 智能终端、数字会议桌面智能终端及金融智能终端。

上岗实操

平板电脑或专用的智能终端是实现智能家居内部无线控制（Wi-Fi）的常用终端，与智能家居的专用智能终端具有相同的控制效果。而智能手机通常用于智能家居外部的远程控制（也叫云端控制），如图 1-1 所示。

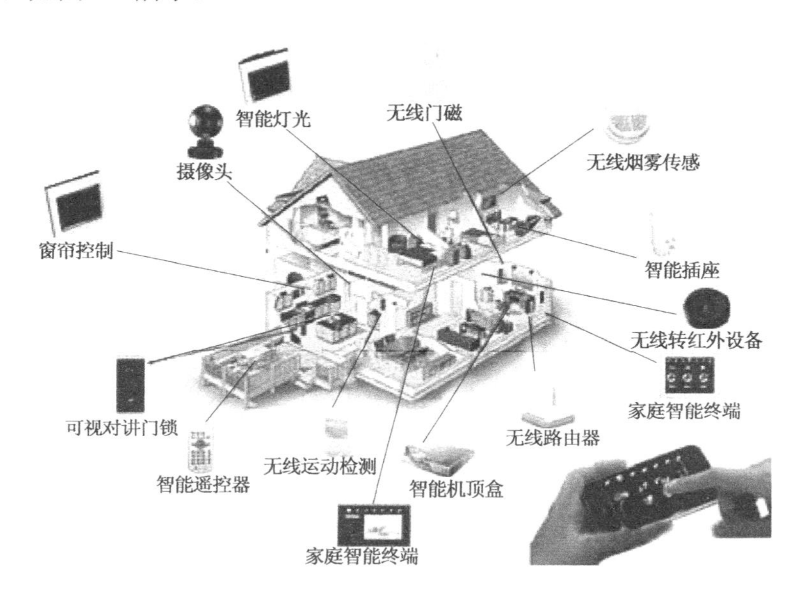

图1-1　智能手机云端控制示意图

无论是智能手机、平板电脑，还是智能家居的专用智能终端，其操作方法均比较简单。智能家居控制面板的一个界面。如图 1-2 所示。

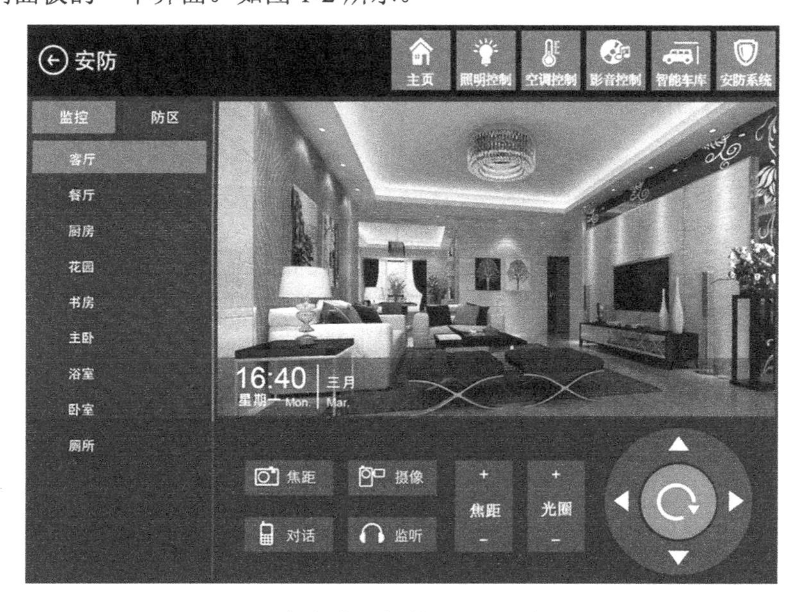

图1-2　智能家居控制面板的一个界面

操作竞赛：将班级成员按照 5 人一组的形式分成竞赛单位。每组挑选出操作智能手机最快的同学进行小组间的比赛。

比赛内容：教师事先在纸上书写好的 5 种操作，每组操作的类型相同，但内容不同。

竞赛方式：队员随机选题，拿到题后，一个学生读题、一个学生做、其他学生提示，计时评分，用时最少者获胜。

职场互动

互动题目：畅想智能家居的控制方式。

互动方式：小组竞赛，小组互评，教师讲评。

拓展提升

1）通用的智能手机和平板电脑在使用前需要下载、安装智能家居终端控制的应用软件。以安卓（Android）系统智能手机为例，其下载及安装步骤如下：

①通过互联网下载安卓（Android）客户端应用程序。

②输入用户名及密码，进入用户界面。

南京物联智能家居终端控制应用软件的登录界面如图 1-3 所示。

图1-3　南京物联智能家居终端控制应用软件的登录界面

具体操作在教师的指导下进行，或通过指导手册完成。

2）进行智能家居设施的联动设置。

提示：

①光敏传感器与窗帘配合，若室外亮，则自动打开窗帘；室外黑，则自动拉上窗帘。

②若有人（触发红外人体探测器）进入室内，报警器自动嗡鸣报警。

③若有人（触发红外人体探测器）进入室内，室外黑就自动开灯，室外亮则不开灯，室

内无人 5s 后自动关灯。

3）进行特殊场景的设置。

提示：

①回家模式。天黑门廊灯自动亮，窗帘自动拉上；若室内温度没有达到 20℃，则空调器自动开启，热水器自动开启。

②离家模式。自动关闭全部灯光，门廊灯滞后 30s 关闭。若室内温度不低于 15℃，则空调器制冷自动关闭；若低于 15℃，则空调器制热自动开启，热水器自动关闭。

③家庭影院模式。窗帘自动关闭，电视机及音响自动开启，顶灯及走廊灯自动关闭，色灯自动开启。

4）上网查找海尔 U-home 智能家居的控制终端及操作界面。

提示：通过百度搜索检索“海尔 U-home”。

5）上网查找南京物联智能家居的控制终端及操作界面。

提示：通过百度搜索检索“南京物联”后下载软件，并登录南京物联智能家居控制终端的界面，如图 1-4 所示。

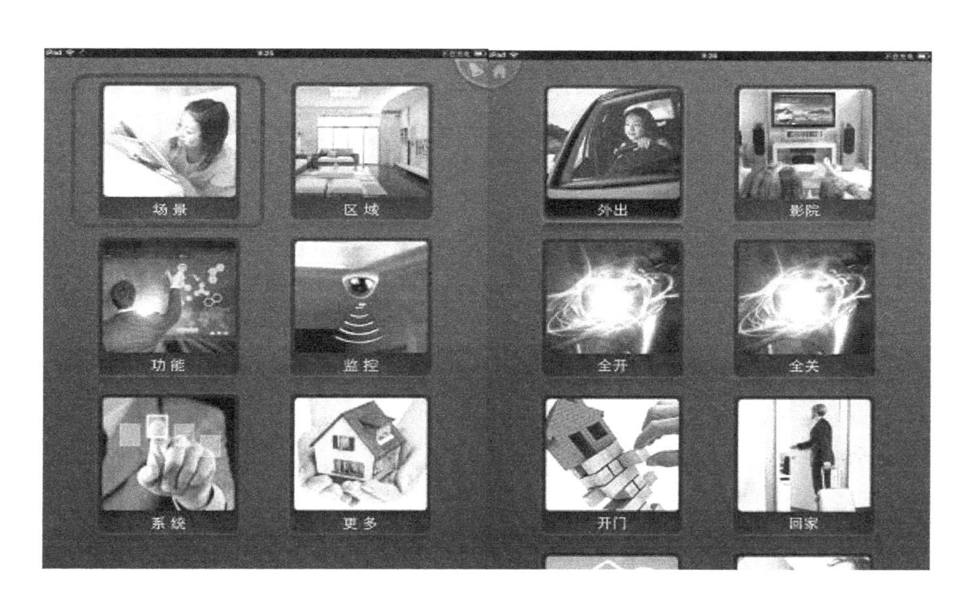

图1-4　南京物联智能家居控制终端的界面

6）找出海尔 U-home 和南京物联的用户界面的异同点。

任务 2　智能家居协调器与网络连接

知识链接

1. ZigBee 协调器

ZigBee 协调器（Coordinator）是整个网络的核心，它选择一个信道和个人局域网标识符

（Personal Area Network ID，PANID）建立网络，并且对加入的节点进行管理和访问，对整个无线网络进行维护。在同一个 ZigBee 网络中，只允许一个协调器工作，当然它也是不可或缺的设备，如图 1-5 所示。

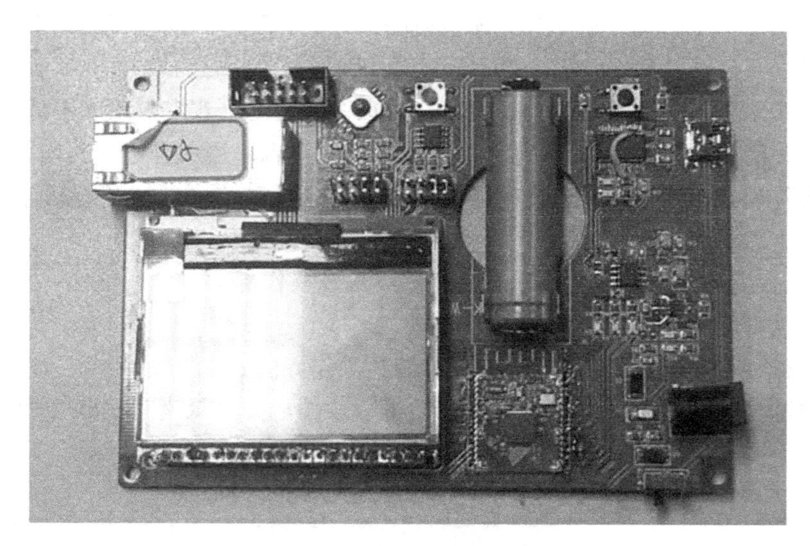

图1-5　ZigBee协调器

2. ZigBee 网络连接

ZigBee 协调器会在允许的通道内搜索其他 ZigBee 协调器，并基于每个允许通道中所检测到的通道能量及网络号，选择唯一的 16 位 PANID，建立自己的网络。建立网络后，ZigBee 路由器与终端设备就可以加入到网络中。一旦出现网络重叠及 PANID 冲突的现象，协调器会通过初始化 PANID 冲突解决程序，改变协调器的 PANID 与信道，同时相应地修改其所有子设备。

 温情提示

ZigBee 的 PANID 是针对一个或多个应用的网络，用于区分不同的 ZigBee 网络。所有节点的 PANID 唯一。一个网络只有一个 PANID，它是由协调器生成的。PANID 是可选配置项，用来控制 ZigBee 路由器和终端节点所要加入的网络。PANID 是一个 16 位标识，其设置范围为 0x0000～0xFFFF。

 上岗实操

1. 协调器配置

将协调器通过 USB 线连接至 PC，然后打开无线传感网实验平台软件，切换至“基础配置”选项卡，选择串口号（即 COM 口编号要与实际情况一致，在“设备管理器”窗口中查询），如图 1-6 所示。

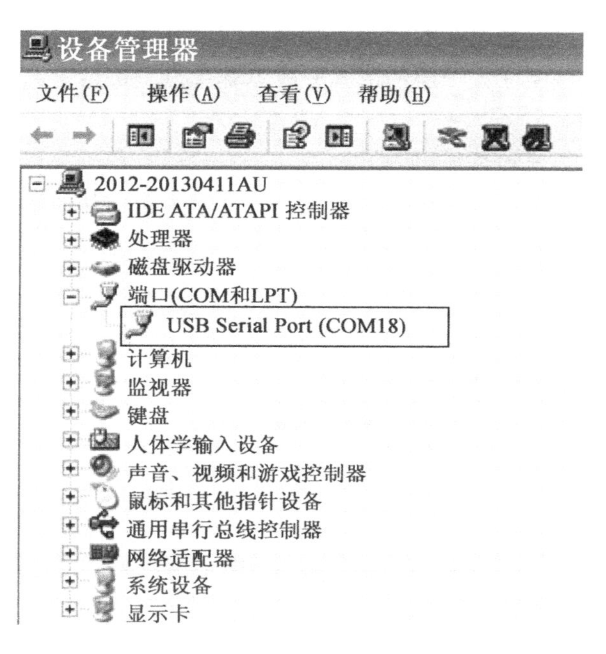

图1-6　协调器串口号查询

单击 Open 按钮，与协调器建立通信，如图 1-7 所示。

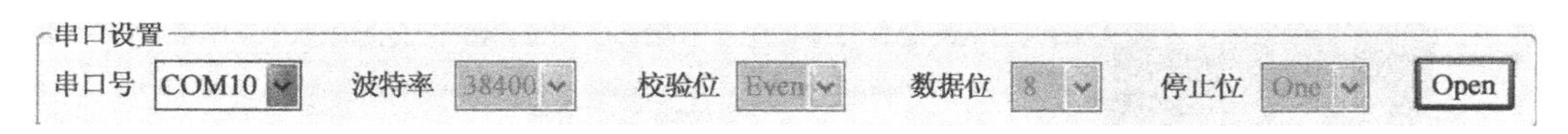

图1-7　与协调器建立通信

2. 系统组网

将各个传感控制器分别与节点板相连接后打开协调器，然后依次打开各个节点板，如果之前的配置正确，则可以在协调器的液晶屏上看到对应的空心方块变成实心的，如图 1-8 所示。

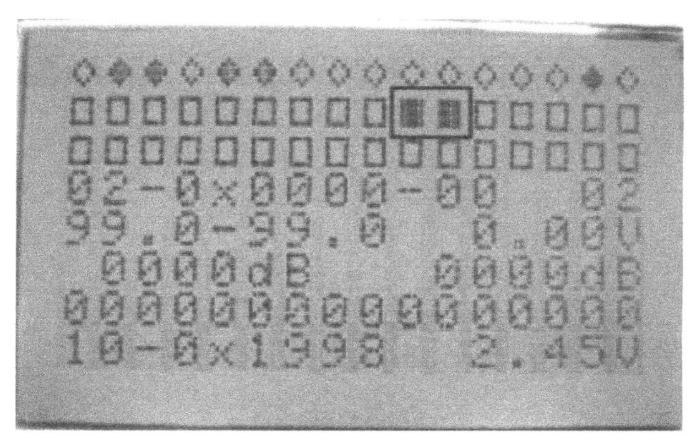

图1-8　成功组网后的协调器状态

打开无线传感网实验平台软件，切换至“设备状态”选项卡，如果之前的配置正确，则可以在软件界面上读取协调器现在的状态，并可以获取各个节点板上传的数据。

操作竞赛：将班级按照 5 人一组的形式分成竞赛单位，每组挑选出操作能力较强的同学进行小组间的比赛。

比赛内容：配置协调器和系统组网。

竞赛方式：队员拿到题后，一个学生读题、一个学生做、其他学生提示，计时评分，用时最少者获胜。

职场互动

互动题目：什么是 ZigBee？

互动方式：小组竞赛，小组互评，教师讲评。

拓展提升

ZigBee 设备有两种类型的地址：物理地址和网络地址。其中，物理地址是一个 64 位 IEEE 地址，即 MAC 地址，通常也称为长地址。64 位地址是全球唯一的地址，在设备的生命周期中一直存在。它通常由制造商或者在被安装时由用户设置。这些地址由 IEEE 维护和分配，如图 1-9 所示。

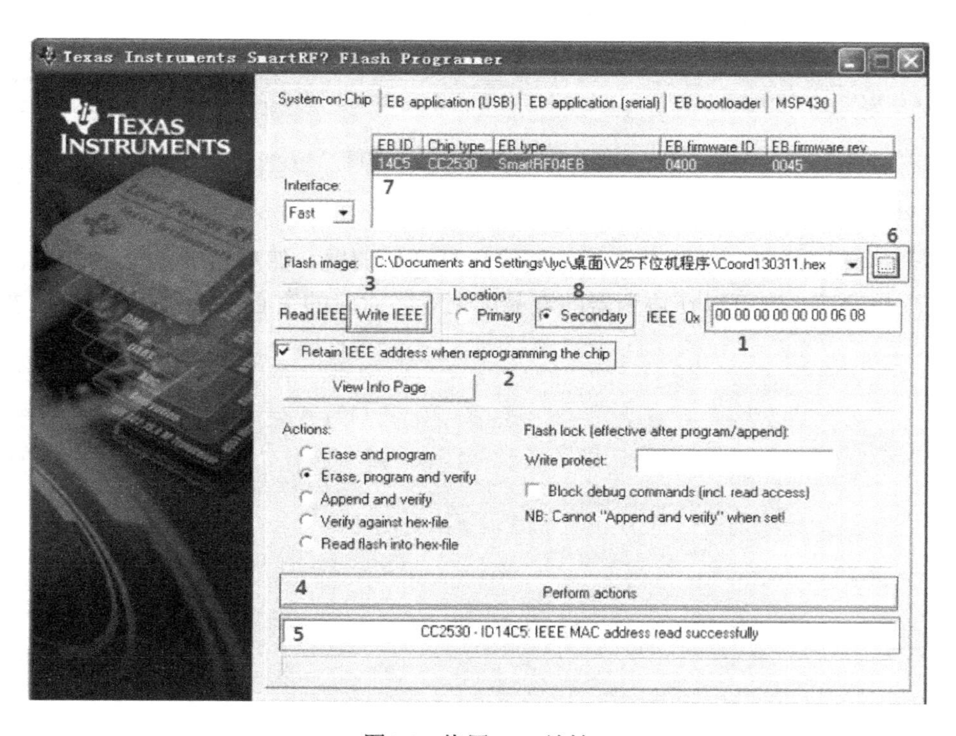

图1-9　烧写MAC地址

1）试烧写协调器、节点板的 MAC 地址。

2）试配置节点板。

任务 3　智能开关与传统开关的区别

知识链接

1. 传统开关与智能开关的面板差异

传统开关指的是机械式墙壁开关，而智能开关是指利用控制板和电子元器件的组合及编程，以实现电路智能开关控制的单元，如图 1-10 所示。

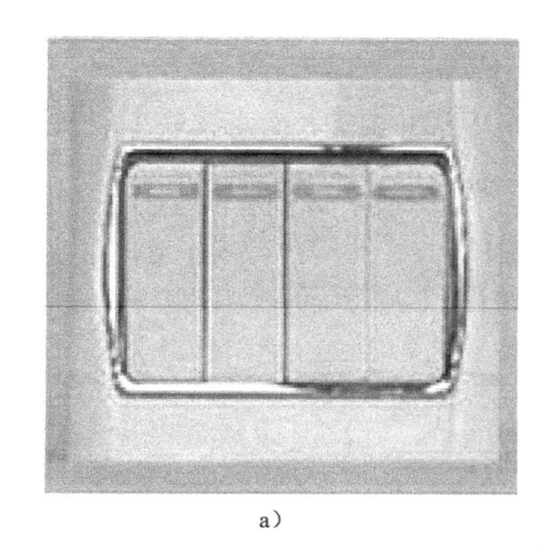

a）

b）

图1-10　传统开关与智能开关

a）传统开关　b）智能开关

2. 智能开关与传统开关的功能差异

智能开关打破了传统开关的开与关的单一作用，它能够设计回路和调光，并可设计程序和遥控，其本身就是一个发射源，且能对设备进行集中管控。除了功能特色多、使用安全、式样美观，智能开关还具有装饰点缀的特点，被广泛应用于家居智能化改造、办公室智能化改造、农林渔牧智能化改造等多个领域，极大节约了能源，既提高了生成效率，又降低了运营成本。

温情提示

智能开关的种类繁多，从功能角度主要分为人体感应开关、电子调光开关、电子调速开关、电子定时开关等；从技术角度主要分为电力线载波开关、无线射频开关、总线控制开关、单相线遥控开关等。

上岗实操

操作竞赛：将班级按照 5 人一组的形式分成竞赛单位，进行小组间的比赛。

比赛内容：每组分配传统开关和智能开关各一个，进行拆卸和安装比赛，并说出二者在内部结构和安装方法上的区别。

竞赛方式：队员拿到题后，共同操作，仔细观察，团队协作，计时评分，操作规范，回答正确且用时最少者获胜。

职场互动

互动题目：简述电子调光开关及电子定时开关智能控制的实现方法。

互动方式：小组竞赛，小组互评，教师讲评。

拓展提升

以安卓（Android）系统智能手机为例，在手机中下载并安装“南京物联智能家居终端控制”的应用软件后，试为场景开关设置对应的场景。具体步骤如下：

1）进入“功能”的修改界面，找到要编辑的场景开关，如图 1-11 所示。

2）当弹出对话框时，单击“设置按键”按钮，如图 1-12 所示。

图1-11　找到要编辑的场景开关

图1-12　“设置按键”按钮

3）进入“设置按键”的界面，即可对按键功能进行设置。单击相应的按钮，选择需要的场景模式（需要事先将自己所需要的功能编辑在一个场景中），最后保存设置并退出。这样就完成了修改，再次单击该按钮时，即可启动刚才设定的场景。

温情提示

虽然场景开关上有按键的名字，但那只是一个标识，和具体触发的场景没有关系，所有的按键设置都可以在软件中进行。

任务 4　项目管理流程及其描述

知识链接

项目管理流程是指项目先后衔接的各个阶段的全体。IT 行业的项目管理流程一般包括项目的启动、定义、决策、计划、实施及控制、管理、收尾、维护期，见表 1-1。

表 1-1　项目管理流程及其描述

管理流程	描　述
启动	开始一个新项目。了解项目实施单位在目前和未来主要业务的发展方向以及这些主要业务使用的技术是什么、使用的环境是什么
定义	项目定义的形式和名称多种多样，包括项目章程、提案、项目数据表、工作报告书、项目细则等。它们的共同点在于体现项目主管方和其他相关各方面对项目的期待
决策	好的决策能为项目控制提供强有力的支持，一般包括必须解决的问题，参与决策过程的对象，必要时进行修正项目陈述，选择与计划目标关联、可执行、可供项目各方参考、供决策之用的标准，确定各标准的权重，设定决策的时限等
计划	在计划编制过程中，可看到后面各阶段的输出文件。计划的编制人员要有一定的工程经验，在制订好计划后，项目的实施阶段将严格按照计划进行控制
实施及控制	实施阶段必须按照上一阶段制订的计划采取必要的活动，来完成计划阶段制订的任务。项目经理将项目分成不同的子项目，由项目团队中的不同成员来完成。项目开始之前，项目经理向参加项目的成员发送《任务书》。其中规定了要完成的工作内容、工程的进度、工程的质量标准、项目的范围等内容
管理	变化管理、风险管理、质量管理、问题管理和信息管理
收尾	项目的干系人对项目产品的正式接收，包含所有可交付成果的完成，同时通过项目审计。主要活动是整理所有产生出的文档并提交给项目建设单位。收尾阶段的结束标志是《项目总结报告》
维护期	项目的产品在运转期间，系统中的软件或硬件有可能出现损坏，需要维护期的工程师对系统进行正常的日常维护。维护期的工作是长久的，将一直持续到整个信息技术（IT）项目的结束

温情提示

一般意义上的项目启动是在招投标结束，合同签订之后。

上岗实操

操作竞赛：将班级按照 5 人一组的形式分成竞赛单位，进行小组间的比赛。

比赛内容：以本校某实训室工程项目建设为例，描述工程实施规范流程。

竞赛方式：队员拿到题后，结合前面学过的知识，通过百度搜索或查阅相关资料后，共同制订项目规范流程，描述准确者获胜。

职场互动

互动题目：如何能够使一个工程项目立项成功？
互动方式：小组竞赛，小组互评，教师讲评。

拓展提升

通过百度或查阅相关资料，了解工程项目的申报流程。

项目 2　业主需求与匹配产品选择

项目描述

角色设置：客户命名为“小终端”，简称“小仲”；公司命名为“大智慧”，简称“大志”。

项目导引：作为智能家居公司的导购员，“大志”不仅熟知智能家居的功能特点，还对各智能家居产品的型号、规格、价格等信息了如指掌，能针对不同阶层的客户情况推荐相应的产品。当客户“小仲”来到公司向“大志”咨询智能家居产品时，“大志”为“小仲”做了满意的介绍。

活动流程：依据人们的行为习惯，通过安排智能家居产品检索询价、别墅豪宅及智能家居产品的选用、智能会议室系统、两室两厅居室智能家居产品的运用、智能家居产品单项应用的典型案例系列活动，使学生对智能家居设备产品的选用有一个全面的认知。最后一个环节是角色扮演，即学生两两组队：一个作为业主依据自家真实情况提出家居智能化改造设想；另一个作为工程技术人员按照业主需求依据项目规范流程及描述为业主选购智能家居产品。

项目实施

任务 1　智能家居产品检索询价

知识链接

智能家居是在互联网影响之下的物联化体现，即通过物联网技术将家中的各种设备联接到一起，以实现家电控制、照明控制、电话远程控制、室内外遥控、防盗报警、环境监测等多种功能。与普通家居相比，智能家居不仅具有传统的居住功能，还能提供舒适安全、高效节能、高度人性化的生活空间。智能家居不再是被动静止的设备，而是转变成了具有“智慧”的工具，可提供全方位的信息交换功能，帮助家庭与外部保持畅通的信息交流，优化人们的生活方式，帮助人们有效地安排时间，增强家庭生活的安全性，并为家庭节省能源费用，如图 1-13 所示。

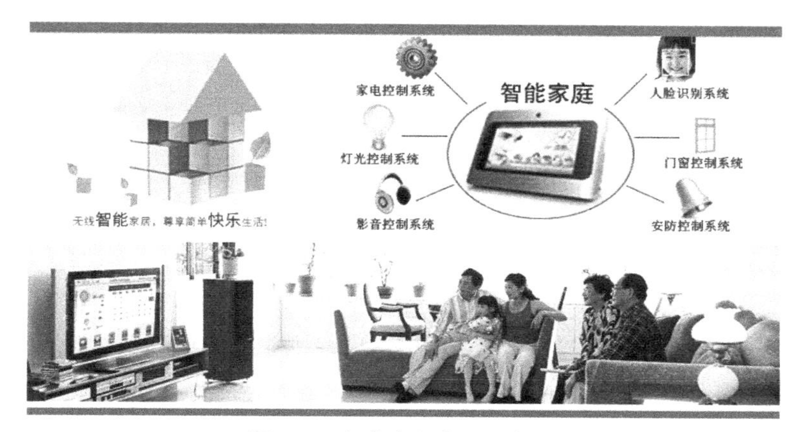

图1-13　智能家居产品示意图

温情提示

目前使用的智能家居产品主要有电动窗帘、家庭影院、智能安防系统、智能照明控制系统、视频会议、智能背景音乐系统、智能监控安防系统等。

上岗实操

随着物联网技术的兴起和智能家居技术的发展，各种品牌的智能家居产品纷纷进入国内外的智能家居市场。

操作竞赛：将班级按照 5 人一组的形式分成竞赛单位，进行小组间的比赛。

比赛内容：检索不同品牌的智能家居产品，了解其主要产品的特点并询价，并完成表 1-2 的填写。

竞赛方式：小组成员共同协作，积极查阅检索，计时评分，检索最全且用时最少者获胜。

表 1-2　智能家居产品询价

品　牌	产品的种类	产品的价格
快思聪		
Control4		
AMX		
海尔		
索博		
亨特		
南京物联		
紫光物联		

职场互动

互动题目：简述不同品牌的智能家居产品的特点。

互动方式：小组竞赛，小组互评，教师讲评。

拓展提升

国内市场上的智能家居品牌很多，但没有统一的技术规范。由于国内品牌和国际品牌的产品都各有其优、缺点，采购者在选择智能家居的产品时往往难于比较，所以应从多方面、多角度综合考察。

试分析：选购智能家居产品时，需要把握哪些方面？

任务 2　别墅豪宅及智能家居产品的选用

知识链接

1）别墅因为其独特的建筑特点，在设计上与一般的居家住宅有着明显的区别，因为不仅要进行室内的设计，还要进行室外的设计。由于所设计的空间范围大大增加，因此在设计过程中要注重整体效果，如图 1-14 所示。

图1-14　别墅豪宅

2）别墅的智能家居系统主要有家庭智能终端、智能照明、智能家电、智能电动窗帘、电话远程控制、自动车库、综合布线、防雷接地、智能监控等系统，可以进行集中控制与管理。

上岗实操

下面介绍某三层独栋别墅的项目框架设计。该别墅的智能家居设计方案选用了家庭智能终端、智能照明、智能家电、智能电动窗帘、电话远程控制、智能安防等系统。其项目框架如图 1-15 所示。

操作竞赛：将班级按照 5 人一组的形式分成竞赛单位，进行小组间的比赛。

比赛内容：根据描述和区域设计，为别墅选择智能家居产品，同时完成表 1-3 的填写。

竞赛方式：队员拿到题后，由一个学生读题。可通过百度查阅相关资料，结合所学进行操作，合理选用产品。表格填写完整且用时最少者获胜。

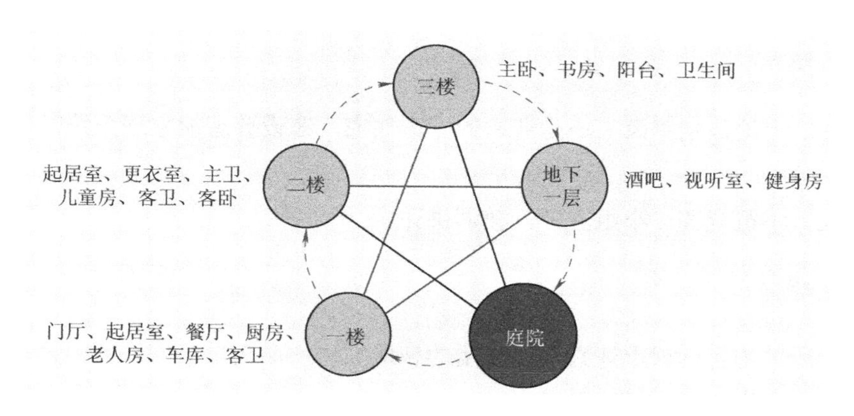

图1-15　某三层独栋别墅的项目框架

表 1-3　别墅智能家居设计及产品选用

设计区域	功能系统	选用产品	
别墅周边	智能安防、智能照明 电话远程控制	大门口	
		庭院前、后	
一楼	家庭智能终端 智能照明 智能家电 智能电动窗帘 智能安防 电话远程控制	门厅	
		起居室	
		餐厅	
		厨房	
		老人房	
		客卫	
二楼	家庭智能终端 智能照明 智能家电 智能电动窗帘 智能安防 电话远程控制	起居室	
		更衣室	
		主卫	
		儿童房	
		客卫	
		客卧	
三楼	家庭智能终端、智能照明、智能家电、智能电动窗帘、智能安防、电话远程控制	主卧	
		书房	
		阳台	
地下室	家庭智能终端、智能照明、智能家电、智能电动窗帘、智能安防、电话远程控制	酒吧	
		视听室	
		健身房	

温情提示

智能家居产品的选用要符合各区域的功能及特点，力求实用、美观、大气、有格调。

职场互动

互动题目：无论是别墅豪宅还是普通的居家住宅，在设计智能家居系统时，哪些系统不可缺少？

互动方式：小组竞赛，小组互评，教师讲评。

拓展提升

结合前面所学内容，就上述别墅所选用的智能家居产品列出明细，并通过百度搜索引擎进行产品询价，做出所选产品的报价表。

任务 3　智能会议室系统

知识链接

智能会议系统是通过中央控制器对各种会议设备及会议环境进行集中控制的一种现代会议模式，如图 1-16 所示。智能会议系统分为以下四个子系统。

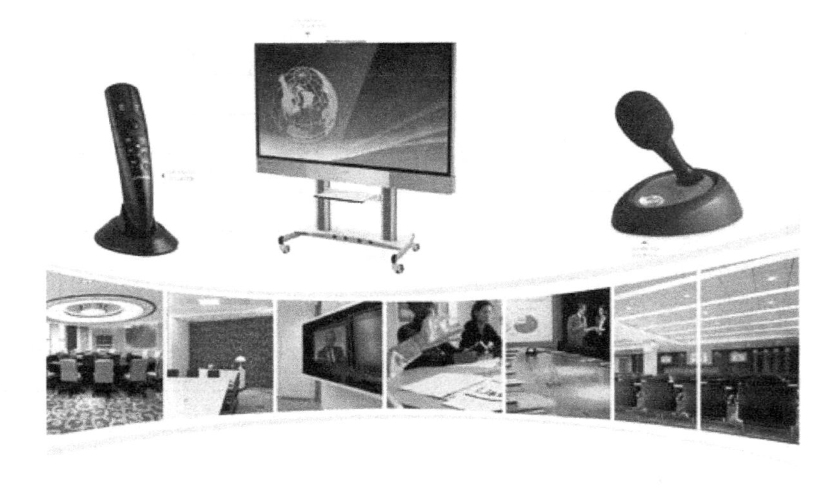

图1-16　智能会议系统

- 数字会议及同声传译系统。该系统可实现的功能有会议讨论发言、会议集体表决、会议的即时多语种翻译、全程录音、各种音频信号的接入等。
- 投影显示及音响系统。该系统的特点为：其一，投影显示系统利用率高、安装简单、亮度高、画面组合方式灵活、屏幕尺寸大（组合拼接是目前大幅面投影方式的首选）；其二，音响系统实现功能可分为扩音、伴音、现场音效、环绕等。不同配置及不同档次的音响设备可营造出完全不同的效果。
- 多媒体周边设备。现代会议需要多种视频信号及现场环境调控，如要播放一些产品演示光盘、录像带所需的 DVD 和录像机，现场环境调控所需的调光灯、日光灯及电动窗帘等。

➢ 智能中控系统。多种信号的选择输出及具体设备的操作集中在一个触摸屏或计算机控制界面上，只需通过直观的控制界面操作，即可让复杂的会议设备操作及环境控制变得轻松自如。

上岗实操

现代会议集中了计算机及多种视频和音频的输入/输出设备，操作者除了要对每个设备实现控制，还要完成设备间的信号切换，使之在一个或多个演播设备中播出。同时，现代会议对灯光、电动屏幕及窗帘等环境控制也是必不可少的要求。各种功能集中在一起，若单纯靠手工来操作，则会显得无比烦琐。智能会议系统恰恰能够解决这个难题。

操作竞赛：将班级按照 5 人一组的形式分成竞赛单位，进行小组间的比赛。

比赛内容：为本校设计智能会议室方案。

竞赛方式：队员拿到题后共同协作，结合所学知识和百度搜索引擎，拟定设计方案。设计合理且用时最少者获胜。

职场互动

互动题目：简述智能会议系统与传统会议系统的联系与区别。

互动方式：小组竞赛，小组互评，教师讲评。

拓展提升

根据为学校设计的智能会议室方案，为学校会议室选购智能会议室的相关产品，并列出产品明细及报价。

任务 4　两室两厅居室智能家居产品的运用

上岗实操

现有一所居家住宅，两室两厅一卫，预在室内安装一套智能家居系统，要求设计得简约、实用。两室两厅一卫居室的平面设计图如图 1-17 所示。

操作竞赛：将班级按照 5 人一组的形式分成竞赛单位，进行小组间的比赛。

比赛内容：为两室两厅拟定智能家居系统设计方案，选购相应的智能家居产品，并列出产品明细及报价表。

竞赛方式：队员拿到题后共同协作，结合所学知识和百度搜索引擎，拟定设计方案。设计合理、表格制作规范、填写完整且用时最少者获胜。

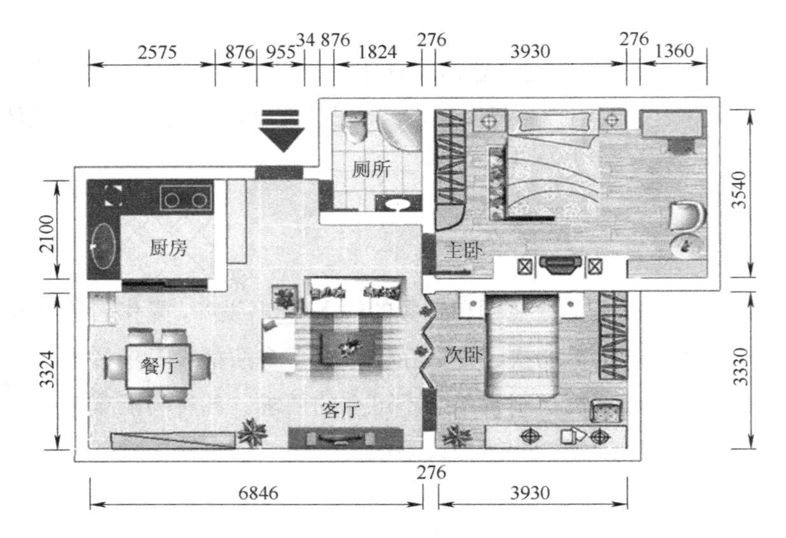

图1-17　两室两厅一卫居室的平面设计图

职场互动

互动题目：目前市场上主流的智能家居产品有哪些？各自的市场竞争优势？

互动方式：小组竞赛，小组互评，教师讲评。

拓展提升

现为三室两厅两卫的居家住宅内安装一套智能家居系统。其平面设计图如图 1-18 所示。试拟定设计方案，并列出选用的智能家居产品明细和产品报价表。

图1-18　三室两厅两卫的平面设计图

任务 5　智能家居产品单项应用的典型案例

知识链接

智能安防系统

智能家居安防系统可采用手机或者平板电脑对系统进行布防、撤防；可实现家居安防报警点的等级布防，并采用逻辑判断，避免系统误报警；一旦发生报警，系统自动确认报警信息、状态及位置，而且报警时能够自动强制占线。在家时，智能网关把门磁、窗磁报警器、红外感应探测器等防盗传感器自动关闭，同时把煤气、烟感等传感器自动打开；外出时，用手机将系统调到“离开”状态，将家里的安防设备全都打开进行布防。一旦有人触发这些传感器，系统不仅自动产生报警，还会把报警信号实时传到主人的手机上。如此安全可靠的家庭安防监控不只是梦想，现在用一部手机就能轻松实现，这就是智能家居安防系统带来的神奇便利和安全感。其设计方案如图 1-19 所示。

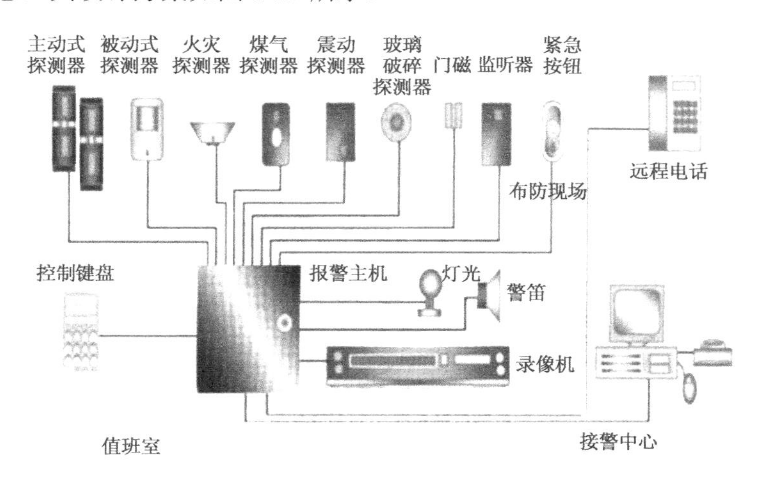

图1-19　智能安防系统的设计方案

温情提示

智能家居系统包括智能灯光控制系统、智能家电控制系统、智能影音控制系统、智能安防控制系统等，用户可根据实际需要进行选择性安装。

上岗实操

操作竞赛：将班级按照 5 人一组的形式分成竞赛单位，进行小组间的比赛。

比赛内容：根据自家的家居户型设计一套智能安防系统，简述设计方案。

竞赛方式：可通过百度搜索引擎查阅相关资料，结合所学参照设计，方案设计合理且用时最小者获胜。

职场互动

互动题目：居民住宅中所安装的智能安防系统的哪些功能是必备的？

互动方式：小组竞赛，小组互评，教师讲评。

拓展提升

试分析智能家居安防系统的工作原理和结构分布。

项目 3　系统方案及施工文献

项目描述

角色设置：客户命名为“小终端”，简称“小仲”；公司命名为“大智慧”，简称“大志”。

项目导引：客户“小仲”刚买了新房，想安装一套智能家居系统，但苦于对智能家居不甚了解，于是来到某知名智能家居公司咨询。智能家居公司的项目经理“大志”接待了“小仲”，并带他到智能家居体验馆感受智能家居的功能及特点。绚丽的灯光、优美的背景音乐、开关的无线调控、设备的远程操作……这一切引起了“小仲”的极大兴趣，更加坚定了为自己新房安装智能家居的决心。“小仲”将自己新房的户型结构及家庭成员等基本情况一一告诉“大志”，让智能家居公司为自己设计一套符合自己需求的智能家居系统方案。

活动流程：依据人们的行为习惯，安排了施工测量及施工放样、绘制系统拓扑图、制订系统方案、利用 Visio 绘制及识读电路图及工程布线图、签订项目合同等系列活动，旨在让学生对智能家居系统的工程项目的设计、施工有一个全面的认知。最后一个环节是角色扮演，即学生两两组队，一个作为业主依据真实情况给出自家智能家居系统的需求描述，另一个作为工程技术人员按照业主需求依据项目规范流程及描述制订出智能家居施工方案。

项目实施

任务 1　施工测量及施工放样，绘制系统拓扑图

知识链接

1）施工测量是指针对各项工程建筑物在施工阶段所进行的测量工作。其主要任务是把图纸上设计的建筑物的平面位置和高程（某点沿铅垂线方向到绝对基面的距离），按设计和施工的要求在施工作业面上测设出来，作为施工的依据，并在施工过程中进行一系列的测量工作，以指导和衔接各施工阶段和工种间的施工工作。

2）施工放样是指将构造物的设计位置与形状按一定的精度在实地上标定出来的工作，即通过设计图纸和数据将构造物的一些特征点的平面和高程位置表达出来，然后通过测量的手段在实地上标出与设计相对应的特征点位置，并钉设标桩。

3）工程项目的系统拓扑图主要是通过简单拓扑让所有人了解系统的大概组成部分。例如图 1-20 所示的就是校园网络的系统拓扑图。

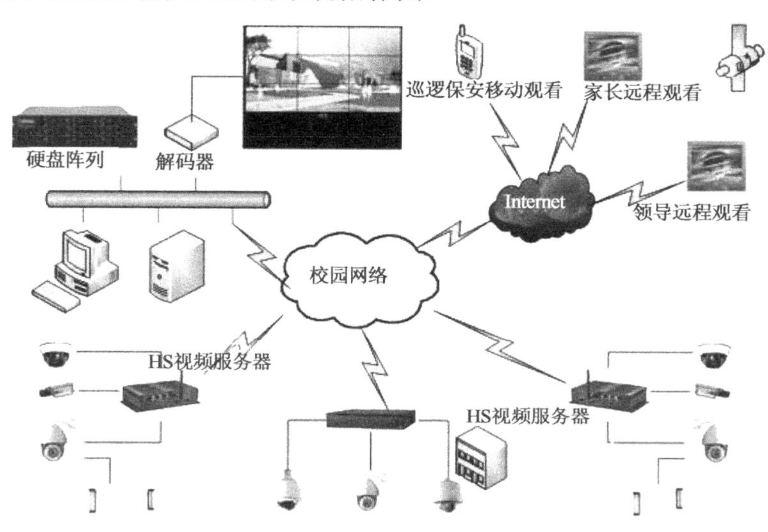

图1-20　校园网络的系统拓扑图

温情提示

无论是施工测量及施工放样，还是绘制系统拓扑图，都是施工准备阶段的工作，旨在为工程施工做前期准备工作。

上岗实操

操作竞赛：将班级按照 5 人一组的形式分成竞赛单位，进行小组间的比赛。

比赛内容：为本校某一实训室进行施工测量，绘制系统拓扑图，并进行施工放样操作。

竞赛方式：实际操作，测量准确、放样规范者获胜。

职场互动

互动题目：简述施工测量的内容及方法。

互动方式：小组竞赛，小组互评，教师讲评。

拓展提升

试分析施工测量及施工放样的主要目的是什么。

任务 2　制订系统方案

知识链接

制订系统方案是指工程项目在具体施工前，施工单位要与业主进行沟通，落实工程项目的具体施工细节，实地调研、考察施工现场，并根据业主的建设需求制订详细的工程施工方案、工期进度表及设备材料采购清单。

上岗实操

某客户要安装一套智能家居系统，其基本情况如下：

三居室（门厅、客厅、餐厅、客卧卫生间、厨房、主卧室、主卧卫生间，次卧、书房）；套内面积 120m^2；所处楼层为 6 层（共 15 层）；三口之家，男主人 33 岁，自己开一个做安防的公司，上班时间不固定，女主人 30 岁，在一家外企担任行政主管，9:00～17:00 上班他们有一个 4 岁大的女孩。有时候父母会过来住一段时间。

操作竞赛：将班级按照 5 人一组的形式分成竞赛单位，进行小组间的比赛。

比赛内容：根据客户的房屋介绍及家庭成员组成，进行需求分析，制订工程项目的系统方案。

竞赛方式：队员拿到题后，通过百度搜索或查阅相关资料，根据业主需求描述制订系统方案，用时最少者获胜。

职场互动

互动题目：试述工程项目系统方案的制订流程。

互动方式：小组竞赛，小组互评，教师讲评。

拓展提升

根据上述客户的需求和所制订的系统方案，绘制智能家居系统拓扑图，列出智能家居系统需要应用的产品并填写表 1-4。

表 1-4　智能家居系统需要应用的产品

产品名称	型　号	数　量	负载设备	适用区域

任务 3　利用 Visio 绘制和识读电路图

知识链接

1）Microsoft Office Visio 是一款便于 IT 和商务专业人员就复杂信息、系统和流程进行可视化处理、分析和交流的软件。该软件可用于创建具有专业外观的图表，以便理解、记录和分析信息、数据、系统和过程。在 Visio 中，以可视方式传递重要信息就像打开模板、将形状图拖动到绘图区域以及对即将完成的工作应用主题一样轻松。

2）电路图是用电路元件符号表示电路连接的图，是人们为满足研究、工程规划的需要，用物理电学标准化符号绘制的一种表示各元器件组成及器件关系的原理布局图。通过电路图可以了解各组件间的工作原理，并为分析性能、安装电子、电器产品提供规划方案。灯光控制系统的硬件接线电路图如图 1-21 所示。

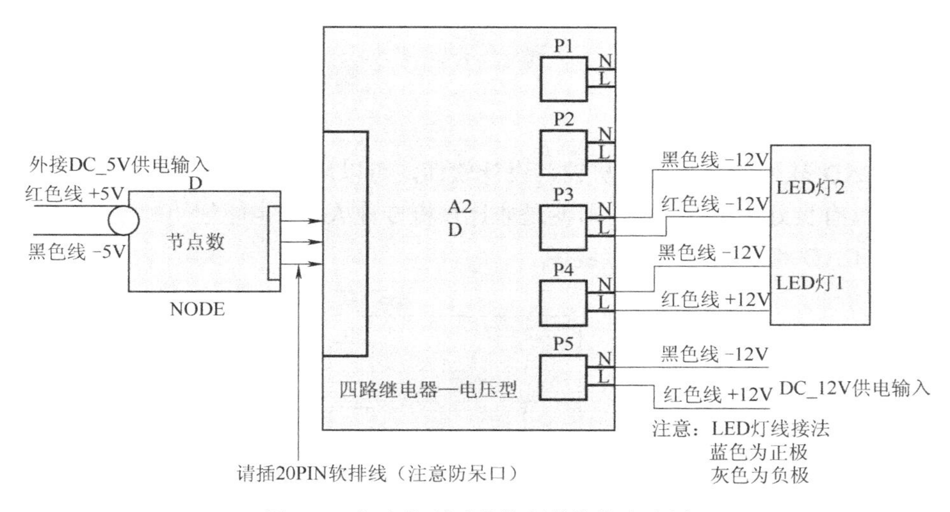

图1-21　灯光控制系统的硬件接线电路图

温情提示

在设计电路时，工程师先在纸上或计算机上绘制电路图，确认完善后再进行设备的实际安装，然后进行调试改进、修复错误直至成功。

上岗实操

操作竞赛：将班级按照 5 人一组的形式分成竞赛单位，每组挑选出操作能力较强的同学进行小组间的比赛。

比赛内容：根据图 1-21 所示的灯光控制系统硬件接线电路图，进行实际设备的安装与接线。

竞赛方式：小组队员团结协作。设备安装规范，电路连接正确无误，调试成功且用时最少者获胜。

职场互动

互动题目：1）绘制电路图时应注意哪些细节问题？

2）如何正确识读电路图？

互动方式：小组竞赛，小组互评，教师讲评。

拓展提升

试根据本校实训室中的智能门禁实际安装，利用 Microsoft Office Visio 应用软件绘制其硬件设备接线电路图。

任务 4　利用 AutoCAD 绘制和识读工程布线图

知识链接

1）AutoCAD 软件是一款计算机辅助设计软件，可以用于绘制二维制图及进行基本三维设计。该软件具有良好的用户界面，即使是非计算机专业人员，也能很快地学会使用，图 1-22 即为使用 AutoCAD 绘制的排气扇接线图。

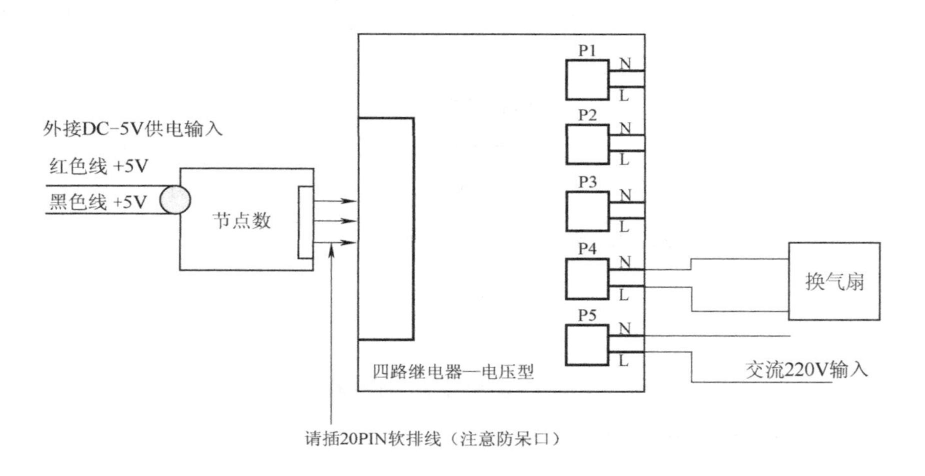

图1-22　排气扇接线图

2）对于工程开通前的工作，其重点在于要保证工程布线的质量。在布线施工前，务必勘察现场（包括走线路由），需要考虑隐蔽性、建筑结构等特点，在利用现有空间的同时要避开电源线路和其他线路，现场情况下，对线缆进行必要的保护需求，对施工的工作量和可行性（如打过墙眼等）进行规划设计和预算。

温情提示

就布线来讲，布线产品厂商一般均可提供 15 年质保。质保的前提主要有两个：第一，工程需由有厂商认证的工程师参与设计、施工；第二，必须依照国际标准对每一条链路进行认证测试，要保证每条链路必须有测试报告。

上岗实操

操作竞赛：将班级按照 5 人一组的形式分成竞赛单位，每组挑选出操作智能手机最快的同学，进行小组间的比赛。

比赛内容：根据电源箱布线图，进行电源箱的实际安装与接线。

竞赛方式：小组队员团结协作。设备安装规范，电路连接正确无误，调试成功且用时最少者获胜。

职场互动

互动题目：绘制工程布线图要遵循哪些标准？需要注意哪些事项？

互动方式：小组竞赛，小组互评，教师讲评。

拓展提升

试根据本校某实训室实际布线情况，利用 AutoCAD 软件绘制工程布线图。

任务 5　签订项目合同

知识链接

1）项目合同是以所承包的项目（一个整体工程有几个项目构成）计算咨询费用的合同，是发包方（项目法人）与项目承包方为完成指定的投资建设项目而达成的、明确相互权利与义务关系的、具有法律效力的协议。项目合同应采用书面形式给出。

2）项目合同的种类很多，主要分类方式有以下 3 种：

①按合同所包括的项目范围和承包关系。项目合同按此方式可分为工程总承包合同、工程分包合同、转包合同、劳务分包合同、劳务合同及联合承包合同。

②按计价方式。项目合同按此方式可分为固定总价合同、计量估价合同、单价合同及成本加酬金合同。

③按承包范围划分的合同类型。项目合同按此方式可分为“交钥匙”工程合同、包设计—采购—施工合同、包设计—采购合同、设计合同、施工合同、技术服务合同、劳务承包合同、管理服务合同及咨询服务合同。

温情提示

项目合同明确了建设项目发包方和承包方在项目实施中的权利和义务以及建设项目实施的法律依据，是建设项目实施阶段实行社会监理的依据。

上岗实操

通过查阅资料或网络搜索，了解项目合同的书写格式及包含的内容。

操作竞赛：将班级按照 5 人一组的形式分成竞赛单位，进行小组间的比赛。

比赛内容：试根据本学校实训室建设方案，拟写一份实训室建设项目合同。

竞赛方式：小组队员团队协作。书写规范、内容完整且用时最少者获胜。

职场互动

互动题目：拟写项目合同书时，哪些内容必须明确？

互动方式：小组竞赛，小组互评，教师讲评。

拓展提升

角色模拟：两组同学分别模拟合同的承包方与发包方，根据承包内容双方试拟写项目合同并签订。

项目 4　施工准备与施工资质

项目描述

角色设置：客户命名为“小终端”，简称“小仲”；公司命名为“大智慧”，简称“大志”。

项目导引：智能家居公司为“小仲”的新房设计了一套符合其生活需求的智能家居系统方案。现在准备开始施工。

活动流程：依据人们的行为习惯，安排了召集施工人员及资质认定、验收智能家居设备及辅材、依据现场环境准备施工工具、智能家居的主机及终端调试等系列活动，旨在让学生对智能家居系统工程项目的施工准备、施工资质有一个全面的认知。最后一个环节是角色扮演，即学生两两组队，一个作为项目公司经理，依据工程项目需求选择符合施工资质的施工队伍，另一个作为施工人员，按照工程项目需求依据项目规范流程及描述做好工程项目施工准备工作。

项目实施

任务1　召集施工人员及资质认定

知识链接

建筑业企业资质等级标准是依法取得工商行政管理部门颁发的《企业法人营业执照》的企业，在中华人民共和国境内从事土木工程、建筑工程、线路管道设备安装工程、装修工程的新建、扩建、改建等活动，应当申请建筑业企业资质。如果一个企业没有建筑资质，那么很难在众多拥有资质的企业中生存下去，而且资质作为一个建筑企业必备的证明，不仅是客户选择企业的参考因素，也是企业实力的证明之一。

温情提示

《建筑业企业资质管理规定》是为了加强对建筑活动的监督管理，维护公共利益和建筑市场秩序，保证建设工程质量安全，根据相关法律法规所制定的。

上岗实操

操作竞赛：将班级按照5人一组的形式分成竞赛单位，进行小组间的比赛。

比赛内容：施工人员组成及施工资质认定。

竞赛方式：根据本校智能家居实训场馆的建设要求，写出施工队伍的人员组成及其需要具备的资质。

职场互动

互动题目：从事智能家居实训室建设的施工企业应具备哪些资质？

互动方式：小组竞赛，小组互评，教师讲评。

拓展提升

试通过百度搜索或查阅相关资料，了解施工企业资质的资质标准及等级标准的认定方法。

任务2　验收智能家居设备及辅材

上岗实操

工程项目现场施工前，相关人员必须对施工设备及辅材进行验收，确定其质量及数量，以确保施工的顺利进行。智能家居耗材清单见表1-5。

表 1-5　智能家居耗材清单

序　　号	设备类别	名　　称	单　　位	数　　量
1	耗材	双 DC 线	根	15
2	耗材	自攻螺钉	个	100
3	耗材	塑料卡扣	个	80
4	耗材	杜邦线	根	20
5	耗材	尼龙扎带	根	50
6	耗材	2 芯电源线	m	10
7	耗材	缠绕管	m	5
8	耗材	电话线带水晶头	根	1
9	耗材	绝缘胶布	卷	1

操作竞赛：将班级按照 5 人一组的形式分成竞赛单位，挑选出态度最严谨、操作最快的同学进行小组间的比赛。

比赛内容：验收由教师事先在纸上书写好的 5 种智能家居设备及辅材清单，每组操作类型相同，但内容不同。

竞赛方式：根据清单进行设备和辅材的验收。队员随机选题，拿到题后，一个学生读题、一个学生操作、其他学生提示，计时评分，用时最少者获胜。

职场互动

互动题目：为提高设备验收效率，保障设备订购、验收、使用等环节顺畅，应对设备验收流程有哪些规定？

互动方式：小组竞赛，小组互评，教师讲评。

拓展提升

设备验收包括开箱验收和安装调试验收，其中开箱验收的目的是检查供应商提供的设备在运输过程中是否有损坏，设备的技术资料是否齐备，设备零部件是否符合协议要求。设备验收清单见表 1-6。

表 1-6　设备验收清单

设备名称		规格型号	
制造厂家		出厂编号	
单　　位		数　　量	
制造日期		到货日期	
合同价格		设备重量	
设备附件及相关资料			
收货方签字	年　　月　　日	监理人签字	年　　月　　日

任务 3　依据现场环境准备施工工具

知识链接

1. 施工现场

施工现场是指进行工业和民用项目的房屋建筑、土木工程、设备安装、管线敷设等施工活动，经批准占用的施工场地及进行安全生产、文明工作、建设的场所。项目经理全面负责施工过程的现场管理，应根据工程规模、技术复杂程度和施工现场的具体情况，建立施工现场管理制度，并组织实施。

2. 施工工具的准备

依据现场环境和实际施工需要，提前准备好施工工具，如在设备安装调试过程中需要电钻、扶梯、万用表等工具，如图 1-23 所示。

图1-23　万用表、电钻

上岗实操

操作竞赛：将班级按照 5 人一组的形式分成竞赛单位，进行小组间的比赛。

比赛内容：准备施工工具。

竞赛方式：小组队员团结协作，根据老师给出的施工项目及施工环境，将工具准备齐全。摆放整齐且用时最少者获胜。

职场互动

互动题目：如何做好施工前的准备工作？

互动方式：小组讨论，教师总结。

拓展提升

试根据本校实训室中的智能家居情景仿真体验馆的工程布线图以及现场施工环境，准备好施工工具。

任务 4 智能家居的主机及终端调试

知识链接

1）智能家居的主机即智能家居系统的网关，它是整个系统的核心，所有产品和设备都是在它之下工作的。它发送的是 ZigBee 无线信号，在居家环境内构成一个 ZigBee 的局域网。ZigBee 信号在室内的理论传播距离为 50m，可以穿透 50cm 厚的墙。还可以用具备信号放大功能的中继器来延长信号距离，因此一户只需要一个网关，即可实现信号的全面覆盖，甚至是一幢大楼都没有问题。

2）网关的工作原理拓扑图如图 1-24 所示。网关远程操控流程如图 1-25 所示。

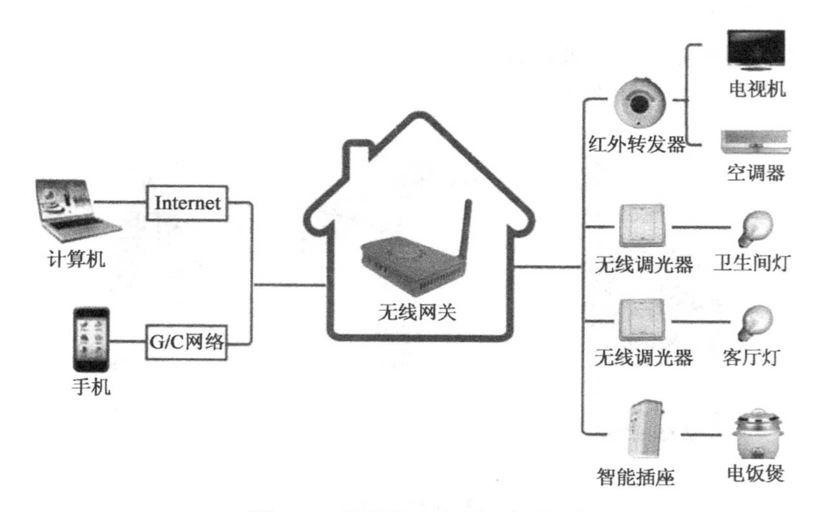

图1-24　网关的工作原理拓扑图

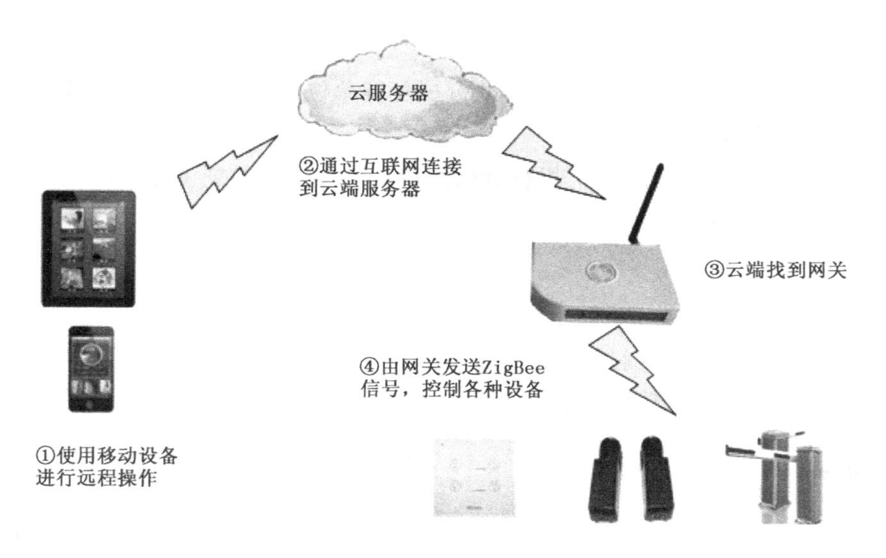

图1-25　网关远程操控流程

3）由于智能家居控制终端是一款应用软件，因此用户可以通过计算机、iPad 或智能手机等对智能家居实现智能控制。

温情提示

智能家居控制终端的版本不一，用户要根据自己终端设备的系统版本进行选择、下载和使用。

上岗实操

网关是智能家居系统的核心设备，因此安装网关并能将其他设备接入网络是每一名智能家居设备安装、调试工必须掌握的技能。

1. 网关安装

方法如图 1-26 所示。

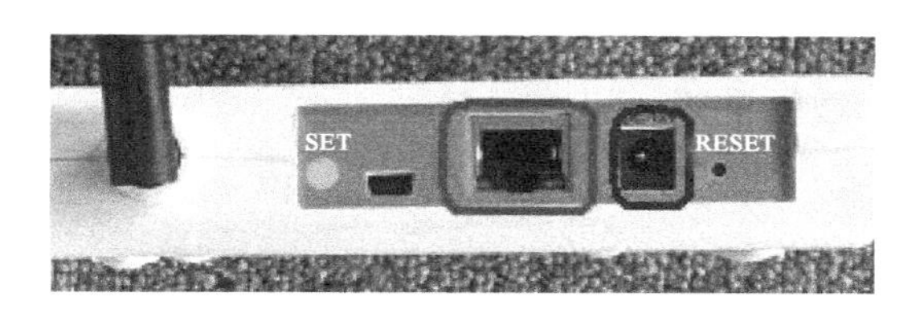

先将电源线插入右侧的电源孔；
然后将网线插入左侧的网线孔。

图1-26　网关安装

2. 设备联网

将其他设备接入网络只需两个步骤：

①按网关后面的<SET>键四下，可以看到网关正面的 SYS 灯亮起，此时为等待其他设备联网的状态，如图 1-27 所示。

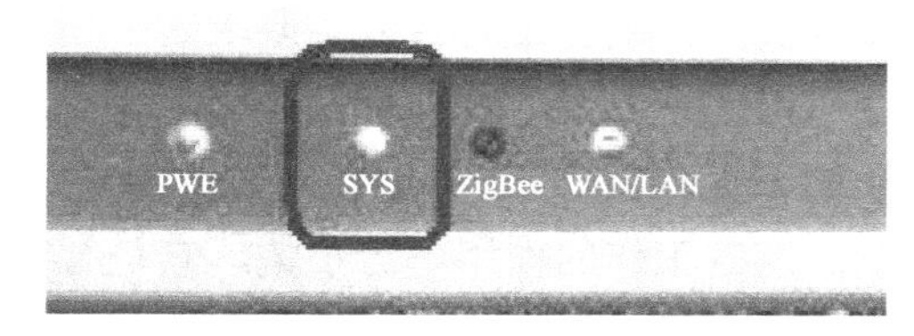

图1-27　网关等待其他设备加网的状态

②南京物联的每一款产品上都有一个功能键，只需再按功能键四次，即完成新产品安装联网的工作。此处以“红外线转发器”为例，功能键就在底座的位置（红框内的即是），按四次即可，如图 1-28 所示。

操作竞赛：将班级按照 5 人一组的形式分成竞赛单位，进行小组间的比赛。

比赛内容：安装网关，并将老师指定的设备接入网络。

竞赛方式：小组队员团结协作，网关安装正确，操作规范且将老师指定设备成功接入网络，用时最少者获胜。

图1-28 “红外线转发器”加网

职场互动

互动题目：简述智能家居核心网关的工作原理。

互动方式：小组竞赛，小组互评，教师讲评。

拓展提升

试根据自己所持终端设备的系统版本，下载并安装“南京物联”智能家居控制终端，并通过不同的终端设备体验智能家居系统的功能。

监理验收

本工程从智能家居典型案例的亲自体验开始，以业主角色扮演的方式提出“需求”，为智能家居工程技术人员选择匹配的智能家居产品提供依据，再由装修公司与智能家居工程技术人员共同制订出符合业主要求的智能家居整体方案及编写出相关的系列施工文献，经过与业主沟通、修改、补充后签订施工合同，由施工方做好施工前的准备，组建一支符合施工资质的工程队伍。

准备工作的作用不容小觑，它是智能家居装修公司项目经理的主要工作，是智能家居设备营销负责人（领班）或个体创业者必备的“资质”。

监理的重点是项目操作流程的规范程度、工程建设关键环节的完整程度以及施工人员资质审核。

项目验收表

项　目	任　务	评分细则	分　值	得　分
智能家居	终端类型	智能终端的类型与云端控制、智能开关与普通开关的区别、智能家居协调器与网络连接	8	

（续）

项　　目	任　　务	评分细则	分　　值	得　　分
智能家居	传感设备	种类≥3、识别<3、功能描述准确	10	
	项目流程	启动、定义、决策、计划、实施及控制、管理、收尾和后续维护等	10	
业主需求	产品检索	智能家居产品检索询价，别墅豪宅及智能家居产品的选用；两室两厅居室智能家居产品的运用	6	
	典型案例	智能家居产品单项应用≥3	6	
系统方案	方案文献	落实与业主沟通的细节、制订工程进度表、客户采购材料清单	12	
	制图	识读 Visio 电路图、识读 AutoCAD 工程布线图	8	
	项目合同	合同种类、合同体例、合同模板、合同案例	16	
施工准备	人员资质	施工人员（软装、电工、力工）及资质认定	12	
	设备工具	施工工具、验收智能家居设备及辅材、主机及终端调试	12	
总分			100	

工程2　智能灯光布局及调控

职场环境

智能家居以住宅为平台，利用综合布线、网络通信、安全防范、自动控制等技术将与家居生活有关的设施集成，构建高效的住宅设施与家庭日程事务的管理系统，提升家居安全性、便利性、舒适性、艺术性，并实现环保节能的居住环境。

智能灯光是智能家居中较为普通的应用，深受广大用户的青睐。本工程通过对智能灯光的体验，了解智能灯光系统的产品及特点；通过对智能灯光系统设备的安装与调试，进一步了解智能灯光系统的工作原理。

本工程是在智能家居情景仿真体验馆的实训区开始体验，在样板操作间开始操作的。

实训设备要求：一个智能家居样板操作间（含一台 PC、一架梯子）、灯光控制系统设备（2 个 LED 灯，节点板，四路继电器）、一个 PAD 以及一个无线路由器。

工程目标

1）正确识读智能灯光设备，能够对智能照明控制系统进行简单集成测试，具有对智能灯光进行布局和调试的能力。

2）具备良好的工作品格和严谨的行为规范。具有较好的语言表达能力，能在不同场合恰当地使用语言与他人交流和沟通；能正确地撰写比较规范的施工文献。

3）加强法律意识和责任意识。制订施工合同，并严格按照合同办事。

4）树立团队精神、协作精神，培养良好的心理素质和克服困难的能力以及坚韧不拔的毅力。

项目1　智能灯光系统产品

项目描述

角色设置：客户“小仲”，智能家居公司导购“大志”。

项目导引：火——油灯——电灯，是人类沿着照明历史的光亮前行的一个个脚印。从最初只为一点光、一点温暖，到后来为延长享受生活的时间，再到如今追求光线的舒适、追求低碳环保、追求全方位服务，照明不再只为“照明”，而是成为人类文明趋向辉煌的标志。在体验智能家居后，客户“小仲”深刻感受到家居智能化给生活带来的舒适、安全、高效和节能。恰逢自己的新房装修，“小仲”要切身实践，让自己新房的家居设备也能实现智能化，并决定先从智能照明开始实施。今天，“小仲”来到智能家居公司了解智能灯光系统相关产品，公司的导购“大志”为其做了详细的介绍。

活动流程：依据人们的行为习惯，通过安排智能照明控制系统、开关的种类及功能、灯具的种类及光源类型等系列任务，使学生对智能照明控制系统有一个全面的认知；并通过体验和实践，了解智能家居的特点及功能。

项目实施

任务 1　智能照明控制系统

知识链接

1）智能照明是指利用计算机、无线通信数据传输、扩频电力载波通信技术、计算机智能化信息处理及节能型电器控制等技术组成的分布式无线遥测、遥控、遥信控制系统，来实现对照明设备的智能化控制，具有灯光亮度的强弱调节、灯光软启动、定时控制、场景设置等功能。

2）智能照明控制系统是利用先进的电磁调压及电子感应技术，对供电进行实时监控与跟踪，自动、平滑地调节电路的电压和电流幅度，改善照明电路中不平衡负荷所带来的额外功耗，提高功率因素，降低灯具和线路的工作温度，达到优化供电目的的照明控制系统。

温情提示

智能照明控制系统可通过接入各种传感器，对灯光进行自动控制。如接入移动传感器，可通过对人体红外线检测达到对灯光的控制——人来灯亮，人走灯灭（暗）；接入光照度传感器，可在某些场合根据室外光线的强弱调整室内光线，对居室内的光照度控制等。

上岗实操

一个精心设计的照明系统是一套智能家居中不可缺少的重要组成部分。它可以利用软件通过时间设定、触控面板、遥控器、手机远程等多种智能控制方式对全宅灯光进行遥控：全开全关、调光、一键式灯光情景模式（如“起床”“晚餐”“影院”“离家”等情景模式）选择，实现对全宅灯光的智能管理，方便操作，按需节能。它可以毫不费力地设置你在屋内的舒适度、节省你的能源、呵护你的安全、节约你的时间……Haier 智能家居解决方案——智慧屋灯光控制示意图如图 2-1 所示。

操作竞赛：将班级按照 5 人一组的形式分成竞赛单位，从各组挑选出动手能力较强的同学进行小组间的比赛。

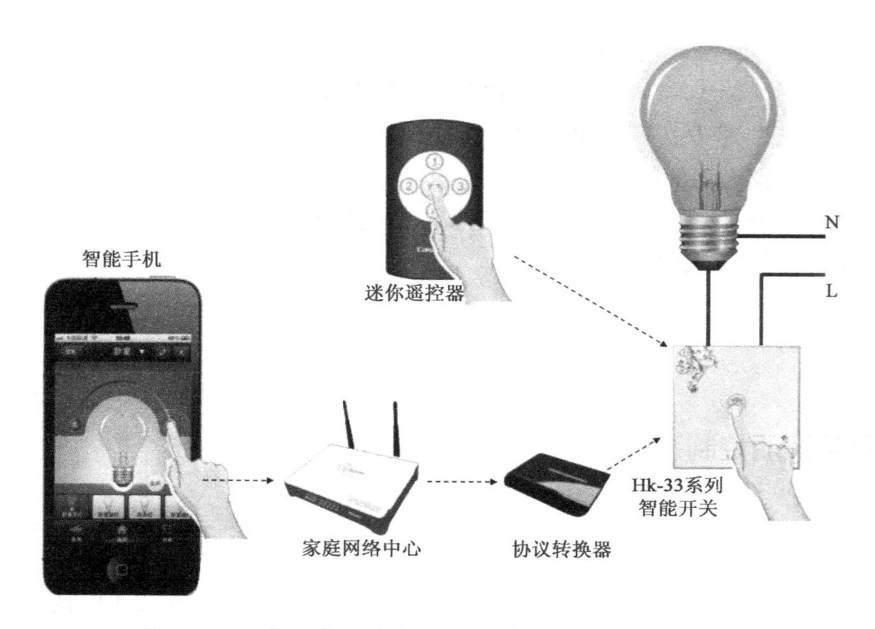

图2-1　Haier智能家居解决方案——智慧屋灯光控制示意图

比赛内容：

1）通过触控面板，对灯光的控制进行设定。

2）利用智能家居终端控制应用软件，对灯光的控制模式（按键模式、场景模式）进行设定。

3）针对以上两项比拼内容，教师事先在纸上写好 5 种操作，每组操作类型相同，但内容不同。

竞赛方式：队员随机选题，拿到题后一个学生读题、一个学生做题、其他学生提示。计时评分，用时最少者获胜。

职场互动

互动题目：1）畅想智能灯光的控制方式有哪些？

2）如何将传统家居照明改造成智能照明？

互动方式：小组讨论、竞赛，小组互评，教师讲评。

拓展提升

1）利用智能家居终端控制软件，对智能家居中的灯光控制实施联动设置提示。

①光照传感器与灯光配合，灯光根据室内光照度值自动开关。

②灯光与窗帘配合，随着窗帘的打开（闭合）灯光自动关闭（开启）。

③灯光与红外人体探测器、光照传感器配合，室外黑就自动开灯，室内无人 5s 后自动关灯。

2）通过触控面板或利用智能家居终端控制软件对不同场景模式的灯光进行设置提示。

①起床模式：窗帘自动打开，床头灯自动开启，电视机自动打开。

②休息模式：顶灯关闭，廊灯开启。

③离家模式：全部灯光自动关闭。

④影院模式：窗帘自动关闭，电视机及音响自动开启，顶灯及走廊灯自动关闭，色灯自动开启。

具体操作在教师的指导下进行或通过指导手册完成。南京物联智能家居场景界面——主面板如图 2-2 所示。

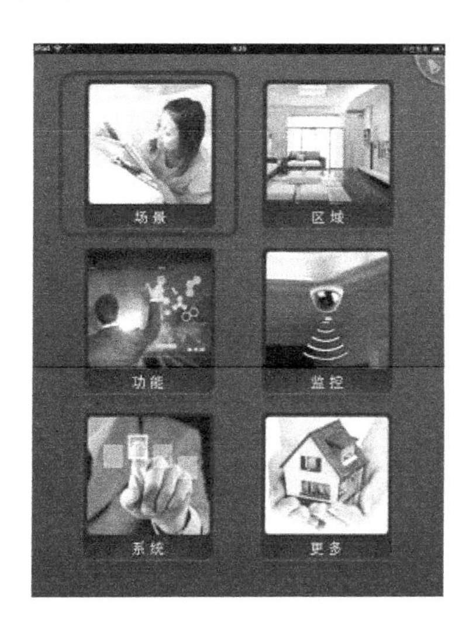

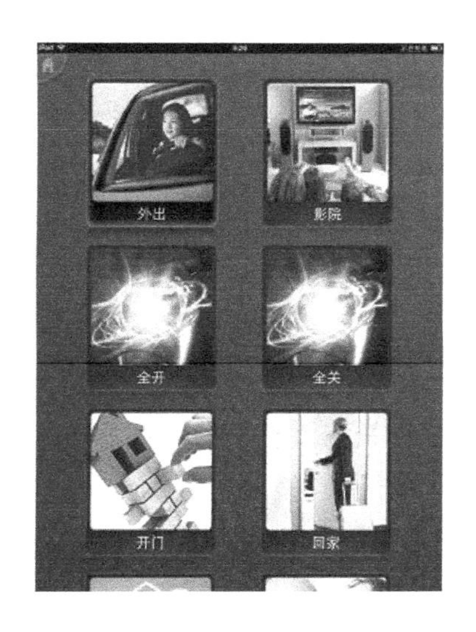

图2-2　南京物联智能家居场景界面——主面板

3）通过智能家居终端控制软件的场景界面，针对个人需要，添加个性化场景模式，根据场景需要添加相应设备，并对设备的功能进行编辑，实现智能控制。以南京物联智能家居终端控制软件为例：

①长按任意一个场景图标，就会跳出有关场景的操作按钮，如图 2-3 所示。

图2-3　有关场景的操作按钮

②按“添加场景”按钮后，即进入“添加场景”界面，如图 2-4 所示。

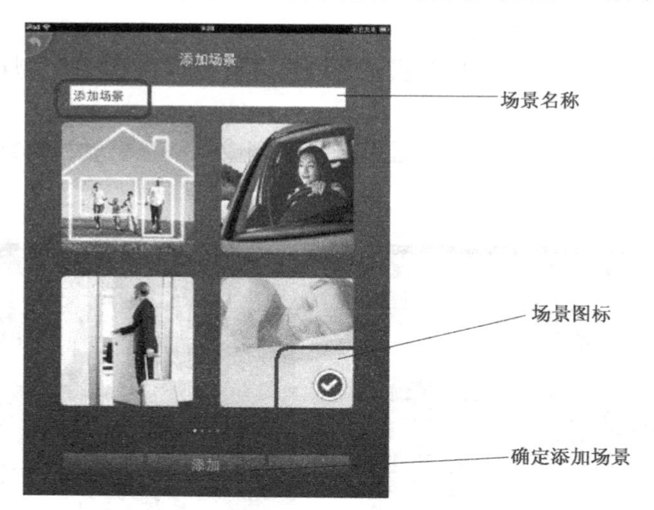

图2-4　添加场景界面

③新添加的场景下没有任何设备，单击“添加设备”按钮，进入“设备选择”的界面进行添加，如图 2-5 和图 2-6 所示。

图2-5　“添加设备”按钮

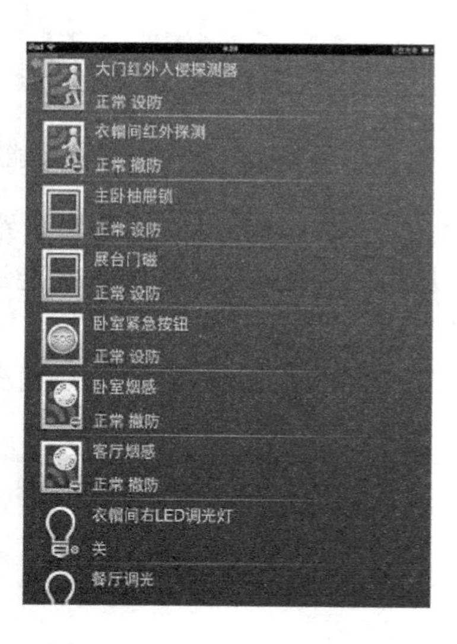

图2-6　“设备选择”界面

任务 2　开关的种类及功能

知识链接

1）开关是使电路开路、使电流中断或使其流到其他电路的电子元件。

2）开关的种类繁多，其分类方法也不尽相同，可以按照用途、结构、接触类型、开关数进行分类。但常见的开关主要有延时开关、轻触开关和光电开关三种。

①延时开关。延时开关是为了节约电力资源而开发的一种新型的自动延时电子开关。延时开关又分为声控延时开关、光控延时开关、触摸式延时开关等。

②轻触开关。使用时轻轻按开关按钮就可以使开关接通，当松开手时开关即断开，其内部结构是靠金属弹片受力弹动来实现通断的。

③光电开关。传感器大家族中的成员，它把发射端和接收端之间光的强弱变化转化为电流的变化以达到探测目的。由于光电开关输出回路和输入回路是电隔离的（即电绝缘），因此可用在许多场合。

温情提示

光电开关的分类方法：按检测方式可分为反射式、对射式和镜面反射式三种类型；按结构可分为放大器分离型、放大器内藏型和电源内藏型三类。

上岗实操

操作竞赛：将班级按照 5 人一组的形式分成竞赛单位，从各组中挑选出动手能力较强的同学进行小组间的比赛。

比赛内容：

1）根据开关的不同分类方法，完成表 2-1 的填写。

2）根据光电开关的不同分类方法，完成表 2-2 的填写。

竞赛方式：队员随机选题，拿到题后小组分工协作，通过百度搜索或查阅相关资料共同完成表的填写。填写最全、用时最少者获胜。

表 2-1　开关的分类

分类方法	开关种类
按照用途分类	
按照结构分类	
按照接触类型分类	
按照开关数分类	

表 2-2　光电开关的分类及功能特点

分类方法	开关种类	功能特点
按检测方式分类		
按结构分类		

职场互动

互动题目：

1）你了解普通开关的基本结构吗？

2）延时开关、轻触开关、光电开关应用在哪些领域？

互动方式：小组讨论、竞赛，小组互评，教师讲评。

拓展提升

1）了解光电开关的功能特点及工作原理。

2）掌握开关的选购方法（见表 2-3）。

表 2-3　开关的选购方法

方　法	说　明
眼　观	一般好的产品外观平整、无毛刺，色泽亮丽并采用优质 ABS+PC 料，阻燃性能良好，不易碎
手　按	就好的产品面板而言，用手不能直接取下，必须借助一定的专用工具。选择时，用食指、拇指分按面盖呈对角式，一端按住不动，另一端用力按压
耳　听	轻按开关功能键，滑板式声音越轻微、手感越顺畅，节奏感强则质量较优
看结构	较通用的开关结构有两种 ①滑板式和摆杆式。滑板式开关声音浑厚，手感优雅舒适；摆杆式开关声音清脆，有稍许金属撞击声，在消灭电弧及使用寿命方面比传统的滑板式结构稳定，技术成熟 ②双孔压板接线较螺钉压线更安全
比选材	开关纯银导电能力强，发热量低，安全性能高。若触点采用铜质材料，则性能大打折扣
看标识	市场上常用的家庭一般开关的额定电流为 10A
认品牌	名牌产品经时间、市场的严格考验，是消费者心目中公认的安全产品，无论是材质还是品质均严格把关，包装、运输、展示、形象设计各方面均有优质的流程

任务 3　灯具的种类及光源类型

知识链接

1）灯具是指能透光、分配和改变光源光分布的器具，包括除光源外所有用于固定和保护光源所需的全部零部件以及与电源连接所必需的线路附件。灯具的种类极其丰富，外形千变万化，性能千差万别，现代灯具包括家居照明、商业照明、工业照明、道路照明、景观照明和特种照明等多种类型。

2）光源是自己能发光且正在发光的物体，比如太阳、打开的电灯、燃烧着的蜡烛等。而光源的产生途径主要有三种：热效应产生（太阳光、蜡烛）、原子发光（荧光灯、霓虹灯）及辐射发光（原子炉发的光），其中原子发光如图 2-7 所示。光源主要分为照明光源、辐射光源、稳定光源和背光源。

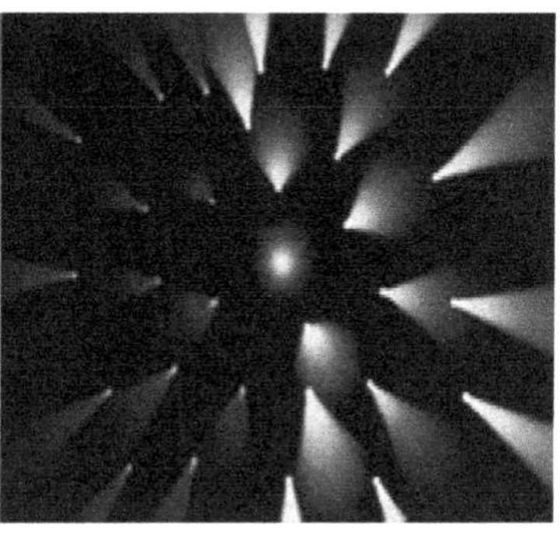

图2-7　原子发光

①照明光源。以照明为目的，辐射出主要为人眼视觉可见的光谱（波长 380～780nm）的电光源。照明光源主要包括白炽灯、卤钨灯、低气压气体放电灯、高强度气体放电灯、放电气压跨度较大的气体放电灯及某些光谱光源等。

②辐射光源。使用时轻轻点按开关按钮就可使开关接通，当松开手时开关即断开，其内部结构是靠金属弹片受力弹动来实现通断的。它包括紫外光源、红外光源和非照明用的可见光源。

③稳定光源。其输出光功率、波长及光谱宽度等特性（主要是光功率）应当是稳定不变的，当然，绝对稳定不变是不可能的，只是在给定的条件下（例如，一定的环境、一定的时间范围内）其特性是相对稳定的。一般采取自动功率控制（APC）电路和自动温度控制（ATC）电路等措施，以保证其特性的稳定。

④背光源。按光源类型，背光源主要分为 EL、CCFL 及 LED 三种类型；按光源分布位置不同，背光源分为侧光式和直下式（底背光式）。

温情提示

灯具种类繁多，本文只针对其用途做了简单分类。其分类方法也很多，如按防触电保护类别划分，可分别划分为 0 类、Ⅰ类、Ⅱ类、Ⅲ类，其中 0 类灯具的安全性最差。在此，分类方法不一一列举。

上岗实操

电光源的发明促进了电力装置的建设。因其转换效率高，电能供给稳定，控制和使用方便，安全可靠，并可方便地用仪器/仪表计数耗能，故很快得到了普及。它不但成了人类日常生活的必需品，而且在工业、农业、交通运输以及国防和科学研究中都发挥着重要作用。

操作竞赛：将班级按照 5 人一组的形式分成竞赛单位，从各组中挑选出动手能力较强的同学进行小组间的比赛。

比赛内容：

1）按照灯具的分类方法，完成表 2-4 的填写。

表 2-4　灯具的分类

分类方法	灯具举例
家居照明	
商业照明	
工业照明	
道路照明	
景观照明	
特种照明	

2）根据日常生活积累或通过百度搜索，了解电光源的分类、特征及应用，并完成表 2-5 的填写。

竞赛方式：队员随机选题，拿到题后小组分工协作，共同完成表格填写。填写最全、用时最少者获胜。

表 2-5　常见电光源的分类、特征及应用

类　别	特　征	应用范围
普通白炽灯		
卤素灯		
普通型日光灯		
PL 灯管		
SL 省电灯管		
高压水银灯泡		
免用整流器水银灯泡		
金属卤化物灯泡		
高压钠气灯泡		

职场互动

互动题目：

1）如何选择节能照明灯具？

2）你知道如何鉴别灯具产品质量的好坏吗？

3）你了解普通灯泡的结构吗？

互动方式：小组讨论、竞赛，小组互评，教师讲评。

拓展提升

灯具的基本功能是提供与光源的电气连接，必须是耐用的，且能为光源，如有必要，有时也为控制电气附件提供一个电气、机械及热学上安全的壳体。光源的防护：光源除需要电气连接以外，还必须有机械支撑并要受到防护，防护程度视要求而定；适宜的机械性能：灯具部件必须有足够大的机械强度，从而确保在安装和使用时有适当的耐久性，同时有充分大

的悬挂强度，金属部件必须有足够的耐腐蚀能力；壳体要求：室外用灯必须有严格的防尘和防水要求，而对某些特殊要求的室内灯具也要提供防护，以防水和防尘。为了根据防尘和防潮的程度来划分外壳的防护等级，使用了防护等级代码。

1）灯具等级防护代码 IP-68 中的数字含义是什么？

2）在百度中搜索灯具等级防护代码中防尘等级代码 0～6 和防水等级代码 0～8 的防护程度定义。

项目 2　开关与插座的智能化改造

项目描述

角色设置：客户“小仲”，智能家居公司导购“大志”。

项目导引：智能照明怎么实现？是不是一定要买智能灯泡？一个飞利浦智能灯泡（Hue）至少 60 美元（约合人民币 367 元）、一个 LG 智能灯泡（LG Smart Lamp）至少 35 美元（约合人民币 214 元）、一个三星智能灯泡（Smart Bulb）至少 32 美元（约合人民币 196 元）……“小仲”觉得智能灯泡的价格高昂，于是找到智能家居公司的导购“大志”咨询：实现智能照明是否一定要购买智能灯泡？

“大志”在了解“小仲”的来意后，明确回答他，其实采用普通灯泡，通过智能开关或智能插座也能实现智能照明。如果不想买智能灯泡，那么智能开关和智能插座会是一个不错的选择。通过智能移动终端设备控制智能开关和智能插座，然后由智能开关和智能插座完成对传统灯泡的控制，同样可以实现智能照明。

活动流程：依据人们的行为习惯，安排了智能控制开关、智能控制插座、信号中转放大设备等系列任务，通过体验与实践，使学生对开关与插座的智能化改造有一个全面的认知。

项目实施

任务 1　智能控制开关

知识链接

1）智能开关

智能开关是指利用控制板和电子元器件的组合及编程来实现电路智能开关控制的单元。智能开关是电子墙壁开关和家电智能开关的总称，是具有微型计算机的芯片控制、多种功能、多种用途的墙壁开关。它是在电子墙壁开关的基础上演变而来的，并且扩充了多种家电开关系列，伴随着新的家用电器出现，将来还会有更多的新型家电开关产生；它不仅适用于普通的照明灯具，还适用于不同的家用电器，它是人性化、智慧型的开关。

2）智能开关的种类

市场所使用的智能开关不外乎几种，下面从两个角度进行分类：

（1）功能角度分类

智能开关是对原有翘板式机械开关的颠覆性革命，从爱迪生 1879 年发明电灯泡开始就有了简单的机械开关，一百多年过去了，当代的墙壁开关无根本性改变，没有任何突破性发展，仍沿用机械式的开关方式，直到 1992 年，电子技术才开始进入墙壁开关领域。由于墙壁开关的布线格局中绝大多数只是单火线接入方式，零线直接引到负载，在开关中只有火线，不能形成回路，无法正常供电，因此限制了许多电子技术的引进和应用。十几年电子技术在墙壁开关中的发展一直在初期简单功能阶段徘徊，始终只有触摸延时开关、声控延时开关、人体感应延时开关、旋钮调光开关和旋钮调速开关五种类型。

近年来，墙壁开关单火线接入的供电技术有了重大的突破，同时将微型计算机的微处理器芯片引入电子墙壁开关中，使得具有各种不同功能的电子墙壁开关得以出现。与此同时，电子墙壁开关的种类也有了极大的丰富和发展，主要有人体感应开关、电子调光开关、电子调速开关、电子定时开关等。

（2）技术角度分类

1）电力线载波类控制。采用电力线传输信号，开关需要设置编码器，会受电力线杂波干扰，使工作十分不稳定，经常导致开关失控。价格很高，附加设备较多（如阻波器、滤波器等）。优点：价格便宜，大众容易接受。

2）无线射频控制。采用射频方式传输信号，开关经常受无线电波干扰，使其频率稳定而容易失去控制，操作十分烦琐，价格也很高，此类开关需要添加一条零线，以达到多控、互控的效果。优点：价格便宜，大众容易接受。

3）总线控制。采用现场总线传输信号，通过现场总线将总线面板连接起来实现通信和控制信号传输，其稳定性和抗干扰能力比较强，最早的总线是采用集中式总线结构，把所有电线都集中在一个中央控制网关或控制器上，再从这个位置分信号线到每个开关的位置，这样导致布线系统的安全性比较差，甚至中央控制器瘫痪，会影响整个运行。分布式现场总线制的优点：安全性好，不因为一个点故障而影响到其他点的运行，稳定性和抗干扰能力强，信号经过专门的信号线来传输，达到开关与开关之间相互通信。每一个位置的智能面板可实现多点控制，总控、分组控制、点对点控制等多种功能。

4）单火线控制。一种类似 GSM 技术的无线通信，内置发射及接收模块，单火线输入，其布线方法与传统开关相同，安装方便。缺点：无法实现网络控制开关操作。

下面以南京物联智能开关为例，简单介绍常见开关系列。

南京物联智能开关系列是依托先进 ZigBee 技术研发而成的系列新型产品，主要包括全无线开关、无线墙面开关（按键式）、无线触摸开关、无线触摸调光开关和无线场景开关，如图 2-8～图 2-10 所示。

图2-8　全无线开关

图2-9　无线墙面开关（按键式）

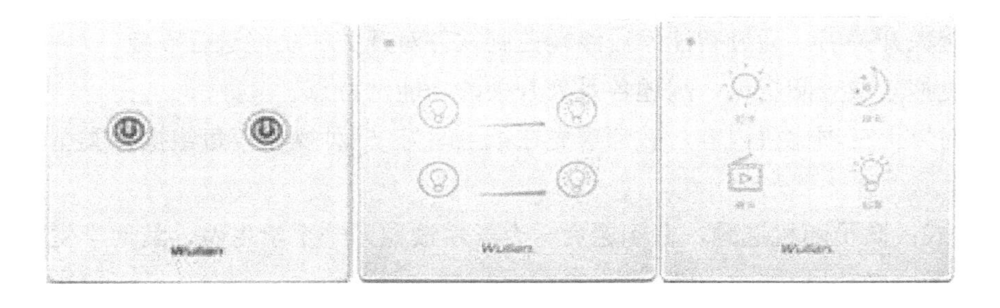

图2-10　无线触摸开关、无线触摸调光开关、无线场景开关

温情提示

智能开关的种类还有很多，如安防报警开关、延时/定时开关、声控/光控开关等。

上岗实操

前面已介绍了智能开关的主要种类，那么如何通过智能开关实现家庭照明智能化呢？很简单，通过三步操作即可实现：首先，安装智能开关（通常情况下，智能开关的安装与传统开关无异，所以安装时可以直接替代传统智能开关就可以了）；其次，下载相应的智能照明软件（在智能家居系统中，智能照明是智能家居系统中的一部分，所以直接下载智能家居软件即可）；最后，进行软、硬件相关设置（因为不同智能开关的设置方法也不同，所以可根据相关说明进行），设置完成后即可操作。

下面以南京物联的智能场景开关为例，简单介绍其安装过程。安装步骤如下：

1）将墙面暗盒内的电线接入本产品，如图 2-11 所示。

2）用两颗螺钉将本产品底座固定在墙面暗盒内（其安装方法与普通墙面开关的安装方

法相同），然后卡上装饰盖，即安装完成，如图 2-12 所示。

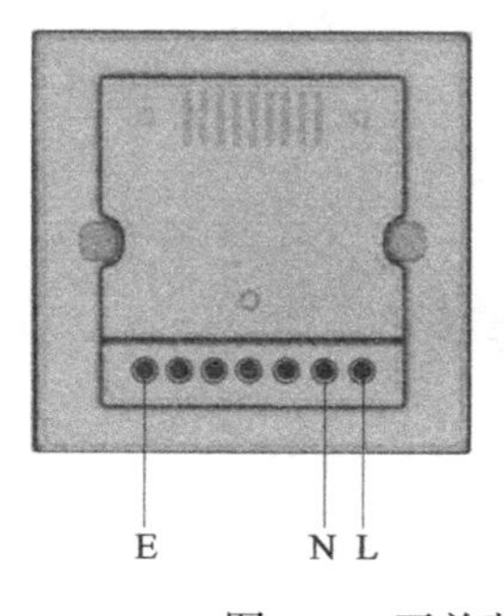

图2-11　开关背面

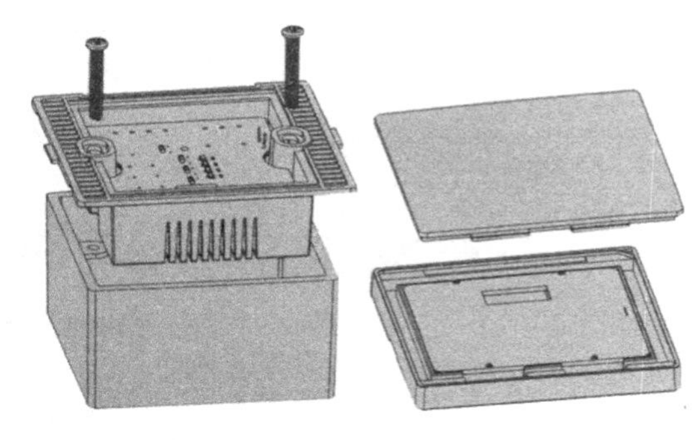

图2-12　固定底座并卡上装饰盖

操作竞赛：将班级按照 5 人一组的形式分成竞赛单位，从各组中挑选出动手能力较强的同学进行小组间的比赛。

比赛内容：

1）安装智能开关——触摸开关、调光开关和场景开关。

2）安装完开关后，通过智能家居终端控制软件对开关的功能进行设定。

3）百度搜索或查阅资料，阐述各系列开关的功能及特点。

4）针对以上三项比拼内容，教师事先在纸上写好 5 种操作，每组操作类型相同，但内容不同。

竞赛方式：队员随机选题，拿到题后一个学生读题、一个学生做、其他学生提示。计时评分，用时最少者获胜。

温情提示

安装开关前，请先确定电源已关闭。电工作业危险，非专业人士不得擅自操作。

职场互动

互动题目：

1）智能开关都有哪些控制方式？

2）概述智能开关的种类及其各自的功能特点。

互动方式：小组讨论、竞赛，小组互评，教师讲评。

拓展提升

1）通过百度搜索或查阅相关资料了解智能开关的工作原理。

2）掌握无线调光开关的调光方法。

①使用本地开关，按红色框内的按钮是调亮，按蓝色框内的按钮是调暗。灯光逐渐增量

或变暗的过程中，按下任意一个键，就会停止在当前的亮度。

②使用手机或者平板电脑远程进行调控。

③将相应的调光直接做到场景中，可以触发场景的时候完成调光，或者感应器感应到某些条件后，自动开启灯光。

3）设定场景开关的按键功能——对不同按键设置对应的场景，在此以南京物联智能场景开关（四联）为例。具体步骤如下：

①长按 3s 功能按钮进入“功能”的编辑界面，找到要编辑的场景开关，如图 2-13 所示。

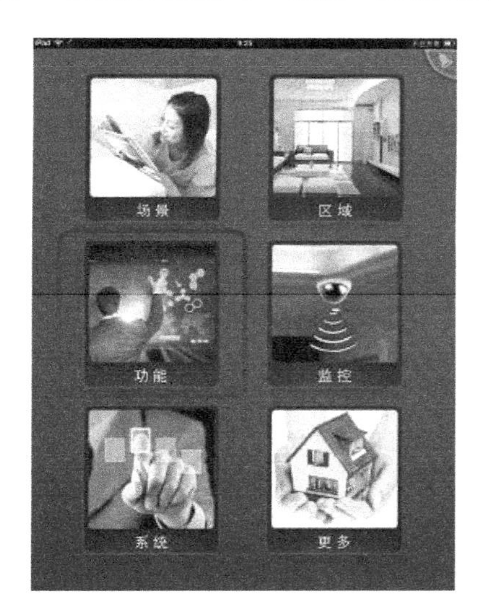

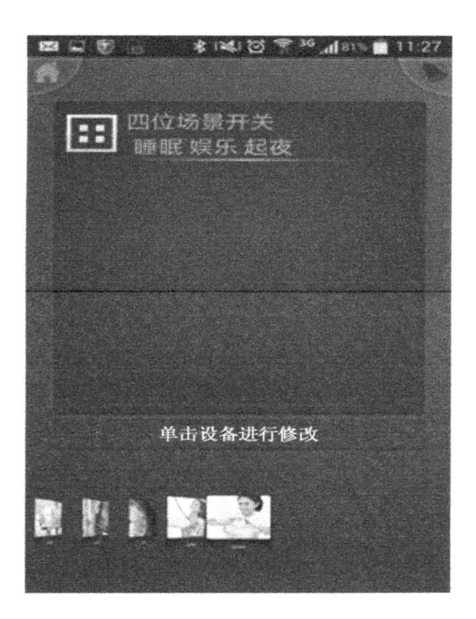

图2-13　进入“功能”编辑界面

②当弹出对话框时，单击最下面的“设置按键”按钮，进入“设置按键”界面，即可对按键功能进行设定，如图 2-14 所示。

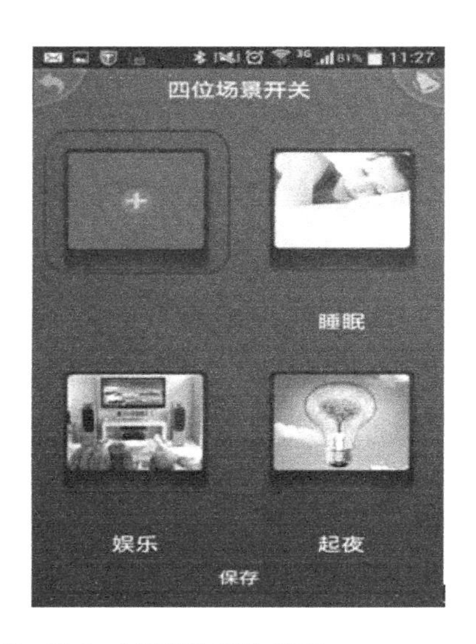

图2-14　按“设置按键”按钮，进入“设置按键”界面

③单击相应的按钮，选择需要的场景模式（需要事先将自己所需要的功能编辑在一个场景中），最后保存并退出，如图 2-15 所示。

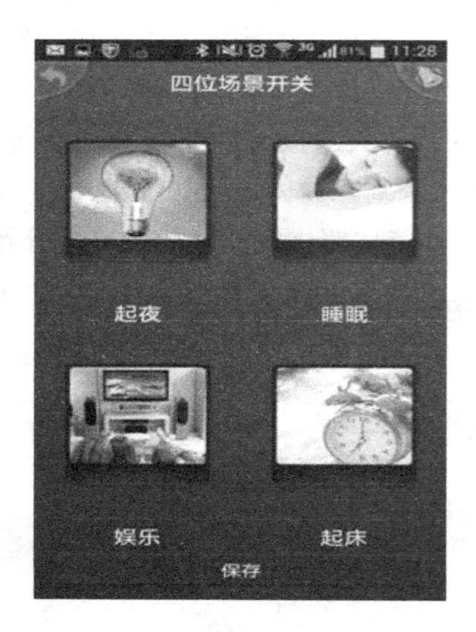

图2-15　选择场景模式

具体操作内容可在教师的指导下进行或通过指导手册完成。

任务 2　智能控制插座

知识链接

1）智能插座（Smart Plug）是伴随物联网和智能家居的概念发展起来的产品。智能插座现在通常指内置 WI-FI 模块，通过智能手机的客户端来进行功能操作的插座，其最基本的功能是通过手机客户端可以遥控插座通断电流，设定插座的定时开关。智能插座现在不主打安全方面的功能，而是强调家居的智能化，智能插座通常与家电设备配合使用，以实现定时开关等功能，如图 2-16 所示。

图2-16　南京物联无线智能安全插座、移动插座

2）智能插座的功能是可以控制插座的通电与断电，也可以通过插座上的开关进行本地操作。对于还是使用传统的机械按钮操作方式的家电来说，直接控制它们的电源就相当于对它们进行了远程操作，如图 2-17 所示。

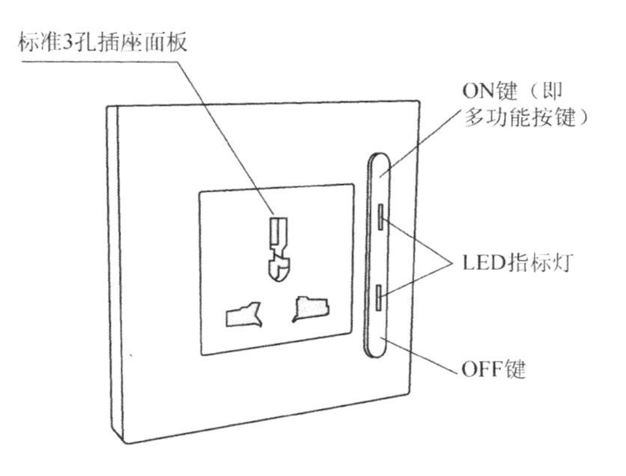

图2-17　南京物联无线智能插座

上岗实操

智能插座符合国家标准 86 盒，安装时只需将原有的电源插座替换掉即可，不破坏原有的家装风格，不需要单独拉线改造。同时还配有可移动的插座，适用于各种需要。

下面介绍南京物联的无线智能插座的安装过程。安装步骤如下：

1）将墙面暗盒内的电线按图 2-18a 所示的样式接好。

2）取下按钮插件，用螺钉将插座主体安装在墙面暗盒内，如图 2-18b 所示。

3）将按钮插件插入原位，再卡上装饰盖，如图 2-18c 所示。

4）卡上标准三孔插座面板，如图 2-18d 所示。

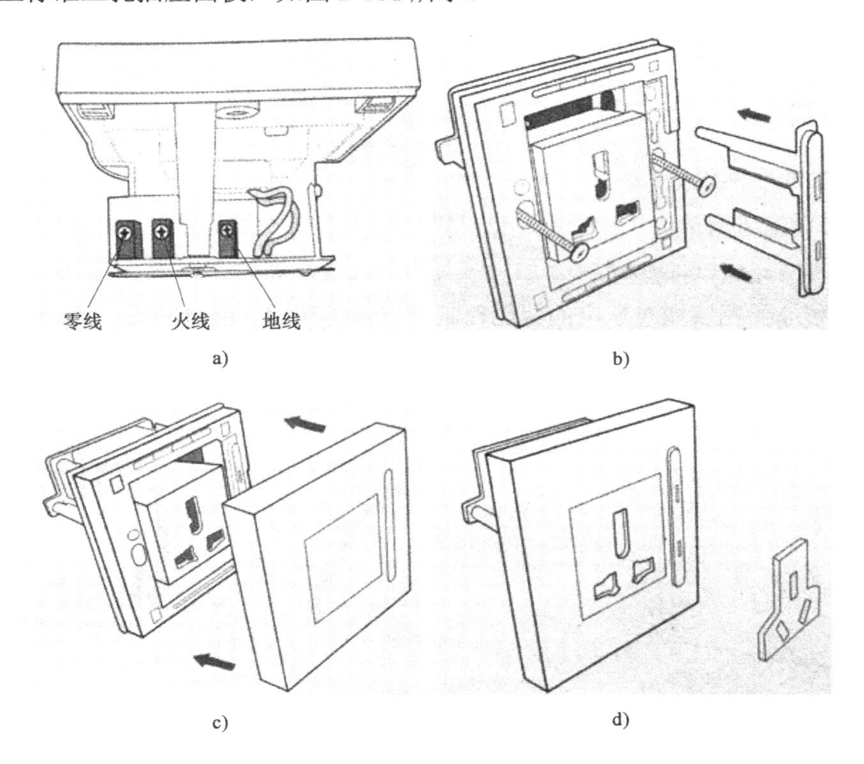

图2-18　南京物联的无线智能插座安装步骤

操作竞赛：将班级按照 5 人一组的形式分成竞赛单位，从各组中挑选出动手能力较强的同学进行小组间的比赛。

比赛内容：

1）安装智能插座。

2）安装后，通过智能家居终端控制软件对插座的功能进行设定。

3）针对以上两项比拼内容，教师事先在纸上写好 5 种操作，每组操作类型相同，但内容不同。

竞赛方式：队员随机选题，拿到题后一个学生读题、一个学生做、其他学生提示。计时评分，用时最少者获胜。

温情提示

安装插座前，请先确定电源已关闭。电工作业危险，非专业人士不得擅自操作。

职场互动

互动题目：

1）智能插座的智能理念是什么？

2）与传统插座相比较，智能插座都具备哪些新功能？

互动方式：小组讨论、竞赛，小组互评，教师讲评。

拓展提升

1）智能插座联网设置。

本产品可以像普通插座一样使用，也可以与物联无线网关配套使用；快按<ON>键 4 次，加入 ZigBee 网络；长按<ON>键 10s 后，恢复出厂设置，如图 2-19 和图 2-20 所示。

2）利用智能插座实现对家电的智能控制。进入“功能”编辑界面，找到要编辑的场景开关“电器控制”，从中选择要设置的墙壁插座如图 2-21 所示。插座的通电、继电状态如图 2-22 所示。

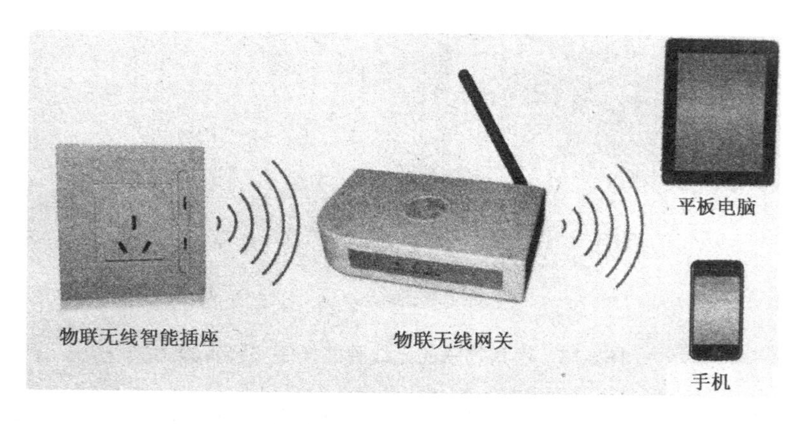

图2-19　智能插座与物联无线网关配套使用

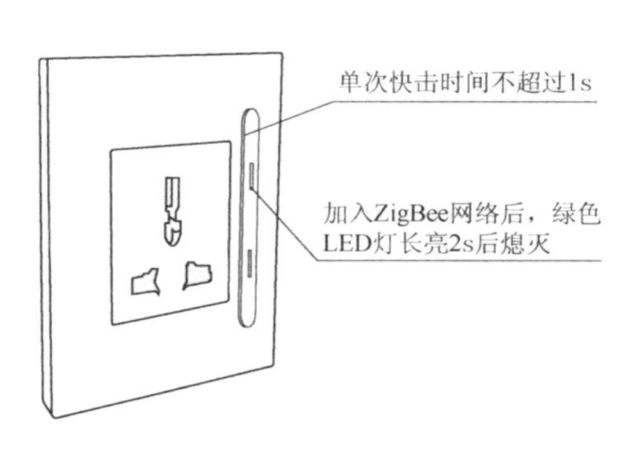

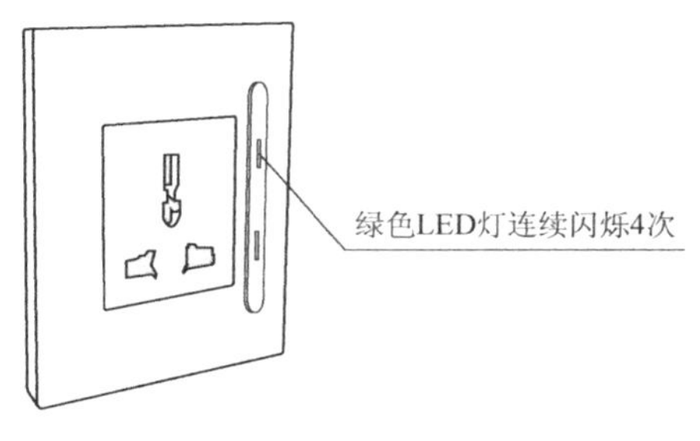

图2-20　智能插座加入ZigBee网络及恢复出厂设置

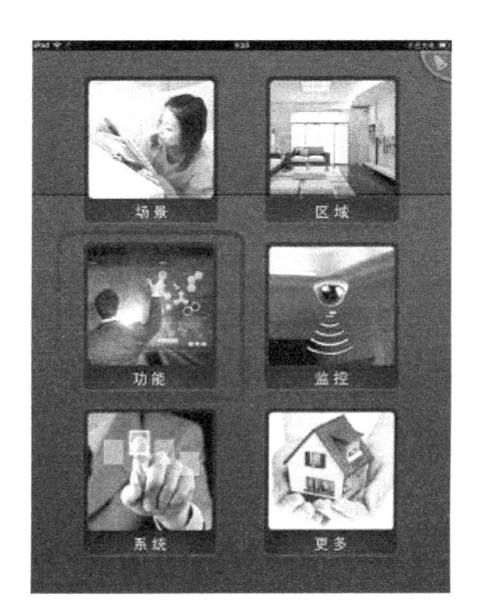

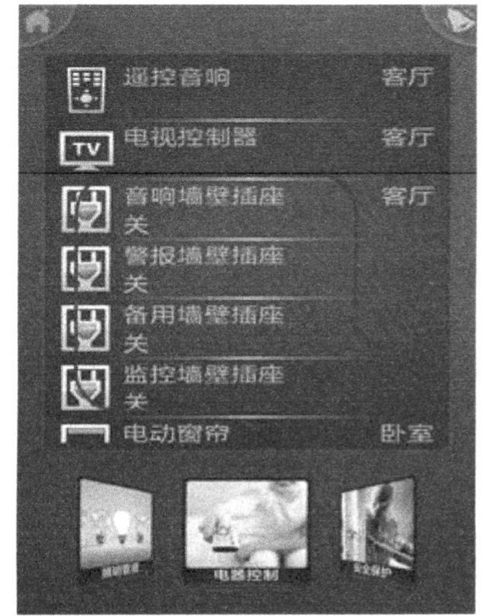

图2-21　“功能”编辑界面

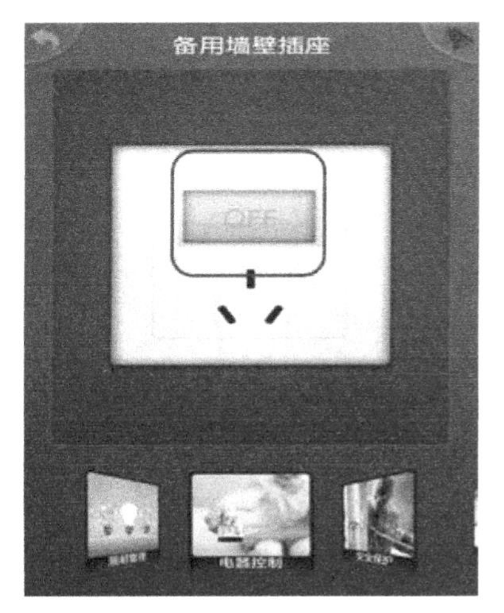

图2-22　插座的通电、断电状态

任务 3　信号中转放大设备

随着无线网络的普及，一些企业、校园、商业中心也在布置各式各样的无线网络。考虑到家居环境下和办公环境下无线设备的覆盖范围以及人体的安全辐射，国际相关辐射限制标准限定了无线产品的信号发射功率，在空间广阔的环境中，无线网络设备的信号问题便成了用户关注的焦点，无线信号的覆盖范围比带宽和速度更重要。使用信号中转放大设备来增强并扩展信号的覆盖范围无疑是较好的选择。

知识链接

1）高频功率放大器主要用于发射机的末级，其作用是将高频已调波信号进行功率放大，以满足发送功率的要求，然后经过天线将其辐射到空间，保证在一定区域内的接收机可以接收到满意的信号电平，并且不干扰相邻信道的通信。

2）无线信号功率放大器一般有两种：一种是直接做到无线访问节点（AP）、无线路由器电路板上的集成功放电路，这种功放电路一般都会控制输出功率不会太高（市面上所售的目前都在 400mW 以下）；另一种就是外置式的功率放大器，功率一般有 0.5W、1W、2W、4W 等，它们适合于室外远距离无线传输，或是商业区里大面积无线网络覆盖使用。配合不同的天线，它们能够轻松完成几千米到上百千米的无线网络信号传输，如图 2-23 所示。

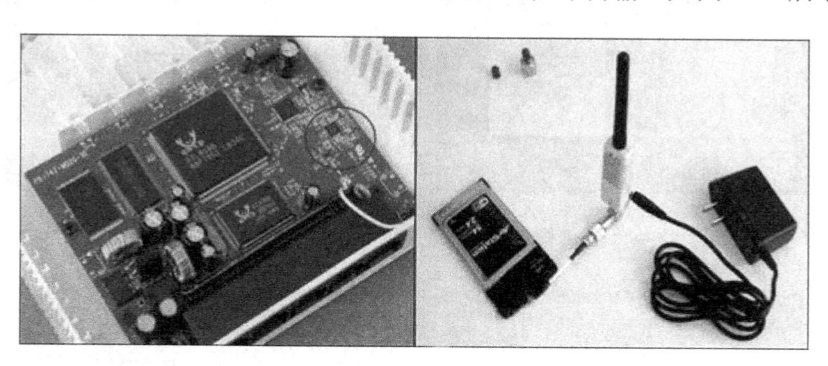

无线路由器上的功放电路　　加装在无线网卡前端的功率放大器（室内型）

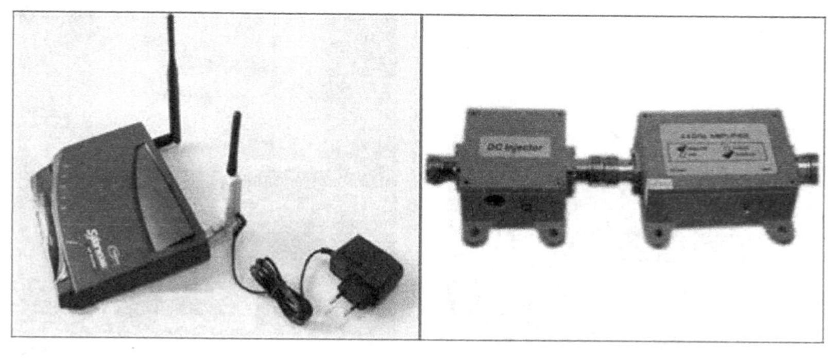

加装在无线路由器上的功率放大器　　防水的室外型 0.5W 功率放大器

图2-23　功率放大器

3）在网络中，无线信号中继器可以简单、狭义地称为无线 AP。AP（Access Point，访问节点）相当于有线网络中的集线器或交换机，不过，这是一个具备无线信号发射功能的集线器，它可为多台无线上网设备提供一个对话交汇点。简单地说，AP 就是无线网络中的延长线、中继器、放大器，可起到加强信号、延长距离的作用，如图 2-24 和图 2-25 所示。

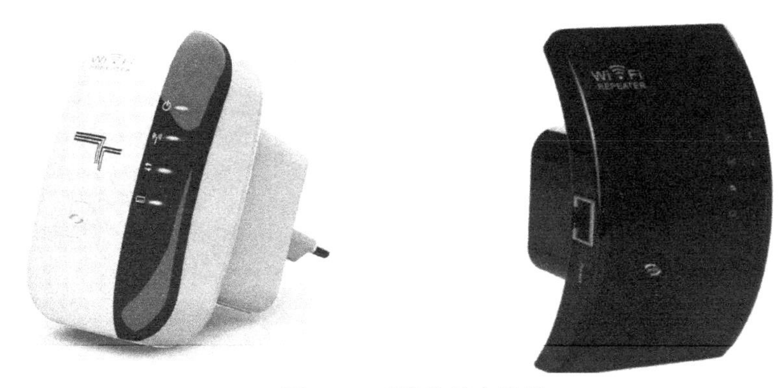

图2-24 无线信号中继器

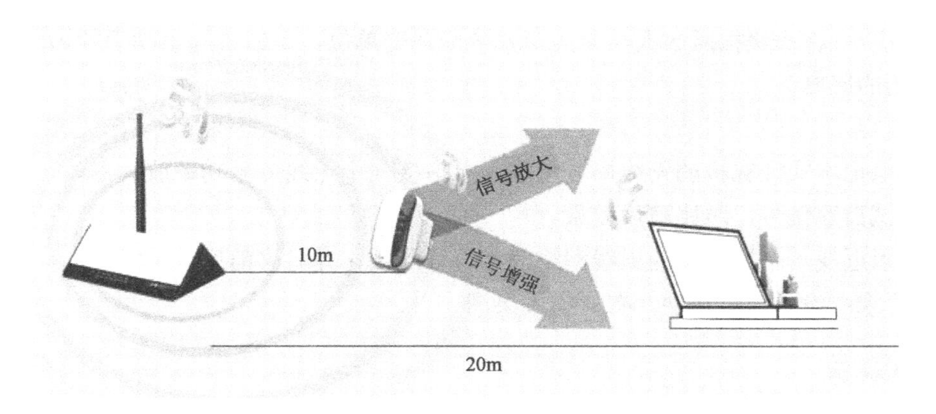

图2-25 信号中继，消除信号盲区，让WI-FI覆盖范围更广、信号更好

上岗实操

无线网络产品的发展给许多不便使用有线网络的用户带来了方便，但是也存在一些不足。由于环境的复杂让无线网络的信号就像天气一样难以琢磨，信号差、经常掉线是家常便饭。在无线网络设备上串接一个无线信号功率放大器或无线信号中继器，无疑可增加无线设备的输入/输出信号强度，双向放大。

那么，如何使用无线信号功率放大器来增强信号强度，扩大信号的覆盖范围？下面以笔记本式计算机为例，简述具体的操作过程。

测试设备：笔记本式计算机 1 台，带 SMA 天线接头的笔记本无线网卡 1 片，2dB 小天线 1 只，无线信号功率放大器 1 只，无线路由器一个，如图 2-26 所示。

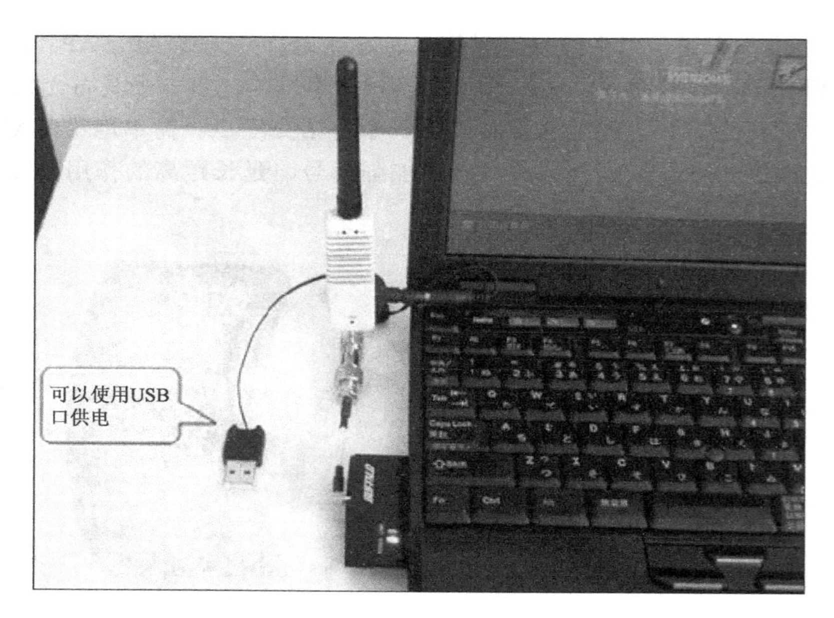

图2-26　笔记本式计算机的无线网卡上串接无线信号功率放大器

操作竞赛：将班级按照 5 人一组的形式分成竞赛单位，每组挑选出动手能力较强的同学进行小组间的比赛。

比赛内容：

1）在笔记本式计算机的无线局域网网卡上串接一个无线信号功率放大器。

2）测试自家信号，对比前后效果。

3）在附近找一个比较弱的无线网络信号进行测试，并对比前后效果。

竞赛要求：设备连接成功，有对比效果图。

温情提示

这类大功率的设备一直以来都只用在室外，毕竟发射塔在高处，与用户还有一定距离，且电磁波在空中呈几何级衰减，因此对健康影响不大。但是现在越来越多的用户把它装在了自家卧室或客厅的无线路由器及计算机的无线网卡上，如此近的距离、如此高的功率，再加上有些用户全天路由器不关机……用户在考虑信号强度的同时不应忽略健康问题。

职场互动

互动题目：

1）荧光灯可以调光吗？如果可以，如何实现？

2）无线信号中继器的优势有哪些？

互动方式：小组讨论、竞赛，小组互评，教师讲评。

拓展提升

无线中继器的使用方法

1. 硬件连接模式选择

连接方式一：无线 AP 模式。

即为传统的有线路由器实现无线 WI-FI 的功能（出厂默认为此模式），该模式下中继器使用有线的方式连接路由器 LAN 口，用户终端就可以用无线方式连接中继器，实现无线联网，如图 2-27 所示。

图2-27　无线AP模式

连接方式二：中继模式。

全方位扩展无线信号的覆盖范围，该模式下中继器使用无线的方式连接路由器，用户端也可以用无线或有线的方式连接中继器，实现无线联网，如图 2-28 所示。

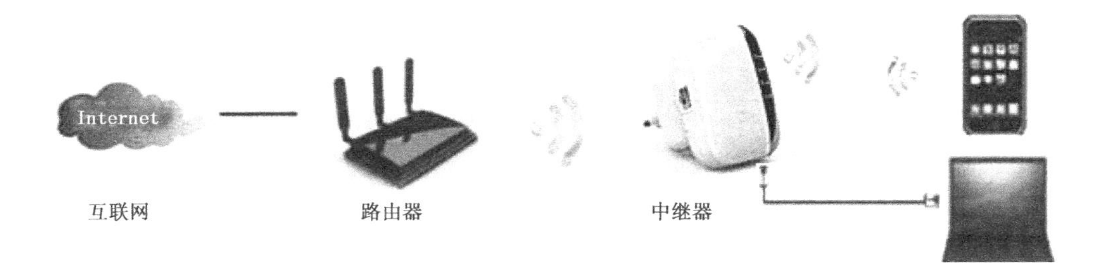

图2-28　中继模式

2. 连接到中继器实现中继模式的两种连接方式

1）有线连接方式。将 RJ-45 网线的一端连接到中继器的网络接口，另一端连接到计算机的网卡接口。

2）无线连接方式。将移动设备的无线网卡连接到中继器，其 SSID 默认为：WiFi-Repeater

3. 中继器软件设置如图 2-29 所示

4. 设置完成

上述步骤完成后，终端用户可以无线扫描到刚才设置的 SSID 名称，单击进行连接，输入正确的中继网络密码后，连接成功，如图 2-30 所示。

1) 第1次使用时，打开网页浏览器输入地址：192.168.10.1，进入中继器登录界面。

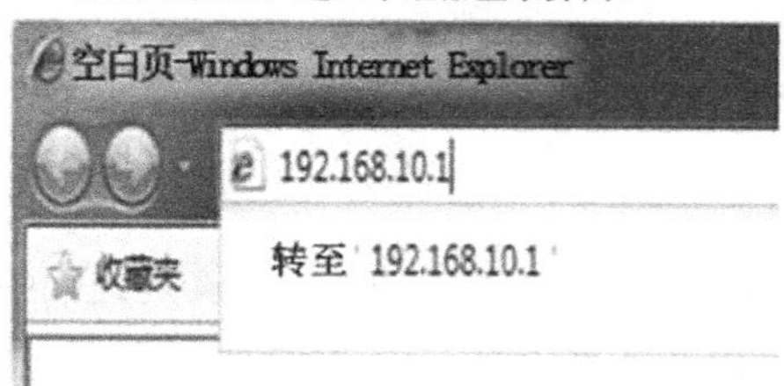

2) 输入账号和密码（默认两者都为admin）并登录

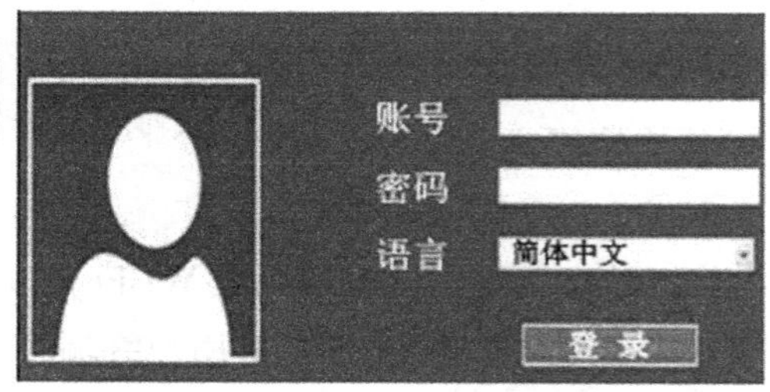

3) 选择“中继模式”

4) 选择要连接的无线网络名称，若连接的路由器需要密码验证，请输入正确的密码。另外，可以自己命名中继网络的SSID，默认下与路由器一样，单击“确定”按钮保存设置信息。

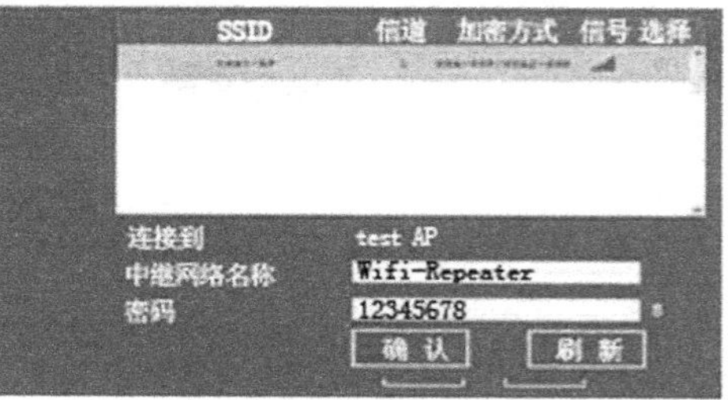

图2-29　中继器软件设置

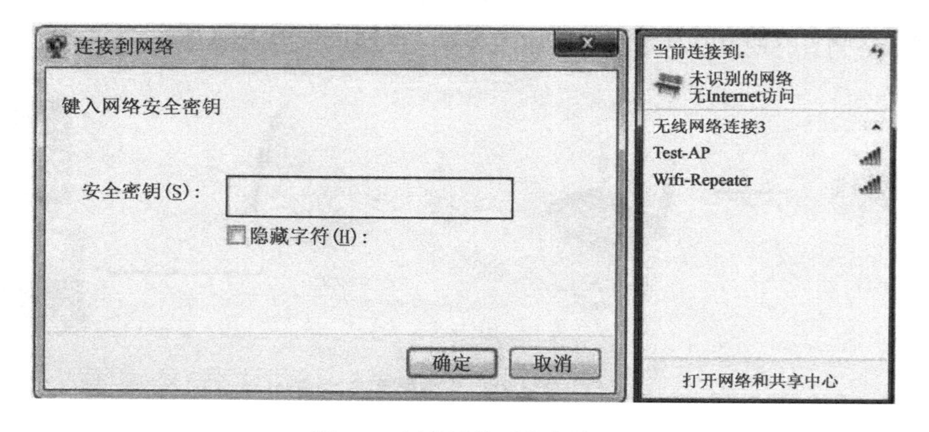

图2-30　网络连接无线中继器

项目3　灯光与智能控制

项目描述

角色设置：客户“小仲”，智能家居公司导购“大志”。

项目导引：一座城市、一幢建筑、一处景观、一条街道、一席商业空间，其特质被光所定型、更被附着生命质感的照明设计赋予特有的主旨、风格、深度、情感、色彩及氛围。灯光设计中，应选择既满足使用功能和照明质量的要求，又便于安装维护、长期运行且费用低的灯具。“小仲”想为自己选购灯具，公司导购员“大志”热情接待了他，详细介绍了市面灯光种类、辨识灯具的方法，并根据“小仲”的个人需求推荐了令他满意的灯具。

活动流程：依据人们的行为习惯，安排了市面灯光介绍、灯具名称辨识、一种非调光灯分类与控制、调光灯分类与控制、灯光场景控制等系列任务，通过学习与实践，使学生对灯光与智能控制有一个全面的认知。

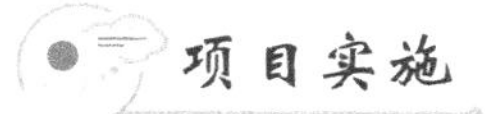

项目实施

任务 1　市面灯光介绍，灯具名称辨识

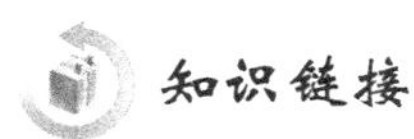

知识链接

1）灯光有三种解释：①灯的亮光；②指佛法的光辉；③指舞台上或摄影棚内等不同场合的照明。灯光大致可以分为高光、聚光、散光、柔光、强光、焦点光等。图 2-31 所示为舞台灯光。

图2-31　舞台灯光

2）用于照明的灯光是指用于建筑物内外照明的人工光源。近代照明灯光主要采用电光源（即将电能转换为光能的光源），一般分为热辐射光源、气体放电光源和半导体光源三大类。其主要产品有白炽灯、卤钨灯、荧光灯、气体放电灯及半导体荧光灯。

①热辐射光源。热辐射光源利用物体通电加热至高温时辐射发光的原理制成。这类灯结构简单，使用方便，在灯泡额定电压与电源电压相同的情况下即可使用。

②气体放电光源。气体放电光源利用电流通过气体时发光的原理制成。这类灯发光效率高，使用寿命长，光色品种多。

③半导体光源。半导体光源利用荧光粉在电场作用下发光或者半导体 P-N 结发光的原理制成。这类灯仅用于需要特殊照明的场所。

上岗实操

操作竞赛：将班级按照 5 人一组的形式分成竞赛单位，小组同学团结协作，进行小组间的比赛。

比赛内容：

1）查阅资料或百度搜索，了解日常生活中主要灯光产品的特征及应用领域，完成表 2-6 的填写。

表 2-6　主要灯光产品

类　别	特　点	光　效	功　率	使用寿命	应用领域
白炽灯					
卤钨灯					
荧光灯					
气体放电灯					
半导体荧光灯					

2）根据生活积累，熟悉常见灯具，完成表 2-7 的填写。

竞赛要求：团队合作，填写最全、完成最快者胜出。

表 2-7　常见灯具

类　别	特　点	应用领域	选购方法
吊灯			
吸顶灯			
落地灯			
壁灯			
台灯			
筒灯			
射灯			
浴霸			
节能灯			

职场互动

互动题目：

1）可调光灯和非可调光灯的区别有哪些？

2）可调光如何实现？

互动方式：小组讨论、教师讲评。

拓展提升

将灯光按以下方法分类，完成表 2-8 的填写。

表 2-8　灯光分类

分类方法	灯光种类
室外照明	
室内照明	
光　源	
舞 台 灯	
车 用 灯	
电　筒	

任务 2　一种非调光灯分类与控制

知识链接

1）所谓可调光灯，指的是可以调节灯光明暗度，也就是说，灯光的亮度可以调节至 0%～100%的任意值。顾名思义，非可调光就是灯光的明暗度不可调节，即灯的亮度要么是 0%，要么是 100%。

2）荧光灯是生活中常见的非可调光灯，传统型荧光灯即低压汞灯，是利用低气压的汞蒸气在通电后释放紫外线，从而使荧光粉发出可见光的原理发光，因此它属于低气压弧光放电光源。无极荧光灯即无极灯，它取消了对传统荧光灯的灯丝和电极，利用电磁耦合的原理，使汞原子从原始状态激发成激发态，其发光原理和传统荧光灯相似，有寿命长、光效高、显色性好等优点。常见的荧光灯有直管形荧光灯、彩色直管型荧光灯、环形荧光灯和单端紧凑型节能荧光灯。

上岗实操

非调光灯的常见控制方法有两种：一种方法是通过非调光开关进行手动控制（非调光机械开关）；一种方法是通过智能家居控制软件，利用 PAD、手机等智能终端进行智能控制（无线触摸开关），如图 2-32 所示。

操作竞赛：将班级按照 5 人一组的形式分成竞赛单位，从各组中挑选出动手能力较强的同学进行小组间的比赛。

比赛内容：

1）写出机械开关和触摸开关的工作原理。

2）安装无线触摸开关，实现手动控制灯光。

3）通过智能家居控制软件，利用PAD、手机等智能终端实现智能灯光控制。

竞赛要求：队员随机选题，拿到题后一个学生读题、一个学生做、其他学生提示。计时评分，用时最少者获胜。

图2-32　非调光机械开关、无线触摸开关

温情提示

非调光灯的种类也很多，在此仅以荧光灯为例进行操作，其他则不一一列举。

职场互动

互动题目：

1）荧光灯管的管径与其电参数的关系是什么？

2）荧光灯能否实现可调光的功能？如果可以，那么如何实现？

互动方式：小组讨论、教师讲评。

拓展提升

1）直管型荧光灯管按管径大小分为T12、T10、T8、T6、T5、T4、T3等规格，规格中“T+数字”组合表示的含义是什么？

2）荧光灯管的光色与其技术品质的关系是什么？

3）荧光灯的工作原理是什么？

任务3　调光灯分类与控制

知识链接

白炽灯和金卤灯在调光领域应用得比较广泛，如图2-33和图2-34所示。但随着节能减排政策的不断推广，LED可调光在攻克了调光技术难题后，开始呈现发展趋势，如图2-35和图2-36所示。

图2-33 白炽灯

图2-34 金卤灯

图2-35 LED可调光射灯和LED可调光帕灯

图2-36 LED可调光球泡灯

温情提示

金卤灯的分类方法很多，按填充物可分为 4 类：钠铊铟类、钪钠类、镝钬类和卤化锡类；按灯的结构可分为 3 类：①石英电弧管内装两个主电极和一个启动电极，外面套一个硬质玻壳（有直管形和椭球形两种）的金卤灯；②直管形电弧管内装一对电极，不带外玻壳，可代替直管形金卤灯，用于体育场等地区泛光照明；③不带外玻壳的短弧球形金卤灯、单端或双端椭球形的金卤灯。

上岗实操

调光灯的常见控制方法有两种：一种方法是通过调光开关进行控制；另一种方法是通过智能家居控制软件，利用 PAD、手机等智能终端进行智能控制，如图 2-37 所示。

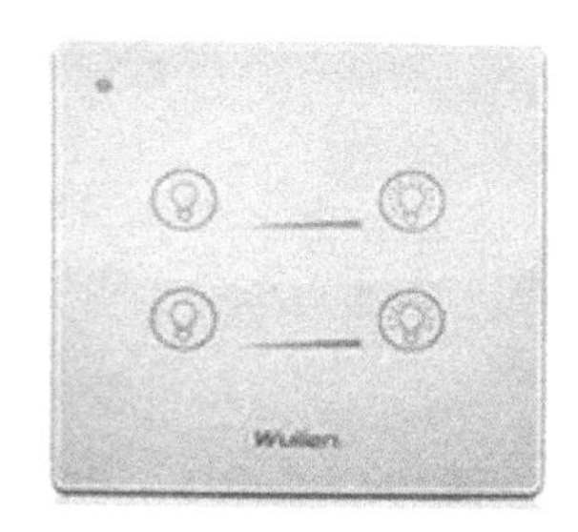

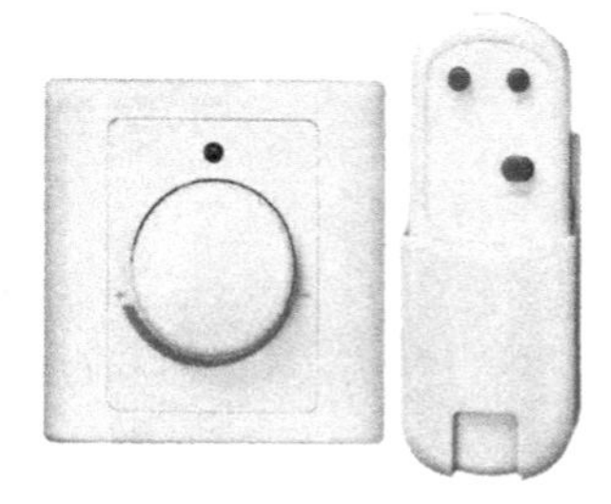

图2-37　电子调光开关、无线调光开关及旋钮调光开关

操作竞赛：将班级按照 5 人一组的形式分成竞赛单位，每组挑选出动手能力较强的同学进行小组间的比赛。

比赛内容：

1）说出电子调光开关的工作原理。

2）安装无线调光开关，实现手动控制调光。LED 调光灯控制功能编辑示意图如图 2-38 所示。

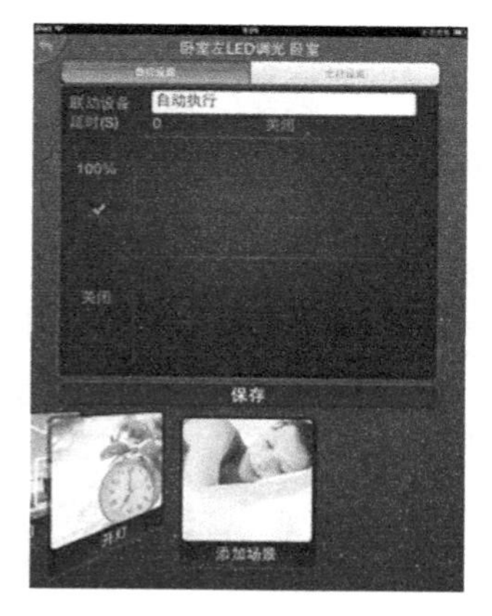

在这个界面里，你可以设置场景触发后，该设备执行：

- 开启还是关闭？
- 延迟多久进行开启或关闭？
- 是否需要报警？
- 与传感设备进行联动？

图2-38　LED调光灯控制功能编辑示意图

3）通过智能家居控制软件，利用 PAD、手机等智能终端实现智能调光。

竞赛要求：队员随机选题，拿到题后一个学生读题、一个学生做、其他学生提示。计时评分，用时最少者获胜。

职场互动

互动题目：

1）可调光灯的优势有哪些？

2）淘汰白炽灯的可行性和重要意义？

互动方式：小组讨论、竞赛，小组互评，教师讲评。

拓展提升

随着生活水平的提高，人们离不开光，更离不开对光的质量的要求。调光开关的分类见表 2-9。调光的需求可以大体分为如下三类：

1）功能型调节光线的需要，如玄关、会议室等。

2）家居生活中舒适性和生活格调的体现，比如对灯光的明暗搭配，色温冷暖，既可以根据环境的需要进行调节，也可以起到烘托氛围的作用。

3）环保节能的需要，比如公共场所的节能需求，停车场照明、商场照明、道路照明等。调光开关能满足人们在不同的时候对灯光亮度的不同需求，能直接替换现有的墙壁开关，适用于家庭居室、公寓、酒店、医院等公共场所。

表 2-9　调光开关的分类

分类方法	灯具举例
按调光方式分类	可控硅调光开关、PWM 式调光开关、0～10V 调光开关、晶闸管调光开关
按操作方式分类	旋钮调光开关、触摸调光开关、按键调光开关、遥控调光开关、感应调光开关

任务 4　灯光场景控制

知识链接

智能灯光系统的功能

智能灯光系统能够实现对灯光的自动化控制，如家庭影院的放映灯光、晚宴灯光、聚会灯光、读报灯光，根据外界光线自动调节室内灯光，根据不同时间段自动调节灯光。

灯光情景控制模式：通过对智能开关的组合学习，可以对家庭单元的各个房间定义个性化的灯光场景。

联动控制：灯光、电器（空调器）、电动窗帘三者的控制可以通过情景控制模式联动，如门磁可以设定与灯光、窗帘、电器等设备的联动工作。比如，回家开门后，灯光打开、窗帘开启、空调器开启等联动工作。灯光的控制模式主要有以下几种：

1）手动控制。保留所有灯及电器的原有手动开关，不会因为局部智能设备的故障而导致不能实现控制。

2）智能无线遥控。一个遥控器可对所有灯光、电器及安防的设备进行智能遥控和一键式场景控制、实现全宅灯光及电器的开关、临时定时等遥控以及实现各种编址操作。

3）一键情景控制。一键实现各种情景灯光及电器组合效果，可以用遥控器、智能开关、计算机等实现多种模式。

4）手机远程控制。可以实现用手机远程控制整个智能住宅系统以及实现安防系统的自动电话报警功能，无论用户身在何处，只要一个手机就可以随时实现对住宅内所有灯及各种电器的远程控制。

5）互联网远程监控。通过互联网实现远程监控、操作、维护以及系统备份与系统还原，并通过用户授权实现远程售后服务。无论用户身在何处，只要通过互联网即可随时了解室内灯及电器的开关状态，包括远程控制，随时根据需求更改系统配置、事件定时控制。

6）事件定时控制。可以个性化定义各种灯及电器的定时开关事件，一个事件管理模块总共可以设置多达 87 个事件，完全可以将每天、每月甚至一年的各种事件设置完成，充分满足用户的实际需求，还可设置早上定时起床模式，晚上自动关窗帘模式，以及出差模式等。

温情提示

一键情景控制既可以通过手动控制（无线场景开关控制）实现，也可以通过手机等智能终端远程控制实现。

上岗实操

在很多情况下，用户希望能够通过灯光来营造家庭气氛，使生活更加丰富多彩，室内灯光场景智能控制系统就可以满足这一需求。它的场景控制功能可以将常用的各种场景模式保存起来，并把控制指令定义给任意一个开关模块的任意一个按键上，需要时只要按一下对应的按键，室内的所有灯具就会按照预先的定义产生动作，营造出用户希望的灯光效果和气氛。

操作竞赛：将班级按照 5 人一组的形式分成竞赛单位，每组挑选出动手能力较强的同学进行小组间的比赛。

比赛内容：

1）利用智能家居终端控制软件，对家居中的灯光实施联动控制。

2）对不同场景模式的灯光设定，实现一键情景控制。

竞赛要求：队员随机选题，拿到题后一个学生读题、一个学生做、其他学生提示。计时评分，用时最少者获胜。

职场互动

互动题目：

添加个性化场景模式，根据场景需要添加相应设备，并对设备的功能进行编辑，实现智能控制。

互动方式：小组讨论、教师讲评。

拓展提升

家庭照明系统的灯光设计区域一般包括客厅、卧室、餐厅、厨房、书房、卫生间等。由于它们在家庭当中的作用不同，因此设计者可以有区别地设计各个部分的灯光照明，见表 2-10。

表 2-10　家庭照明系统的灯光设计

区　域	采用的灯具和光源种类	控制方式
客厅		
餐厅		
卧室		
厨房		
卫生间		
书房		

项目 4　智能灯光控制系统安装与调试

项目描述

角色设置：客户“小仲”，智能家居公司项目“大志”。

项目导引：现代生活随着计算机技术、网络技术、通信技术的发展，智能建筑、空间和生活的概念日益深入当代高端城市豪宅中。当下，高端用户对家居生活的要求有了进一步提升，除了传统的需求外，更高的舒适性、安全性、高效性、方便性、可靠性甚至节能性都在考虑范围内，这使得智能科技系统融入高端住宅成为必然趋势。本项目以上海企想信息技术有限公司的智能家居系统样板间为操作平台，以智能灯光控制系统为例，阐述智能家居系统的安装与调试流程。上海企想信息技术有限公司的智能家居系统样板间主要包括门禁系统、视频监控系统、家电控制系统（DVD 播放器、空调器、电视机）、环境监测系统、电动窗帘系统、灯光控制系统、烟雾探测系统、安防系统等。

活动流程：依据人们行为习惯，安排了绘制拓扑图及电路图、启动样板操作间软件、节点板初始化、安装 LED 灯与节点板、安装协调器调试运行等系列任务，通过体验与实践，使学生对智能灯光控制系统的安装与调试有一个全面的认知。

项目实施

任务 1　绘制拓扑图及电路图

知识链接

1）AutoCAD 是 Autodesk（欧特克）公司于 1982 年开发的计算机辅助设计软件，用于二维绘图、详细绘制、设计文档和基本三维设计，现已成为国际上广为流行的绘图工具。AutoCAD 具有良好的用户界面，通过交互菜单或命令行方式便可以进行各种操作。它的多文档设计环境让非计算机专业人员也能很快地学会使用。

2）Office Visio 2010 是一款便于 IT 和商务专业人员就复杂信息、系统和流程进行可视化处理、分析和交流的软件。Microsoft Office Visio 帮助用户创建具有专业外观的图表，以便理解、记录和分析信息、数据、系统和过程。

温情提示

AutoCAD 和 Visio 是两款计算机辅助设计软件，主要利用它们来绘制电路图和拓扑图。

上岗实操

安装智能灯光系统设备前，首先要根据系统设备的安装要求，绘制硬件接线拓扑图和电路图，如图 2-39 和图 2-40 所示。

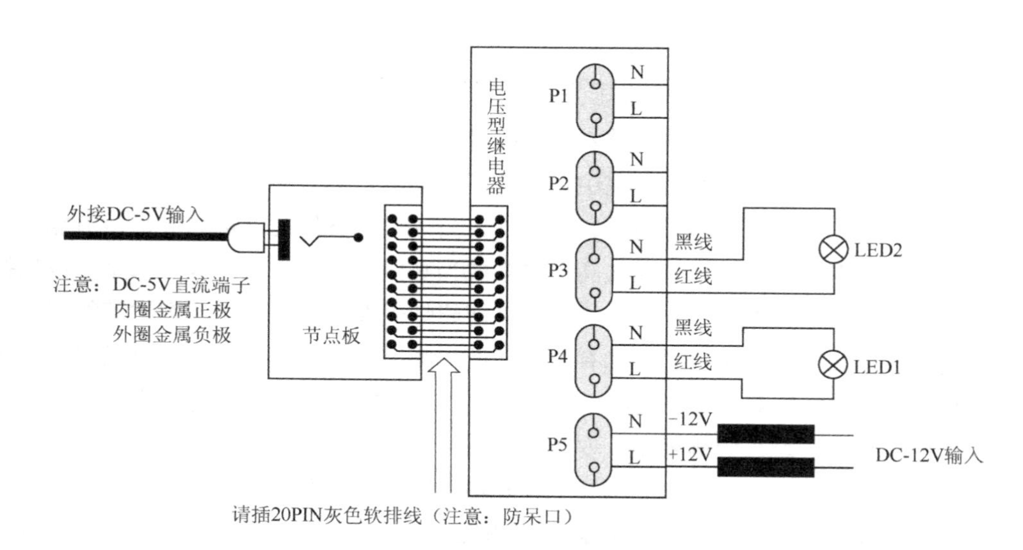

图2-39　LED灯光控制系统硬件接线拓扑图

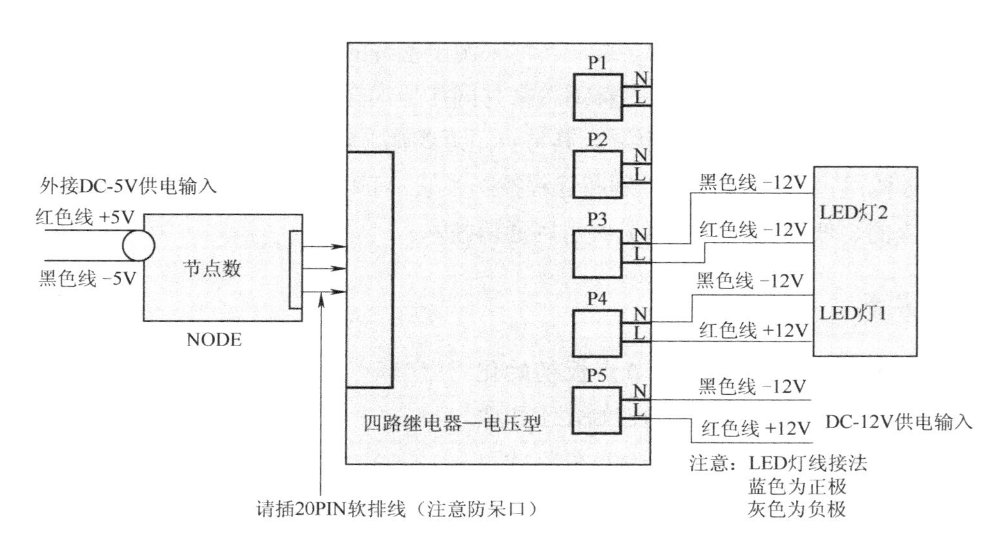

图2-40　LED灯光控制系统硬件接线电路图

操作竞赛：将班级按照 5 人一组的形式分成竞赛单位，每组挑选出动手能力较强的同学进行小组间的比赛。

比赛内容：

1）利用 Visio 应用软件绘制 LED 射灯接线拓扑图。

2）利用 AutoCAD 应用软件绘制样板间 LED 射灯接线电路图。

竞赛要求：每个小组成员都能掌握 Visio、AutoCAD 应用软件的使用方法，并能绘制拓扑图和电路图。小组成绩为所有成员成绩的总和，绘图正确、规范，用时最少的团队获胜。

职场互动

互动题目：

1）在智能灯光控制系统中，LED 灯和节点板的供电电压是多少？

2）根据 LED 灯光控制系统硬件接线的拓扑图，谈一谈 LED 灯光的智能控制原理。

互动方式：小组讨论、教师讲评。

拓展提升

试利用 Visio、AutoCAD 应用软件绘制上海企想的智能家居系统样板间中其他几个智能控制系统的硬件接线拓扑图和电路图。

任务 2　启动样板操作间软件

知识链接

ZigBee 是基于 IEEE 802.15.4 标准的低功耗个域网协议。根据这个协议规定的技术是一种短距离、低功耗的无线通信技术。这一名称来源于蜜蜂的八字舞，由于蜜蜂（bee）是靠飞翔和“嗡嗡”（zig）地抖动翅膀的“舞蹈”来与同伴传递花粉所在方位信息，即蜜蜂依靠这样的方式构成了群体中的“通信网络”。其特点是近距离、低复杂度、自组织、低功耗、低数据速率、低成本，主要适用于自动控制和远程控制领域，可以嵌入各种设备。简而言之，ZigBee就是一种便宜的、低功耗的近距离无线组网通信技术。

上岗实操

将智能灯光系统中所使用的节点板初始化后，才开始硬件连接。而节点板的初始化工作要启动样板间的“无线传感网实验平台软件”才可以进行。所以，首先要启动样板间操作软件。具体步骤如下：

1）将协调器通过协调器连接线连接至PC，如图2-41所示。

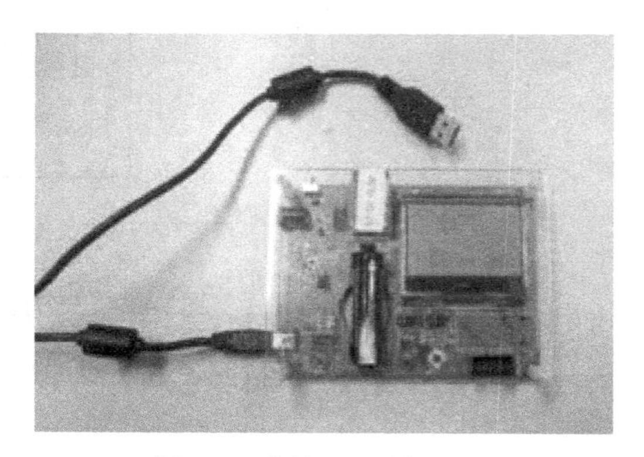

图2-41　将协调器连接至PC

如果系统不能识别外部设备，那么请安装驱动程序，如图2-42所示。

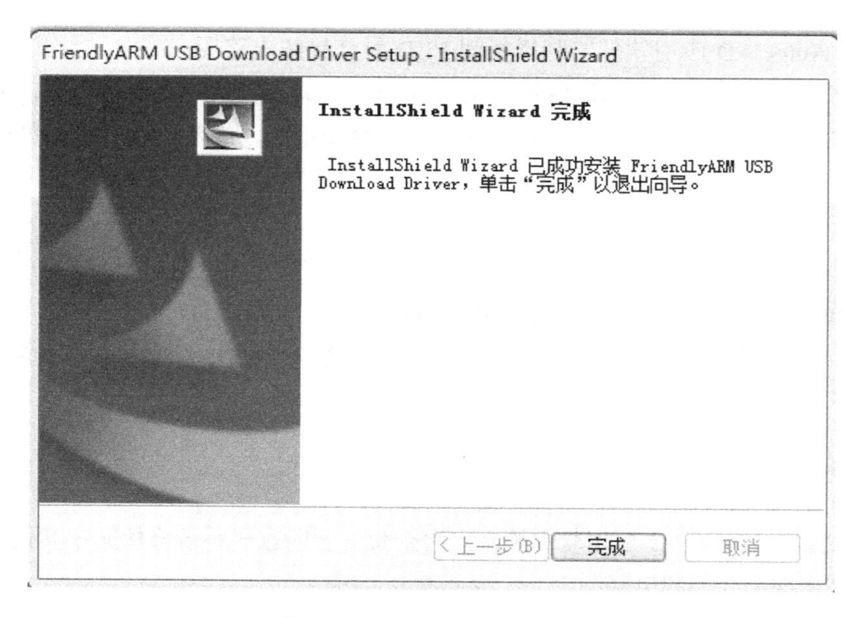

图2-42　安装协调器驱动程序

2）打开协调器侧面的开关让协调器开始工作，打开无线传感网实验平台软件，在“串口号”下拉列表框中选择PC设备管理器中显示的该设备的连接端口，如图2-43所示。

切换至“基础配置”选项卡，选择串口号（此处的COM口编号要与实际情况一致）。在设备管理器中查询串口号，如图2-44所示。

图2-43　无线传感网实验平台软件的“基础配置”选项卡

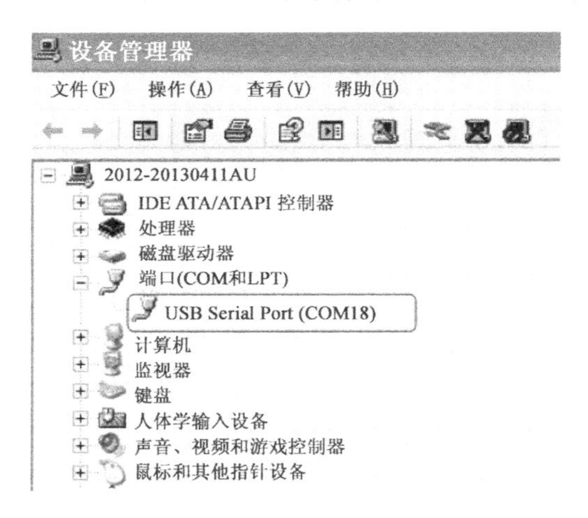

图2-44　协调器的串口号

单击“Open”按钮，与协调器建立通信，如图 2-45 所示。

图2-45　协调器串口设置

单击“网络参数设置”选项组的 Read 按钮，软件界面会显示协调器的 MAC 地址、PANID、Channel 等网络参数，可以对其进行修改，并单击“Write”按钮将其保存，如图 2-46 所示。

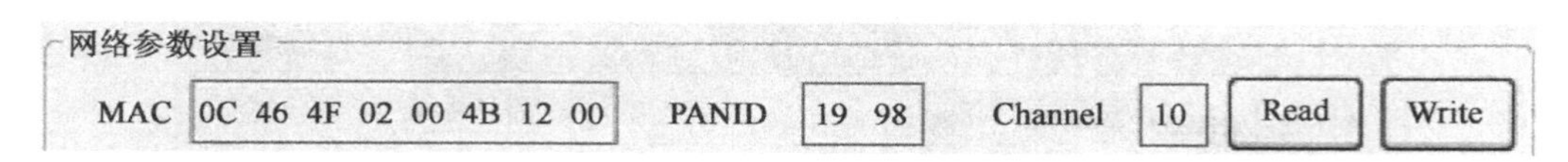

图2-46　协调器网络参数设置

操作竞赛：将班级按照5人一组的形式分成竞赛单位，每组挑选出动手能力较强的同学进行小组间的比赛。

比赛内容：

1）安装协调器。

2）打开无线传感网实验平台软件。

3）配置协调器参数，使“无线传感网实验平台软件”与协调器建立通信。

竞赛要求：一个学生做、其他学生观察、提示。计时评分，最终以协调器配置成功且用时最少者获胜。

职场互动

互动题目：安装协调器时应注意什么？如何配置协调器参数？

互动方式：小组讨论、教师讲评。

拓展提升

安装协调器驱动程序

任务3　节点板初始化

知识链接

1. 节点板

节点板即ZigBee终端节点（End-Device），它没有路由功能，完成的是整个网络的终端任务。图2-47所示即为一ZigBee终端节点。

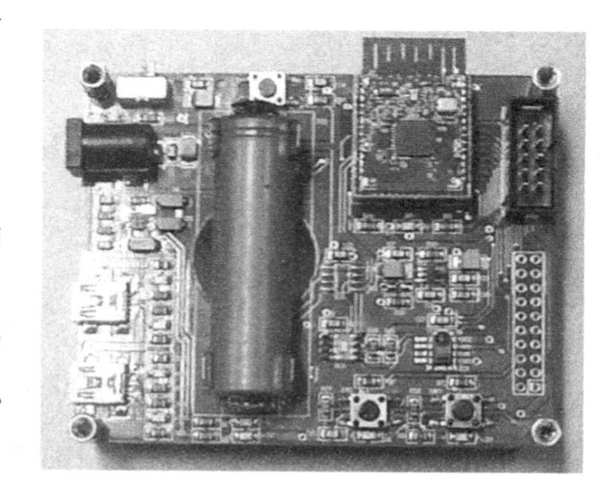

图2-47　节点板

2. ZigBee的PANID

PANID的全称是Personal Area Network ID，即个域网的ID（网络标识符），针对一个或多个应用的网络，用于区分不同的ZigBee网络。所有节点的PANID唯一，一个网络只有一个PANID，它是由协调器生成的。PANID是可选配置项，用来控制ZigBee路由器和终端节点要加入哪个网络。PANID是一个16位标识，其范围为0x0000～0xFFFF。

3. ZigBee 设备的地址

ZigBee 设备有两种类型的地址：物理地址和网络地址。

物理地址是一个 64 位 IEEE 地址，即 MAC 地址，通常也称为长地址。64 位地址是全球唯一的地址，设备将在其生命周期中一直拥有它。它通常由制造商或者被安装时设置。这些地址由 IEEE 来维护和分配。

网络地址是一个 16 位 IEEE 地址，是当设备加入网络后分配的，通常也称为短地址。它在网络中是唯一的，用来在网络中鉴别设备和发送数据，当然不同的网络 16 位短地址可能相同。

温情提示

所有节点的 PANID 唯一，一个网络只有一个 PANID。节点板的供电电源是电压为 3.7V 的 5 号电池一只，安装时注意正负极。

上岗实操

1）将节点板通过 USB 线连接至 PC，如图 2-48 所示。

2）打开无线传感网实验平台软件，切换至“基础配置”选项卡，选择串口号（此处的 COM 口编号要与实际情况一致），串口号在“设备管理器”中查询，如图 2-49 所示。

图2-48　节点板连接PC

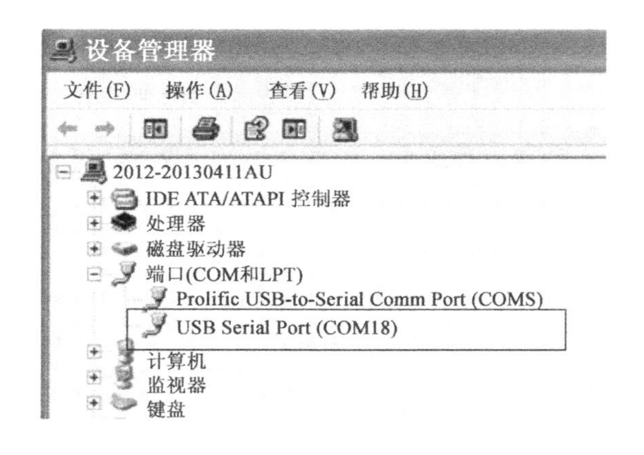

图2-49　在“设备管理器”中查询节点板串口号

图 2-49 中的 Prolific USB-to-Serial Comm Port（COM5）就是节点板的端口号。

单击“Open”按钮，与节点板建立通信，如图 2-50 所示。

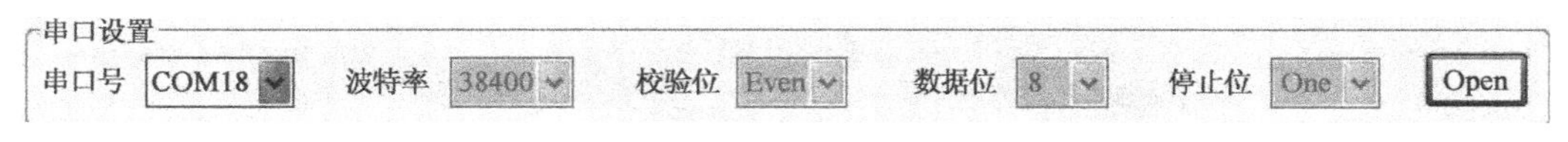

图2-50　节点板串口设置

单击“网络参数设置”选项组中的“Read”按钮，软件界面会显示协调器的 MAC 地址、

PANID、Channel 等网络参数，可以对其进行修改，并单击“Write”按钮将其保存，图 2-51 所示。

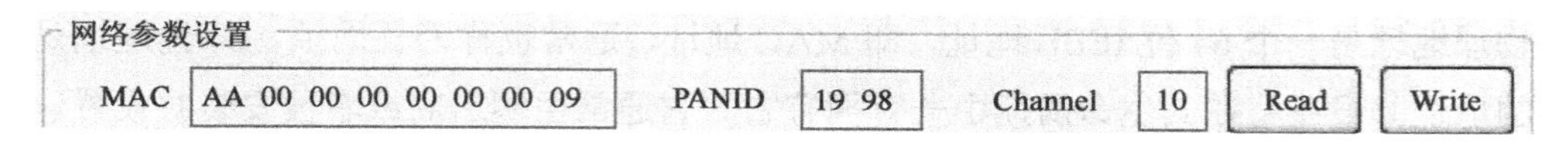

图2-51　节点板MAC地址、PANID设置

单击“节点板参数设置”选项组中的“Read”按钮，软件界面中会显示板号、板类型、采样间隔、配置设备等参数，可以对其进行相应的修改，并单击“Write”按钮将其保存，如图 2-52 所示。

节点板参数设置
板号　板类型　Bitmap　Read
采样间隔　ms　Bitmap1　Write
AD1-iL　AD1-iH　AD1-oL　AD1-oH　AD1-ppF
AD2-iL　AD2-iH　AD2-oL　AD2-oH　AD2-ppF
RFU
Temp_DS18B20　SoilTempHumid_SHT10　HallTurnSpeed_A3144E　MicroWaveMoving
TempHumid_SHT10　Nixietube　InfraredTurnSpeed　OuterTempHumid
Illum_TSL2550D　InfraredRemoteControl　I2Way　OuterIllum
Illum_RT10K　FlameInfraredTube　O2Way　BatteryVoltage
Relay1Way　UltraSonicWave_HCSR04　AirPressure_HP03S　Relay4Way
Smog_MQ2　Vibration_HDX2　Accelerator_LIS3DH　SensorType_RFU1
Gas_MQ5　Noise_MIC　Compass　SensorType_RFU2
RainDrop　Infrared　InfraredTemp_TS1183　SensorType_RFU3

图2-52　节点板网络参数设置

注意：板类型、配置的设备必须符合实际的连接安装情况，否则无法正常地工作。具体板类型与相应功能请参照《无线传感网 Zigbee V25 节点板参数设置》。

3）XML 文件配置

使用记事本打开“无线传感网实验平台软件”文件夹内的“WirelessSensorNetworkConfig.xml”文件，修改文件中的串口号以及各节点板的 MAC 地址，保存并退出，如图 2-53 所示。

```
<coordinator name="协调器01"
        port="COM34" baud="38400"
        mac="00 02 00 00 00 00 00 00" channelid="10" panid="1998"
        interval="3000"
        enabled="true">

<!--节点板MAC地址必须配置正确-->
<enddevice name="节点01"
        mac="AA 00 00 00 00 00 00 01"
        short-addr="?"
        ednum="?"
        enabled ="true">
```

图2-53　修改串口号及MAC 地址

操作竞赛：将班级按照5人一组的形式分成竞赛单位，每组挑选出动手能力较强的同学进行小组间的比赛。

比赛内容：

1）将节点板与PC连接。

2）初始化灯光控制系统中的节点板。

竞赛要求：队员随机选题，拿到题后一个学生读题、一个学生做、其他学生提示。计时评分，用时最少者获胜。

职场互动

互动题目：节点板的各参数设置的意义是什么？

互动方式：小组讨论、教师讲评。

拓展提升

安装节点板驱动程序。

任务4　安装LED灯与节点板

知识链接

1）灯光控制系统硬件包括2个LED灯、节点板和四路继电器，其安装效果图如图2-54所示。

将两个LED射灯，通过底部螺钉安装到样板间的上方，每个灯的两根导线留适当长度，为下一步的智能家居套件安装做准备。

2）灯光的开关是通过节点板和继电器控制实现的。

图2-54　灯光控制系统安装效果图

温情提示

在智能家居套件箱中，继电器主要有两种：电压型继电器和节点型继电器。控制灯光的继电器是电压型继电器。

上岗实操

操作竞赛：将班级按照5人一组的形式分成竞赛单位，每组挑选出3名动手能力较强的同学进行小组间的比赛。

比赛内容：

1）安装协调器、初始化节点板。

2）将硬件设备按照灯光控制系统的安装效果图完好连接，并测试电路连接的正确性。

竞赛要求：队员拿到题后3名学生共同协作、计时评分，操作正确、用时最少者获胜。

温情提示

安装过程中注意安全，关闭电源。安装完毕，要测试电路，确定无误再给电源，避免损坏设备。

职场互动

互动题目：射灯控制的工作原理是什么？

互动方式：小组讨论、教师讲评。

拓展提升

尝试安装门禁系统的各硬件设备，并正确测试电路。

任务5　安装协调器并调试运行

知识链接

ZigBee协调器是整个网络的核心，它选择一个信道和网络标识符（PANID），建立网络，并且对加入的节点进行管理和访问，对整个无线网络进行维护。在同一个ZigBee网络中，只允许一个协调器工作，当然它也是不可缺的设备。图2-55所示即为ZigBee协调器。

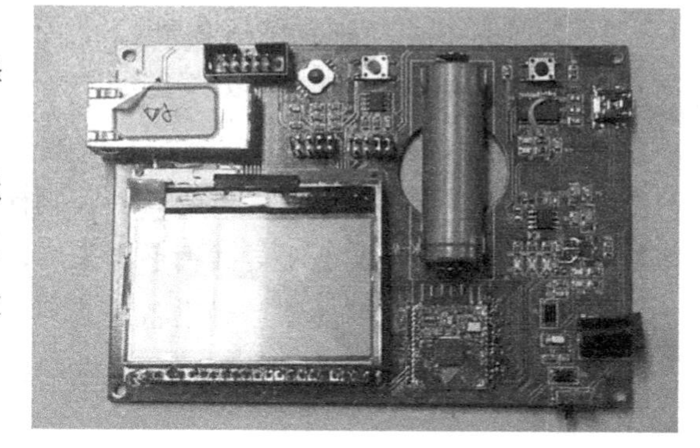

图2-55　协调器

温情提示

所有设备的接口都是一致的，切勿插反。

上岗实操

1）打开协调器和节点板，如果之前的配置正确，那么在协调器的液晶屏幕上会看到对应的空心方块变成了实心的。打开无线传感网实验平台软件，切换到“设备状态”选项卡，如果之前的配置正确，那么可以在软件界面上读取协调器当前的状态，并可以获取各个节点板上传的数据，如图2-56所示。

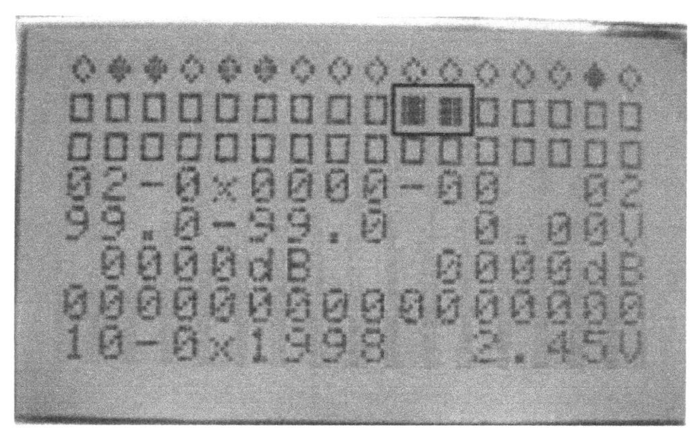

图2-56 协调器连接状态

2）打开无线传感网实验平台软件，切换到“设备状态”选项卡，如果之前的配置正确，那么可以在软件界面上读取协调器当前的状态，并可以获取各个节点板上传的数据，如图 2-57 所示。

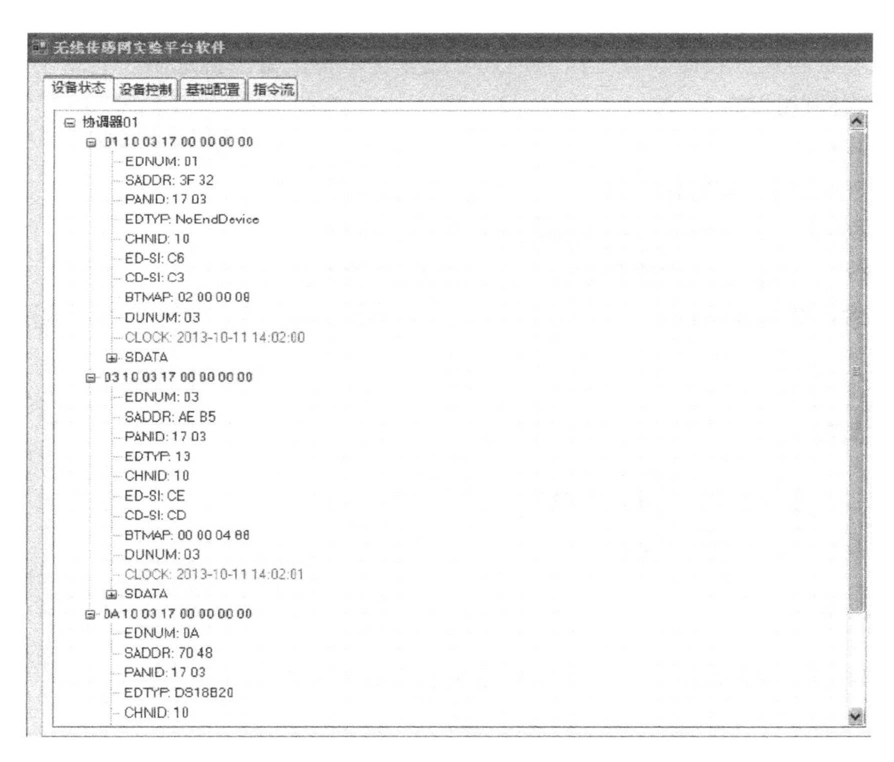

图2-57 无线传感网实验平台软件的“设备状态”选项卡

确定 ZigBee 网络连接正常之后，打开无线传感网实训平台软件，单击“启动系统”按钮，等待连接的传感器全部上线。

切换至“设备控制”选项卡，可以看到所连接的所有节点基本信息、信息采集窗口和各种控制按钮，如图 2-58 所示。

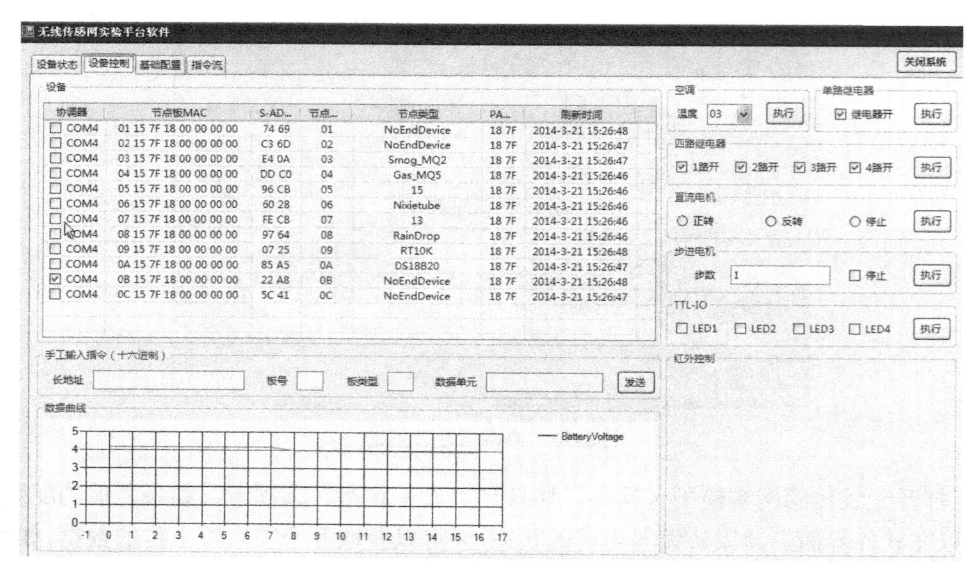

图2-58　无线传感网实训平台软件的“设备控制”选项卡

操作竞赛：将班级按照5人一组的形式分成竞赛单位，每组挑选出3名动手能力较强的同学进行小组间的比赛。

比赛内容：

1）安装协调器、初始化节点板，与无线传感实验平台软件建立通信。

2）将硬件设备完好连接，并测试电路连接的正确性。

3）通过“无线传感实验平台软件”实现对LED灯光的智能控制。

竞赛要求：队员随机选题，拿到题后3名学生共同协作、计时评分，操作正确、用时最少者获胜。

职场互动

互动题目：怎样形成ZigBee网络？

互动方式：小组讨论、教师讲评。

拓展提升

尝试将物理机与虚拟机连接，通过Web服务器控制样板间灯光控制系统。

监理验收

本工程从智能家居典型应用案例智能照明中灯光的布局及调控开始，以业主角色扮演的方式提出“需求”，为智能家居工程技术人员选择匹配的智能灯光系统产品提供依据，再由装修公司与智能家居工程技术人员配合制订出符合业主要求的智能照明的整体方案及编写出相关的系列施工文档，经过与业主沟通、修改、补充后签订施工合同，由施工方做好施工前的准备，组建一支符合施工资质的工程队伍。

监理的重点是检查项目操作流程的规范程度以及工程建设关键环节的完整程度。

、项目验收表

模　块	子　项	评分细则	分　值	得　分
节点板配置		节点板根据节点板配置表设置对应参数及功能	5	
智能家居LED灯光系统设备安装		节电板外接5V，连线正确得分，不正确不得分	5	
		20PIN软排线，连线正确得分，不正确不得分	5	
		继电器板12V供电，连线正确得分，不正确不得分	5	
		LED灯1红线，连线正确得分，不正确不得分	5	
		LED灯1黑线，连线正确得分，不正确不得分	5	
		LED灯2红线，连线正确得分，不正确不得分	5	
		LED灯2黑线，连线正确得分，不正确不得分	5	
		布线美观得分，布线预留合理、线缆绑扎整齐得分	5	
Visio绘图	拓扑图	使用Visio软件完成网络拓扑图的绘制	5	
	接线图	使用Visio软件根据提供的设备控件完成样板间智能灯光系统的设备接线图	10	
软件调试	路由器组网配置	使无线路由器、Web服务器、平板电脑处于同一网段，若有一个IP不正确，则扣5分	15	
	Web服务器配置	XML文件配置及Web服务启动，每个8分	16	
	远程控制	正确使用平板电脑，能够在平板电脑中正确控制灯光系统中的设备	9	
总　分			100	

工程3　智能窗帘购置及安装

随着社会的发展，智能家居得到广泛的应用，而智能窗帘是智能家居的重要应用之一。相对于普通窗帘，智能窗帘是一种具有自我反应、调节和控制功能的窗帘，甚至可以根据室内环境的状况自动调光线的强弱、空气的湿度以及平衡室温等，有着智能光控、智能雨控、智能风控等普通窗帘无法媲美的特点。相对于智能窗帘的使用，其购置和安装就显得尤为重要，也直接关系着使用的效果，本工程是在智能家居情景仿真体验馆中实施的，以智能窗帘为案例，介绍其购置、安装及调试方法。

工程目标

1）理解和区分不同的电动窗帘，能正确选择所需要的类型。
2）了解智能窗帘的系统结构，掌握拓扑图及电路图的绘制，熟练应用样板间软件。
3）正确安装智能窗帘，安装相应的协调器并调试运行，保证智能窗帘的正常使用。
4）正确识读光敏传感器参数和测定，在此基础上，掌握相应智能窗帘的情景设置。

项目1　电动窗帘选购安装

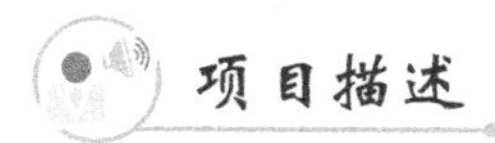

随着人们生活水平的提高，人们越来越注重生活的品质。简单、便捷、实用成了人们追求的目标。随着智能家居的发展，电动窗帘应运而生。本项目就从实际出发，给广大读者在电动窗帘的选购和安装方面提供参考。

任务1　电动窗帘的选型与订购

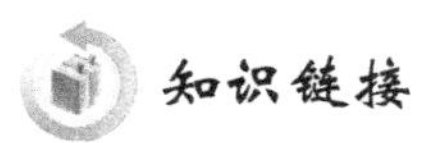

随着社会的发展，经济的进步，电动窗帘已经逐渐走进千家万户。在一定程度上，一款电动窗帘的选择不仅会影响人们居住的心情，还体现着一个家庭的品味。那么，该如何挑选并订购一款适合自己的电动窗帘呢？应该从以下几方面入手：

首先，电动机对于电动窗帘是十分重要的，因此必须选择一款好的电动机。在选择电动机时，要根据窗帘的种类、重量、性能等综合考虑，以便选择最合适的电动机。

其次，要注重电动窗帘的功能，在选择时，不能仅仅考虑窗帘的美观和做工的精湛，更要考虑它是否实用和适合。例如，目前市场上的电动窗帘有无线遥控、时间自动控制、环境亮度控制、光感控制等诸多不同种类，使用起来十分便捷，这就需要消费者根据自己的实际需要做出选择。

最后，选择好的品牌和服务。选购电动窗帘有很多的学问和讲究，消费者不应仅以价格或其他单一因素而决定是否购买，以免结果不尽人意，甚至导致二次购买。所以，在选购时，一定要选择好的品牌和服务，应尽量购买有质量保证和售后服务完善的产品。

温情提示

电动窗帘的电动机按窗帘类型通常分为管状电动机、百叶帘电动机、蜂巢帘电动机和顶棚帘电动机等。

上岗实操

电动窗帘的类型可以根据个人的需要和喜好来定，选好之后，其安装相对来说就显得比较重要。电动窗帘安装得好坏不仅体现了一个家的品味和美观，更直接影响到用户的使用。若安装得好，则可以毫不费力地提升屋内的舒适度、节省用户的有效时间、保护隐私等。选购成功后的智能窗帘。如图 3-1 所示。

图3-1　选购成功后的智能窗帘

操作竞赛：将班级按照 10 人一组的形式分成竞赛单位，每组挑选出动手能力较强的同学进行小组间的比赛。

比赛内容：

1）对电动窗帘进行选型。

2）选型之后，根据需要模拟订购。

3）针对以上两项比拼内容，教师事先在纸上写好不同种类的选型。

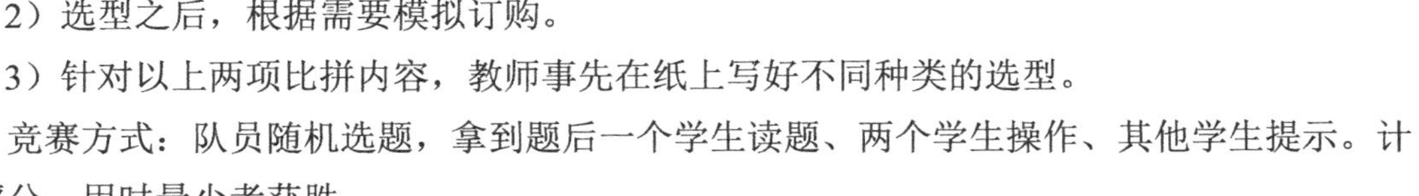

竞赛方式：队员随机选题，拿到题后一个学生读题、两个学生操作、其他学生提示。计时评分，用时最少者获胜。

职场互动

互动题目：电动窗帘如何选型和订购？

互动方式：自由发言，教师讲评。

拓展提升

1）了解电动窗帘的不同类型的需要和应用。

2）根据需要进行电动窗帘的订购。

提示：

①订购的时候要注意尺寸和细则。

②订购的电动窗帘要符合室内的整体装修风格。

任务2　导轨帘的智能控制

知识链接

导轨智能窗帘（见图3-2）的控制相对来说比较容易，在选择好尺寸的基础上，要多注意导轨的活动是否顺畅，要定期检查，以免出现情况，影响控制。

图3-2　导轨智能窗帘

温情提示

注意导轨窗帘尺寸的选择，切莫因为一时的粗心大意而返工。

上岗实操

导轨智能窗帘的控制虽然不难，但是也应该精益求精，不可因粗心大意而导致不必要的返工。

操作竞赛：将班级按照5人一组的形式分成竞赛单位，每组挑选出动手能力较强的同学进行小组间的比赛。

比赛内容：

1）对导轨智能窗帘根据要求进行控制。

2）针对以上比拼内容，教师事先在纸上写好不同的控制要求。

竞赛方式：队员随机选题，拿到题后一个学生读题、一个学生做、其他学生提示。计时评分，用时最少者获胜。

职场互动

互动题目：如何控制导轨窗帘？

互动方式：小组竞赛，教师讲评。

拓展提升

了解导轨窗帘的控制原理。

提示：

①智能导轨窗帘的模块不同于其他电动窗帘，如图3-3所示。

②根据需要进行导轨窗帘的控制。

图3-3　智能导轨窗帘的模块

任务3　百叶帘的智能控制

知识链接

百叶帘可以根据季节、天气、时间的不同进行调节和控制，具体来说，通过调整百叶帘片的角度或者是百叶的整体升降，既可以避免阳光过度，又可以利用阳光，环保节约，如图3-4所示。而一般大型玻璃窗的百叶帘智能控制，常常采用220V交流管状电动机，并配合长方形顶槽及八角管，通过特殊的设计来完成百叶帘片的收放、上下和翻转。

图3-4　智能百叶窗

温情提示

智能百叶遮阳的主要作用包括阻断辐射热，有效减少阳光的直射。

上岗实操

智能百叶帘不但大大节约了室内的空间，而且在很大程度上优化了人们的生活，因此日益受到人们的欢迎。

操作竞赛：将班级按照 5 人一组的形式分成竞赛单位，每组挑选出动手能力较强的同学进行小组间的比赛。

比赛内容：

1）阐述百叶窗的控制原理。

2）实际控制百叶窗。

竞赛方式：队员相互阐述原理，然后推荐一名表达能力强的阐述原理，推荐一名学生实际控制百叶帘，其他学生提示。计时评分，用时最少者获胜。

职场互动

互动题目：如何实施百叶帘的智能控制？

互动方式：小组讨论，小组发言，教师讲评。

拓展提升

了解智能百叶窗的控制。

提示：注意区别光控百叶窗和温控百叶窗的原理。

任务 4　卷帘的智能控制

知识链接

卷帘的智能控制相对简单——只需拨动电源开关即可。这是因为一般情况下电动机直接安装在相应的铝合金卷管内，这样不仅减少了力的传动环节和窗帘箱的体积，还在很大程度上避免了外界对电动机的影响，增加了可靠性。同时，相应的管状电动机安装在电动卷帘卷管中，电动机旋转便带动了卷管转动，使其顺利开启和闭合，如图 3-5 所示。

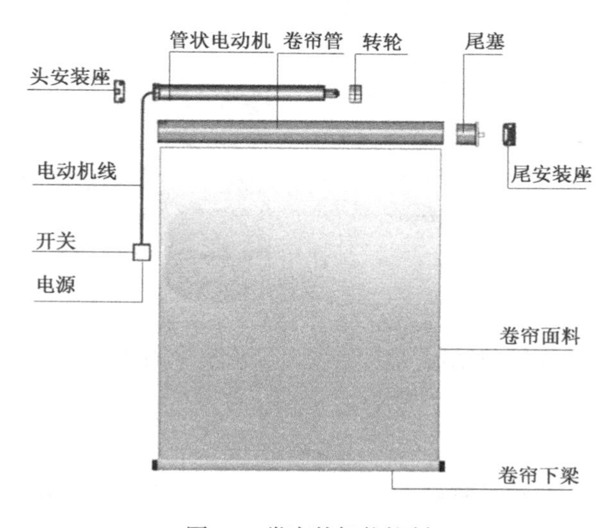

图3-5　卷帘的智能控制

温情提示

电动卷帘可以分为户外卷帘和室内卷帘，从遮阳效果上看，前者比后者更节能、更有效。

上岗实操

操作竞赛：将班级按照 5 人一组的形式分成竞赛单位，每组挑选出动手能力较强的同学进行小组间的比赛。

比赛内容：

1）阐述卷帘智能控制的原理。

2）实际进行卷帘的智能控制。

竞赛方式：队员相互讨论，推举一名学生口述原理并进行操作，其他学生提示。计时评分，用时最少者获胜。

职场互动

互动题目：如何控制电动卷帘？

互动方式：小组讨论，小组发言，教师讲评。

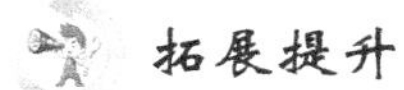

拓展提升

1）了解卷帘智能控制的原理。

2）根据需要进行卷帘的智能控制。

提示：

①不要将卷帘智能控制的原理和其他智能窗帘的原理混淆。

②卷帘的智能控制要根据需要实施，并注意细节。

任务 5　窗帘的层面控制与立面控制（注意优先级）

知识链接

窗帘的层面与立面（见图 3-6）非常重要，因为即使窗帘选得再好，如果层面与立面处理不当，那么也会影响窗帘的整体效果，所以在层面控制与立面控制上，要注意以下几点：

图3-6　窗帘的层面与立面

首先，要考虑顺序。如果是多层窗帘，则一定要注意顺序和优先级，切不可安装倒置。

其次，要考虑格调。窗帘的层面和立面一定要选择与房间相匹配的面料和格调。

温情提示

对于窗帘的层面控制与立面控制，要注意优先级，要记牢顺序、不要弄乱。

上岗实操

窗帘的层面和立面在一定程度上是一个窗帘的“灵魂”，如果层面和立面安排得不适当，不但会有操作上的困难，而且也会降低室内的品味。

操作竞赛：将班级按照 10 人一组的形式分成竞赛单位，每组挑选出动手能力较强的同学进行小组间的比拼。

比拼内容：

1）选择窗帘的层面和立面。

2）选型之后，根据需要进行层面和立面控制。

3）针对以上两项比拼内容，教师事先在纸上写好不同的层面和立面。

竞赛方式：队员随机选题，拿到题后一名学生读题、两名学生操作、其他学生提示，计时评分，用时最少者获胜。

职场互动

互动题目：如何实施窗帘的层面控制与立面控制？

互动方式：小组竞赛，小组互评，教师讲评。

拓展提升

1）了解层面控制和立面控制的重要性。

2）对窗帘进行层面控制与立面控制。

提示：

①层面控制要根据需要事前设计好，避免过多或过少。

②立面控制和层面控制要相互协调。

任务 6　遥控设备安装调试

知识链接

首先，在画好线的基础上，给智能窗帘的电动机安装吊装卡子，需要注意的是，如果是混凝土结构的住宅，那么一定要加膨胀螺栓；其次把电动机接线，接线后与轨道连接，如图 3-7 所示。

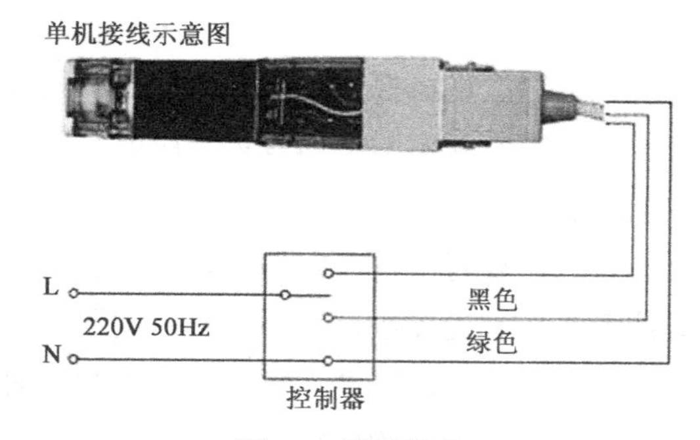

图3-7　遥控设备

最后进行电动机行程的调节。如图3-8所示，在电动机的尾部有齿轮和开关装置，调试时，先将定位锁片拨向旋钮②，并推入旋钮①，此时用手指转动旋钮①，如果听到开关发出“咔嚓”的响声，那么将旋钮①轻轻拉出（不要转动），使齿轮进入啮合状态，旋钮①调试完毕；再以相同的方法调整旋钮②，最后用螺钉把后盖拧紧，即可完成安装调试。

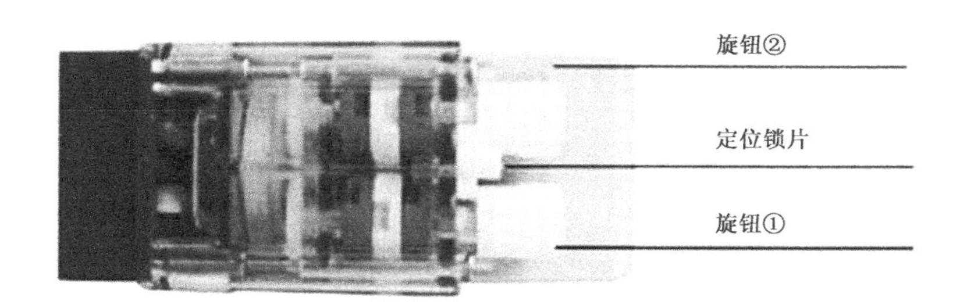

图3-8 调试

温情提示

调试时，在发出“咔嚓”声响后，轻轻拉出旋钮即可，不要转动。

上岗实操

操作竞赛：将班级按照5人一组的形式分成竞赛单位，进行小组间的比赛。

比赛内容：

1）遥控设备安装调试的原理。

2）遥控设备安装调试的实际操作。

竞赛方式：每个队员都进行调试的实际操作。计时评分，用时最少组获胜。

职场互动

互动题目：如何安装调试遥控设备？

互动方式：小组讨论，小组发言，教师讲评。

拓展提升

遥控设备安装调试的实际操作。

提示：

①对遥控设备的安装调试要明白并理解其原理。

②具体操作时要胆大心细。

项目2　系统结构及调试运行

项目描述

智能窗帘的好坏与否，除了外观与格调之外，最重要的就是其结构与调试运行。本项目将从其拓扑图和电路图出发，阐述其结构与调试运行，给广大读者在相关方面提供参考。

项目实施

任务1　绘制拓扑图及电路图

知识链接

本任务从基础出发，绘制智能窗帘的拓扑图及电路图（见图3-9和图3-10），以帮助学生加深对智能窗帘的了解。

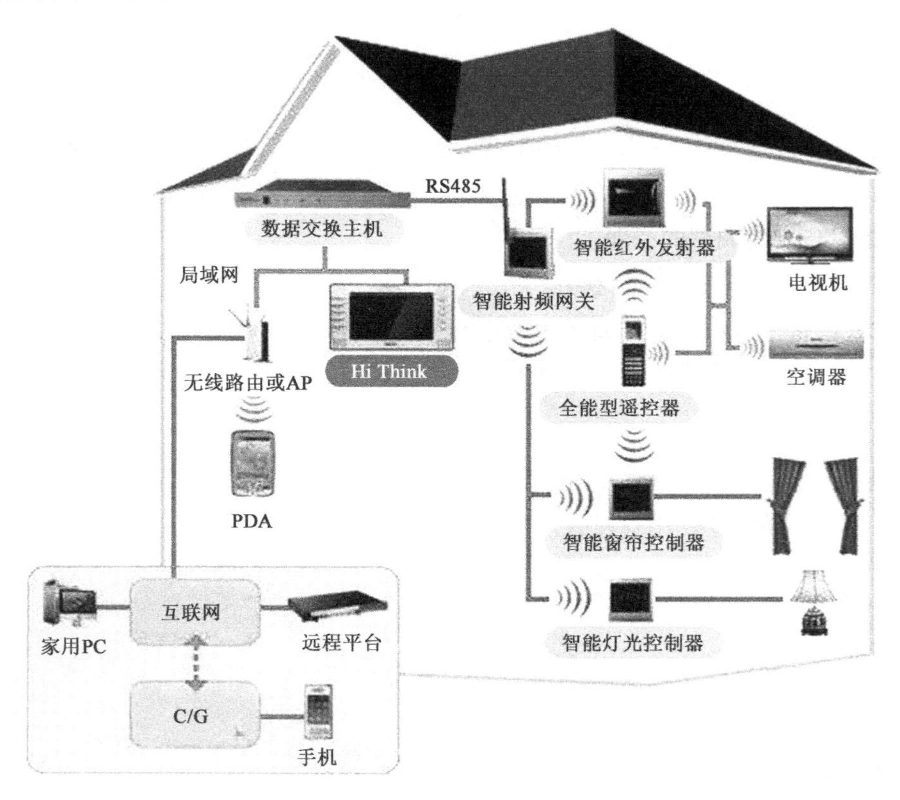

图3-9　拓扑图

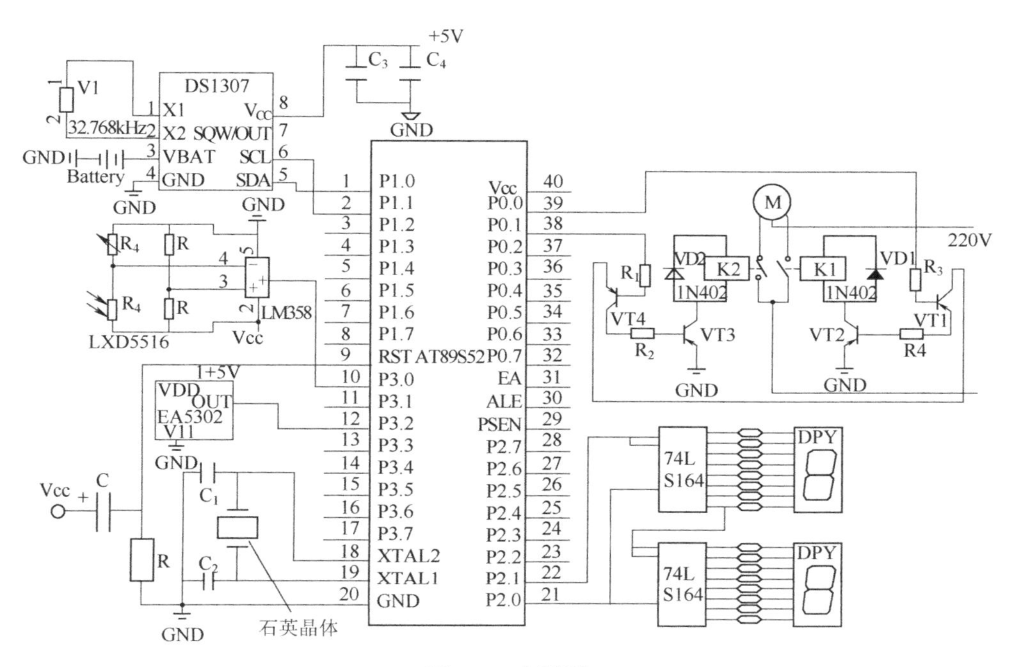

图3-10　电路图

温情提示

智能窗帘的控制只是智能家居的一部分，图 3-9 所表示的是包含了智能窗帘控制的智能家居拓扑图。

上岗实操

操作竞赛：将班级按照 10 人一组的形式分成竞赛单位，每组挑选出动手能力较强的同学进行小组间的比赛。

比赛内容：

1）根据要求绘制拓扑图。

2）根据要求绘制电路图。

竞赛方式：队员拿到题后相互研究和探讨，共同绘制出拓扑图及电路图，之后由教师点评。质量最高组获胜。

职场互动

互动题目：如何绘制智能窗帘的电路图？

互动方式：小组竞赛，教师讲评。

拓展提升

绘制拓扑图及电路图。

提示：

①绘制时要精益求精，不可粗心大意。

②绘制完成后要仔细校对，避免出错。

任务 2　启动样板操作间软件

知识链接

通过移动端控制智能窗帘的工作原理为：而对于不同的智能窗帘，其操作软件也不一样。要根据厂商的控制和开发而确定。一般而言，厂商会将面板控制系统进行升级，开发出相对应的软件，用户则通过相应的 APP 应用进行控制。移动端智能控制系统如图 3-11 和图 3-12 所示。

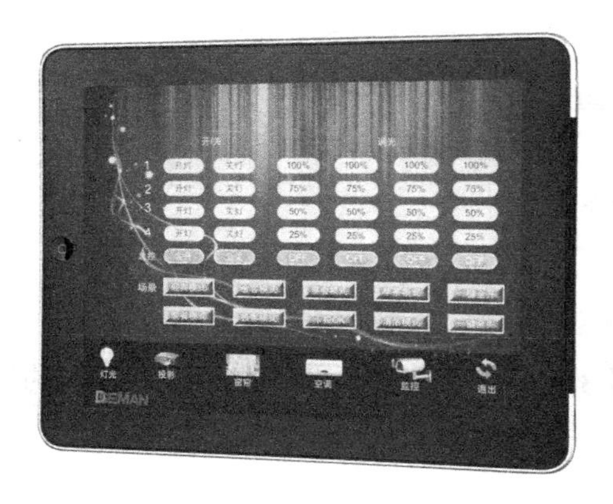

图3-11　移动端智能控制系统（一）

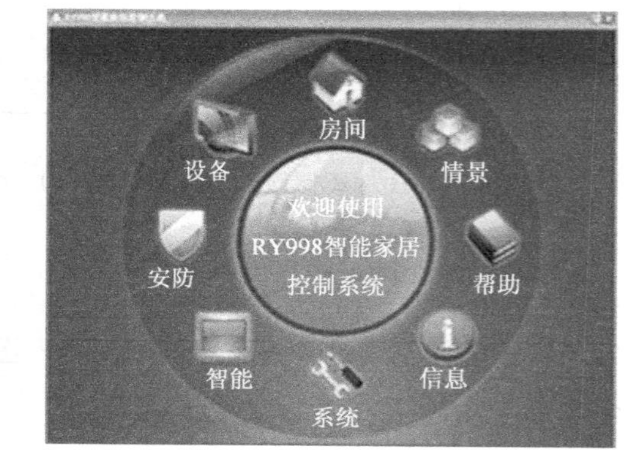

图3-12　移动端智能控制系统（二）

1）命令发射。命令发射就是传感器主动感应触发完成智能控制，当然也能间接人为地手动触发控制命令来完成命令发射，比如利用智能手机或者平板电脑控制智能窗帘。

2）命令执行。命令执行是指收到控制命令后，立刻驱动电动窗帘电动机的对应电路接通或断开，以控制窗帘的开关。

温情提示

虽然智能窗帘的移动端控制相对于智能家居控制更加成熟，但是仍需根据厂商的开发和控制而确定。

上岗实操

操作竞赛：将班级按照 5 人一组的形式分成竞赛单位，每组挑选出动手能力较强的同学进行小组间的比赛。

比赛内容：

1）掌握具体的样板间操作间软件。

2）应用样板间操作间软件。

竞赛方式：由每个队员进行实际操作。计时评分，用时最少组获胜。

职场互动

互动题目：如何进行智能窗帘的软件控制？

互动方式：自由发言，教师讲评。

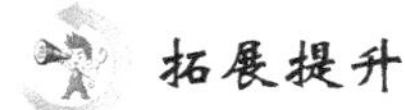

拓展提升

样板间操作间软件。

提示：注意此类软件的分类和区别，选择合适的应用。

任务3 节点板初始化

知识链接

传统意义上的节点板是指刚性节点桁架中把交汇在节点处的各杠件联结在一起的钢板。而智能窗帘的节点板与之不同，节点板对于智能窗帘来说很重要，节点板的初始化要注意位置的选择、调整和确定。图3-13所示为带温度控制器的节点板。

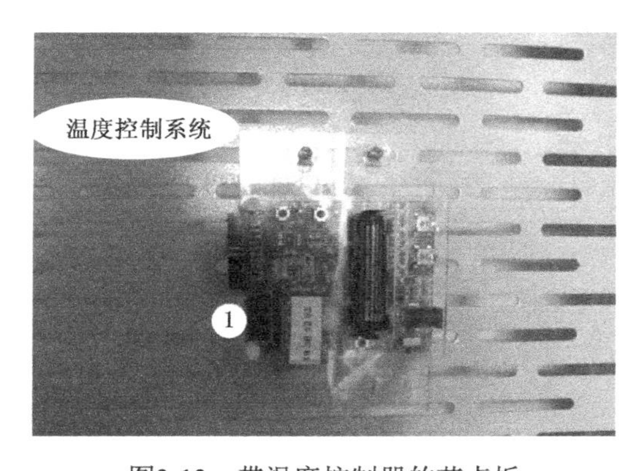

图3-13 带温度控制器的节点板

温情提示

对于智能窗帘的节点板，应请专业人士操作，否则会对智能窗帘的应用产生不利影响。

上岗实操

操作竞赛：将班级按照10人一组的形式分成竞赛单位，进行小组间的比赛。

比赛内容：对节点板的初始化进行阐述。

竞赛方式：由每个队员进行阐述，计时评分。用时最少、表达最全面的组获胜。

职场互动

互动题目：节点板的初始化要注意什么？

互动方式：自由发言，教师讲评。

拓展提升

节点板的初始化。

提示：明白节点板初始化的原理。

任务 4　安装窗帘、电动机及节点板

知识链接

使用智能窗帘的前提是安装窗帘、电动机及节点板的安装。对于窗帘的安装，首先要画线定位，量好轨道尺寸，然后安装吊装卡子，并把电动机接线，然后让轨道和电动机联接，接着把模块固定在适当的位置，同时在模块固定的位置放上 220V 电源，再把相应的电源线也拉到同样的位置，并接好电源线和窗帘机线，最后接通电源模块，如果指示灯亮、窗帘机可工作，则安装成功，如图 3-14 所示。

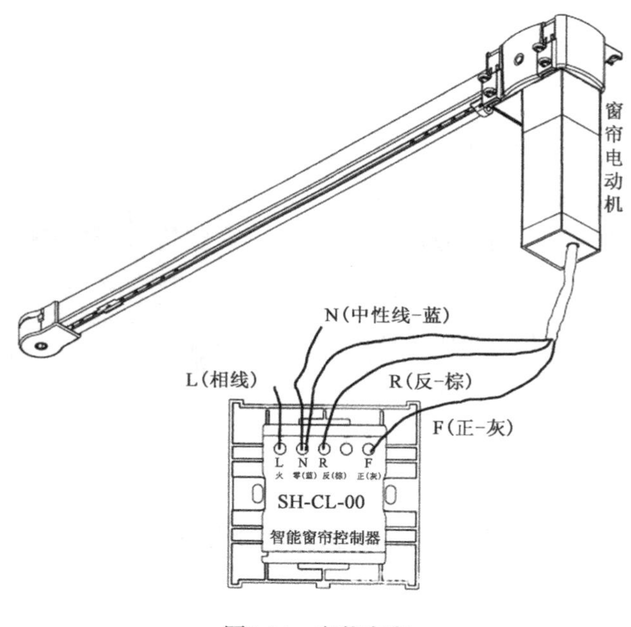

图3-14　安装窗帘

温情提示

所有接线请在断电情况下进行，一定要注意安全。

上岗实操

操作竞赛：将班级按照 10 人一组的形式分成竞赛单位，每组挑选出动手能力较强的同学进行小组间的比赛。

比赛内容：

1）找出节点板。

2）对智能窗帘进行安装。

竞赛方式：队员拿到题目后共同探讨，然后推选两个学生操作、其他学生提示。计时评分，用时最少组获胜。

职场互动

互动题目：如何安装电动窗帘？

互动方式：自由发言，教师讲评。

拓展提升

对电动窗帘进行安装。

提示：

①安装时要注意尺寸和细则。

②安装时要特别注意安全。

任务5　协调器的安装、调试及运行

知识链接

协调器的安装、调试及运行——一般可以通过物联无线网关的联接，使用户可以通过各种移动智能终端的使用来控制智能窗帘。现在常用的是ZW0027无线网关，它是一款基于ZigBee协议的通信设备，提供标准的以太网接口，可以将ZigBee无线网络联接到局域网或互联网中，从而控制任何基于ZigBee协议的产品，例如智能窗帘。

温情提示

安装协调器成本高，传输距离近，使得自组网和巨大的网络容量形同虚设，通信不稳定。

上岗实操

操作竞赛：将班级按照10人一组的形式分成竞赛单位，每组挑选出动手能力较强的同学进行小组间的比赛。

比赛内容：

1）阐述协调器的安装、调试及运行的原理。

2）进行实际操作。

竞赛方式：每组队员相互讨论后，推选一名学生阐述、两名学生操作、其他学生提示。计时评分、用时最少组获胜。

职场互动

互动题目：如何进行电动窗帘的选型和订购？

互动方式：自由发言，教师讲评。

拓展提升

1）理解协调器的安装、调试及运行的原理。

2）进行实际操作。

提示：

①根据实际需要进行调试及运行操作。

②调试及运行时应注意细节。

项目3　窗光敏传感器与智能帘的联动

项目描述

光敏传感器是最常见的传感器之一，随着科技的发展，越来越多地应用于智能窗帘，它可以帮助人们解决手动闭合窗帘的烦恼，可以有效避免阳关的强烈直射，使室内的阳光更适合人们的生活和工作，最终使人们的生活变得越来越智能、越来越简单。

项目实施

任务1　光敏传感器

知识链接

光敏传感器是比较常见的传感器，其种类众多，其敏感波长是在可见光波长附近，包括人们熟知的紫外线波长和红外线波长。光敏传感器主要是利用光敏元件来实现光信号和电信号之间的转换。光敏电阻是光敏传感器中最简单的电子器件，它可以感应到光线的明暗变化，输出较弱的电信号。光敏传感器如图3-15所示。

图3-15　光敏传感器

温情提示

光敏传感器主要有光电管、光敏电阻、太阳能电池、红外线传感器等类型。

上岗实操

操作竞赛：将班级按照 5 人一组的形式分成竞赛单位，进行小组间的比拼。

比拼内容：对光敏传感器进行阐述。

竞赛方式：每组队员分别阐述，表达最全面的组获胜。

职场互动

互动题目：什么是光敏传感器？

互动方式：自由发言，教师讲评。

拓展提升

了解什么是光敏传感器。

提示：

①光敏传感器的内涵。

②光敏传感器的应用。

任务 2　光敏参数及其测定

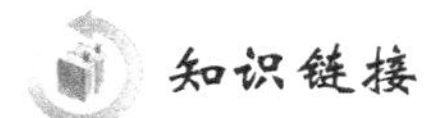

知识链接

光敏参数有以下几个：

首先是亮电阻。光敏电阻在受到阳光照射时的阻值称为亮电阻，而此时流过的电流称为亮电流。

其次是暗电阻。光敏电阻在不受阳光照射时的阻值称为暗电阻，而此时流过的电流为暗电流。

此外，光敏参数还有时间常数、灵敏度、温度系数以及最高工作电压等。而对于光敏参数的测定，则是需要将不同强度的光照射到待测定的导体电阻上，然后利用电流表和电压表近似地测出电阻的相应阻值，并记录下数据，最后用相应的公式算出对应的光敏系数。

温情提示

光敏电阻是光敏传感器中最简单的电子器件，它是一种对光敏感的原件，其电阻值随外界光照的强弱变化而变化。

 上岗实操

操作竞赛：将班级按照 10 人一组的形式分成竞赛单位，按抢答的形式进行小组间的比赛。

比赛内容：

1）对光敏参数进行阐述。

2）对其测定进行阐述。

3）针对以上两项比拼内容，由教师进行提问。

竞赛方式：教师提问，各组进行抢答，答对组获胜。

 职场互动

互动题目：光敏参数主要包括几种？

互动方式：自由发言，教师讲评。

 拓展提升

1）了解光敏参数的内涵。

提示：了解主要的参数并记下。

2）掌握其测定方法。

提示：注意相关数据的准确性。

任务 3　智能窗帘的情景设置

 知识链接

在智能窗帘中，应用光敏传感器最多的就是智能百叶帘。光敏传感器可以根据光线的强弱自动调整百叶帘，从而智能地控制室内的光线，使室内的光线始终适合人们的生活和工作，避免光线过强或过暗带给人们的不便。图 3-16 所示即为光敏传感器的应用。

图3-16　光敏传感器的应用

温情提示

智能百叶窗可以在原有的百叶帘上改装而成，可以根据室外阳光的强弱自动调节帘片，非常方便使用。

上岗实操

操作竞赛：将班级按照10人一组的形式分成竞赛单位，进行小组间的比赛。

比赛内容：对光敏参数的应用进行阐述。

竞赛方式：教师提问，每组队员进行研究讨论，最后给出答案，由教师进行点评，并选出优胜组。

职场互动

互动题目：光敏传感器在百叶窗上是如何应用的？

互动方式：自由发言，教师讲评。

拓展提升

智能窗帘的情景设置。

提示：

①要根据需要和实际情况进行设置。

②在设置过程中，要创新与实用相结合。

工程4　智能影音及红外学习

随着科技的发展，越来越多的现代电器（如音响、电视机、空调器、热水器、计算机、微波炉等）成了人们生活的必需品。这些电器的控制通常依赖于遥控器。但由于各种红外遥控编码格式的不同，使得各种产品的遥控器不能相互兼容，这给人们的日常生活带来了诸多不便。自学习型红外遥控器很好地解决了这一问题，红外模块通过接收电路接收红外遥控器发送过来的红外遥控信号，然后经过存储电路把红外遥控信号存储起来，最后通过发送电路实现遥控家用电器的功能。基于该硬件电路的学习型红外遥控器能学习不同编码类型的红外遥控器，并且可以遥控各种家用电器，因此可以很好地解决人们日常生活中遥控器不能兼容的问题，并有操作简单、价格便宜等优点。

从用户的服务需求出发，构建智能影音生活场景，已成为今天硬件产业新的发展理念。硬件本身从目的转化成手段，变成提供服务的载体。在智能家居中的红外学习中通过手机来控制各种家庭的传感器，除此之外，还有手势控制和语音控制等。

你有没有对未来的生活有所期待？可能以前在科幻电影上所看到的那种生活真的能够来到你身边，如智能灯泡、智能净化器、智能洗衣机、智能冰箱、智能床垫等。

智能生活正在逐渐地走入人们的家庭，为了让人们的生活更加便捷，让人们能够在智能系统的帮助下享受更舒适的生活，下面让我们一起走进智能影音及红外学习的工程实践。

工程目标

1）正确识读智能家居设备，能够对智能影音系统进行简单集成测试，具有智能家居工程现场施工及管理能力。

2）具备良好的工作品格和严谨的行为规范。具有较好的语言表达能力，能在不同场合恰当地使用语言与他人交流和沟通；能正确地撰写比较规范的施工文献。

3）加强法律意识和责任意识。制订施工合同，并严格按照合同办事。

4）树立团队精神、协作精神，养成良好的心理素质和克服困难的能力以及坚韧不拔的毅力。

项目1　红外遥控器电器

角色设置：客户命名为“小终端”，简称“小仲”；公司命名为“大智慧”，简称“大志”。

项目导引：公司的导购“大志”带着客户“小仲”来到智能家居体验馆，“大志”轻轻触碰“手机遥控”，就完成了打开电视机、打开机顶盒、切换到喜欢的湖南卫视频道、将音响音量调整到最佳等一系列操作。小仲问大志：“你只需触动一个键吗？可以自由设置吗？”大志笑着回答：“当然了！只需按智能手机的一个键”。“小仲”兴奋地说：“让我试试！”，随后拿过智能手机就试了一番。“小仲”又问道：“这个手机还能打电话吗？”“大志”告诉“小仲”，原有的手机功能照常使用，需要实施遥控时即可将手机变成一个可替代各种遥控器的万能设备；“小仲”疑惑不解地问道：“用智能手机怎么实现遥控器对所有家居电器的控制呢？”“大志”耐心地解释到：“通过具备红外信号的学习与记忆功能的智能产品——无线红外转发器。它可将 SmartRoom、ZigBee 无线信号与红外无线信号关联起来，通过移动智能终端来控制任何使用红外遥控器的家用设备，例如电视机、空调器、洗衣机、电冰箱、窗帘等。通过无线红外转发器，用户可用任何手机上的智能家居应用对多个电器设备进行遥控。”

活动流程：依据人们行为习惯，通过安排红外遥控电器、红外转发器、红外学习转发系统、智能家居家电与智能控制等系列活动，使学生对智慧影音及红外学习有一个全面的认知。最后一个环节是角色扮演，即学生两两组队，一个作为业主，依据自家真实情况提出智能家居控制系统的改造设想；另一个作为工程技术人员，按照业主需求并依据项目规范流程及描述，制订出电器智能化控制的施工方案。

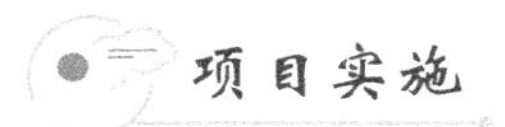

任务 1　红外遥控电器及分类

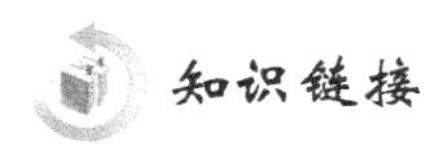

1）红外遥控在各种电器控制中的应用非常广泛，其主要特点是不影响周边环境，不干扰其他电器设备。多通道红外遥控开关有多种实现方式，如采用脉冲编码的码分制方式和采用不同频率的频分制方式。采用频分制方式具有结构简单、易于实现的优点，非常适合业余制作，可广泛应用于家庭、娱乐、办公等场所。

2）随着科技的发展，越来越多的现代电器（音响、电视机、空调器、热水器、计算机、微波炉）成为人们生活的必需品。这些电器的使用通常依赖于遥控器。由于红外线具有直线传播的特性且红外线的波长远小于无线电波的波长，因此在采用红外遥控方式时，不会干扰其他电器的正常工作，也不会影响临近的无线电设备。根据所控制的对象和功能的不同，红外遥控电器可分为以下几种类型：

①电器开关控制类。具体包括电灯、电风扇、电暖器、电热水器等。

②红外遥感类。红外遥感控制对象有电视机、空调器、摄像机、遥控窗帘等。

③家电程序控制类。可分为定时控制、程序互控以及模拟控制等。具体包括电饭煲、电烤箱、洗衣机等。

3）红外遥控的特点是：不影响周边环境、不干扰其他电器设备，由于其无法穿透墙壁，因此不同房间的家用电器可使用通用的遥控器而不会产生相互干扰；电路调试简单，只要按给定电路正确连接，一般不需任何调试即可投入工作；编、解码容易，可进行多路遥控。

温情提示

红外遥控终端应具有如下功能：

1）具有家电红外遥感器的学习功能，可学习若干遥感遥控指令。

2）可通过多种方式控制终端发出任意一条红外指令。

3）可通过挂接各种功能模块来实现系统功能的扩展。

上岗实操

电器智能控制系统主要用以实现对电器的各种远程、定时、场景联动、万能红外遥控等各种智能化控制。传统电器以个体形式存在，而智能电器控制系统是把所有能控制的电器组成一个管理系统，除了可以实现本地及异地红外家电的万能遥控外，还可以用无线遥控、一键场景、传感感应控制、定时事件管理、电话远程、互联网计算机远程控制等多种控制方式实现电器的智能管理与控制。智能家电控制示意图如图 4-1 所示。

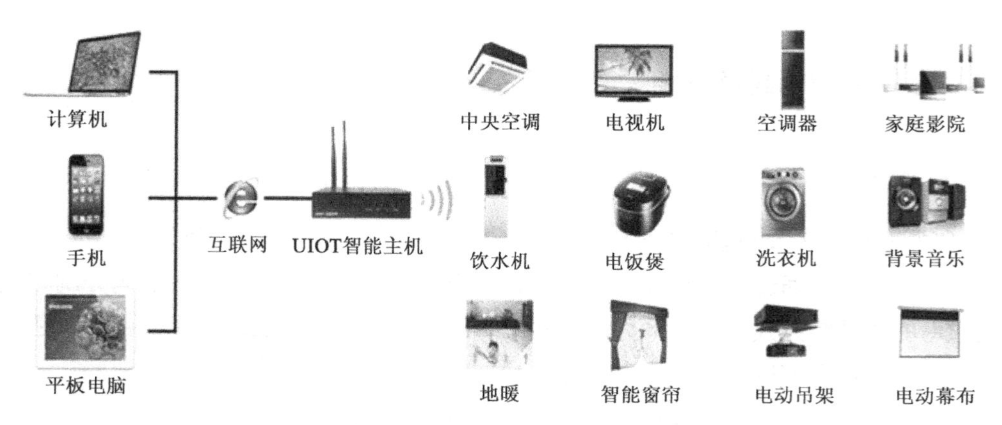

图4-1　智能家电控制示意图

一般的红外家电除了通电以外，还需要用红外的遥控器对其进行各种红外开关控制及调节控制，例如电视机的开关、频道调节、音量调节等，以及 DVD 的开与关、播放、暂停、停止、快进、后退、出仓等。对红外的家电这种控制方式，一般会采用学习型的红外线转发器，如图 4-2 所示。它可以学习各种电器的红外指令，实现对这种电器的红外控制。

操作竞赛：将班级按照 5 人一组的形式分成竞赛单位，每组挑选出操作智能手机最快的同学，进行小组间的比赛。

比赛内容：利用智能手机进入智能家居终端控制的应用软件，找到学习型的红外线转发器。

竞赛方式：成功找到设备。计时评分，用时最少者获胜。

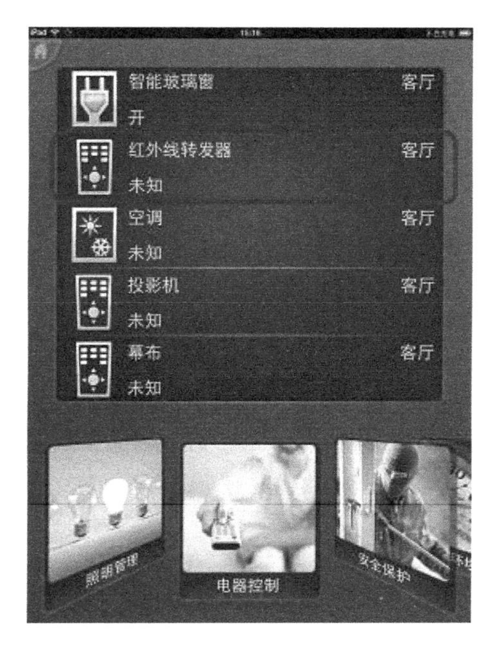

图4-2　南京物联智能家居软件电器控制界面中红外转发器的设置

职场互动

互动题目：智能家居电器的控制方式有多少种？

互动方式：小组竞赛，小组互评，教师讲评。

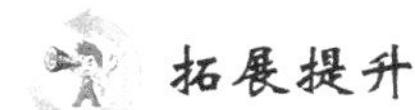

拓展提升

1）上班途中，使用手机关掉家里忘记关的灯或电器；中午休息时，在办公室的计算机上通过家里的网络摄像机远程看一下自己心爱的家人或宠物；下班途中，使用手机远程开启空调器、热水器、地暖设备。

第一步：进入智能家居客户端应用程序。

第二步：找到电器控制进行相应的设置。

具体操作在教师的指导下进行，或通过指导手册完成。南京物联智能家居登录画面及电器控制界面如图 4-3 所示。

2）进行智能家居电器控制的联动设置。

①复杂电器控制简单化：省掉学习使用众多遥控器的烦恼，轻松掌控全宅电器。

②远程控制家电：通过手机和计算机对家电设备进行远程控制。

③集中控制：使用手机、平板电脑控制家中的所有家电设备。

④随时随地控制：利用手机可在任何房间控制家中的所有电器。

图4-3　南京物联智能家居登录画面及电器控制界面

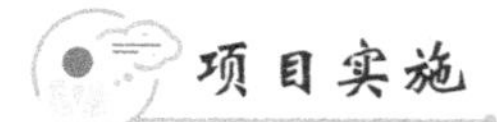

任务 2　遥控器结构及类别

知识链接

1）遥控器是一种用来进行远程控制的机械装置，主要是由集成电路板和用来产生不同信息的按钮所组成。通过现代的数字编码技术，将按键信息进行编码；通过红外线二极管发射光波，光波经接收机的红外线接收器将收到的红外信号转变成电信号，由处理器进行解码，解调出相应的指令，来控制机顶盒等设备完成所需的操作要求。遥控器是一种无线发射装置，如图 4-4 所示。

图4-4　遥控器

2）很多电器都采用红外线遥控。红外线遥控就是利用波长为 0.76～1.5μm 的近红外线来传送控制信号的。常用的红外线遥控系统一般分发射和接收两个部分。发射部分的主要元件为红外发光二极管。它实际上是一只特殊的发光二极管，由于其内部材料不同于普通发光二极管，因此在其两端施加一定电压时，它便发出的是红外线而不是可见光。接收部分的红外接收管是一种光敏二极管。

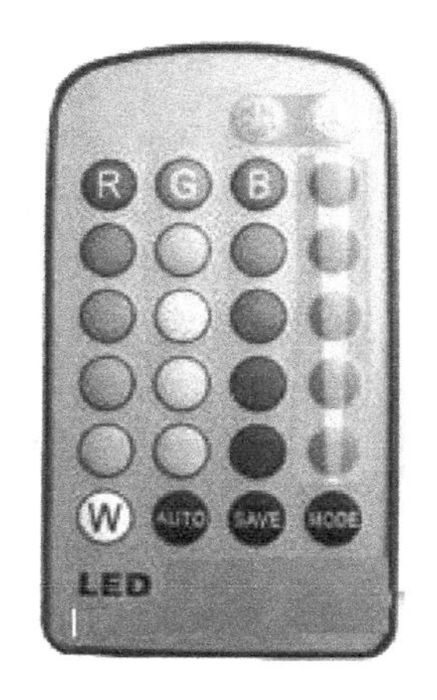

图4-5　三原色LED遥控器

3）遥控器大概分为两类：物理遥控器和遥控器应用。

①物理遥控器指的是有遥控器的实物，即传统使用的遥控器。其分类如下：

a）三原色 LED 遥控器，如图 4-5 所示。它的控制方式为：采用 26 键红外遥控器，带记忆存储功能。遥控器按键位置与按键功能对应见表 4-1。

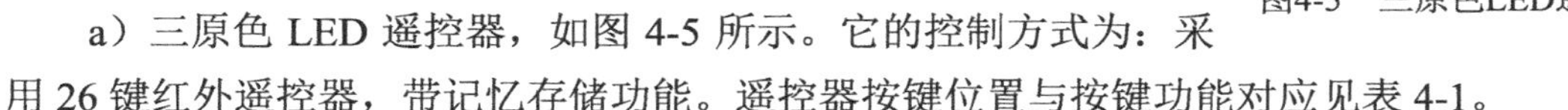

表 4-1　按键位置与按键功能对应

亮度+（共 8 级）	亮度-（共 8 级）	关	开
红色	绿色	蓝色	白色
橙色	淡绿色	深蓝色	七彩变跳
深黄色	青色	褐色	渐明渐暗
黄色	浅蓝色	粉红	七彩渐变
淡黄色	淡蓝色	紫色	三色变跳

一般来说，叠加型的三原色是红色、绿色、蓝色，而消减型的三原色是品红色、黄色、青色。

b）空调遥控器如图 4-6 所示。

空调遥控器用于控制空调器进行模式设定和温度调节。其屏幕上的雪花代表制冷模式；水滴代表除湿模式；太阳代表制热模式；风扇代表送风模式；循环代表换气模式。

c）万能空调遥控器。万能空调遥控器是针对空调器品种较多、遥控器损坏难以相配等问题而专门设计的，集遥控器的主要功能于一体，适合近 50 种品牌的空调使用。这类遥控器采用进口芯片设计，性能稳定，配有大液晶屏幕，中文显示，操作简单。

②遥控器应用。随着互联网渗透到各个行业中，互联网的产品也开始在各行业中出现。在 Apple Store 和安卓市场中都可以找到遥控器的应用程序（APP）。这类应用的使用方式就是把软件装在手机上，然后打开这个软件，来控制电视机的播放内容。图 4-7 所示即为遥控器应用。

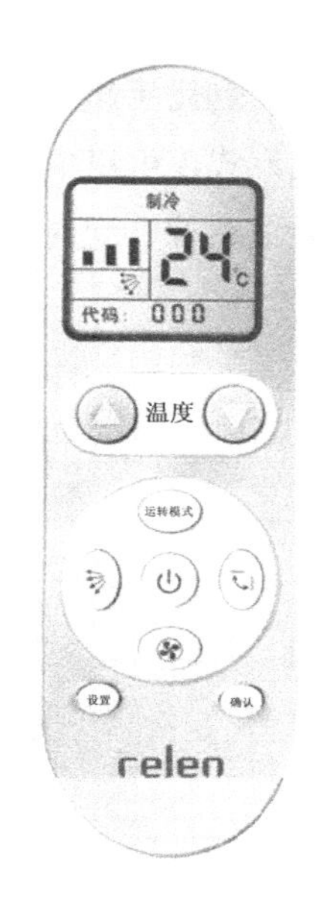

图4-6　空调遥控器

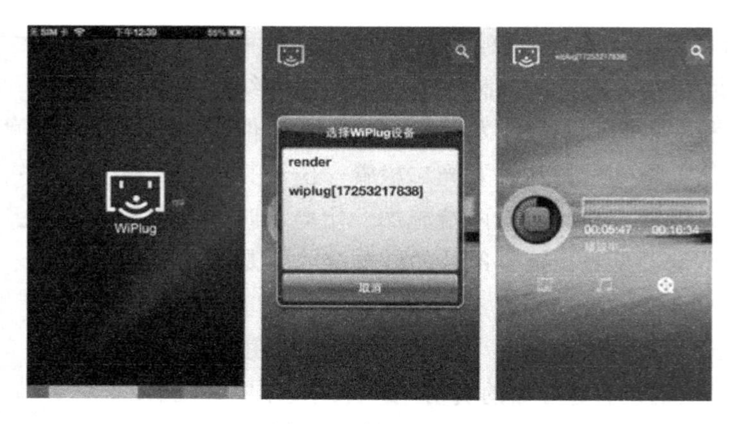

图4-7　遥控器应用

温情提示

使用遥控器进行遥控时应注意如下几点：

1）遥控器不能增加电器设备上的功能。如空调器上无风向功能，则遥控器的风向键无效。

2）遥控器为低耗产品，正常情况下，电池寿命为6个月，使用不当会导致电池寿命缩短；更换电池要两节一起换，不要新旧电池或不同型号电池混用。

3）只有确保电器接收器正常，遥控器才有效。

4）若出现电池漏液，则必须将电池仓清洁干净后再换上新电池。为防漏液，长期不使用遥控器时，应将电池取出。

上岗实操

利用手机登录智能家居软件，通过智能学习遥控器能够实现多种电器的红外遥控器的控制方式，可集中控制家用电器。用户可以通过软件中的遥控器（见图 4-8）实现对家电的集中无线遥控、定时开关控制和远程控制，还可以实现电器的场景控制与管理。

图4-8　手机软件中的遥控器

在无线智能家居智能控制平台上，通过遥控器的不同按键控制不同的用电设备。比如智能窗帘、电动门窗、热水器、电饭煲、电烤箱、饮水机、空调器、电视机等。

职场互动

互动题目：学习智能家居电器控制中各电器遥控器的功能。

互动方式：小组竞赛，小组互评，教师讲评。

拓展提升

智能家居遥控器对红外家电设备的学习就是把家用电器遥控器的控制功能复制到智能家居遥控器上，以便用户能根据需要选择红外家电遥控器上的功能进行学习。

通过学习设置智能家居遥控器可控制电视机、空调器、音响设备（视听）等家用电器设备。

利用手机在南京物联的智能家居软件的功能中学习遥控器，以控制所有房间中的联网设备，如灯光、音乐、窗帘、电视机、空调、电器电源等。

图 4-9a 所示即为遥控器按键界面，上方显示的按键为已有按键。用户可以按“添加按键”按钮进行新增。新增的按键可以在底部找到，按键名字“548”为系统默认，如图 4-9b 所示。

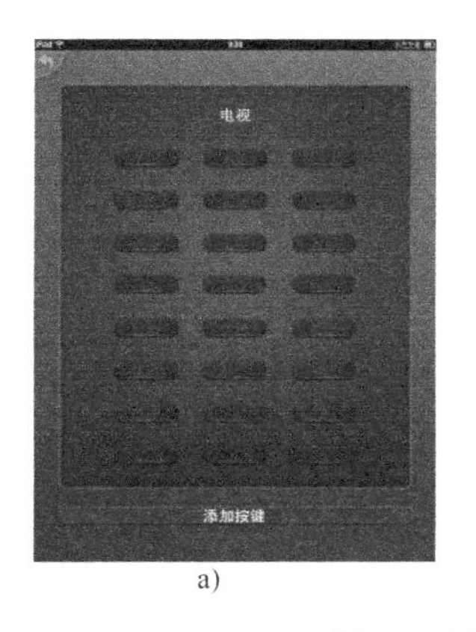

a)

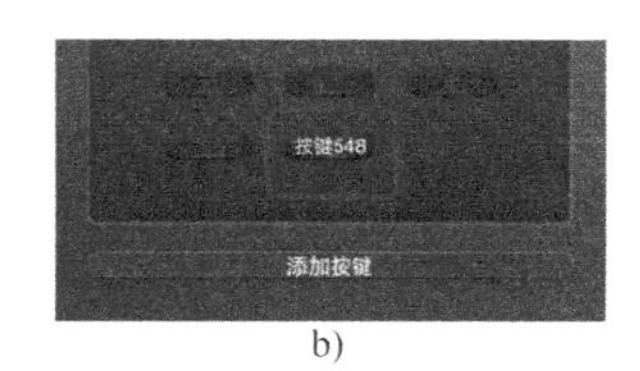

b)

图4-9　遥控器按键界面

a）遥控器按键界面　b）新增按键

按新建的按钮，可对其进行名称的编辑，再按“学习”按钮，即可进行遥控器按钮的学习。

项目实施

任务 3　遥控器检测

知识链接

遥控器不但具有射频遥控功能（遥控家中的灯光、电器、窗帘），而且可以通过自学习而拥有对多台家用电器的红外遥控功能。但是如何测试智能家居的无线网络，以验证电动窗帘、电灯等家电的控制功能呢？遥控器检测主要包含以下内容：

1）射频遥控功能。配合南京物联的智能系列产品使用即可轻松遥控家中的灯光、电器、窗帘等。

2）红外遥控功能。通过自学习而拥有对多台家用电器的红外遥控功能，从而替代原有的多个遥控器，实现集中控制。

3）情景设置功能。配合南京物联的智能家居应用（APP）使用，即可将灯光、窗帘、电器设置为 6 种个性化情景。

4）时钟显示功能。可显示时钟。

5）温度显示功能。可检测环境温度并显示在液晶屏幕上。

6）查找功能。当遥控器不在用户的视线范围内时，可通过底座上的“查找”按钮查找遥控器。

7）电池欠压指示。当电池电压过低时，遥控器液晶屏幕右上角的电池符号闪烁。

温情提示

对于部分家电遥控器上的某些按键（如某些空调器、电视机的开关键），按第一次所发射的红外码与按第二次所发射的红外码不同，这类按键所发射的红外码称为乒乓码。

上岗实操

在家中，一部手机或平板电脑可替代所有遥控器来控制家中所有家电设备，其拓扑图如图 4-10 所示。也可通过手机和计算机远程控制，比如，提前开启家中的空调器和地暖系统。

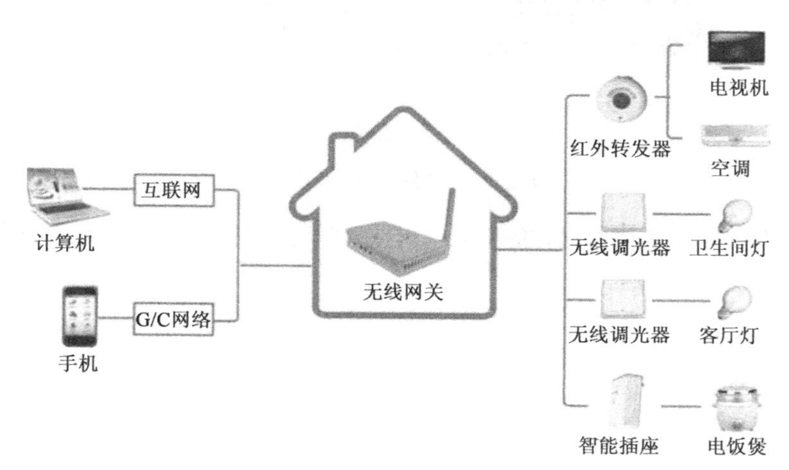

图4-10　用计算机和手机代替遥控器控制家电的拓扑图

操作竞赛：将班级按照 5 人一组的形式分成竞赛单位，每组挑选出操作智能手机最快的同学，进行小组间的比赛。

比赛内容：用手机代替遥控器来控制智能家居的电器操作，每组操作类型相同，但内容不同。

竞赛方式：队员随机选题，拿到题后一个学生读题、一个学生做、其他学生提示。计时评分，用时最少者获胜。

职场互动

互动题目：利用手机登录智能家居软件，体验智能学习遥控器，检测红外遥控器实现多种电器的控制方式并谈谈你的体会。

互动方式：小组竞赛，小组互评，教师讲评。

拓展提升

影响遥控器遥控距离的因素主要有如下几点：

1）发射功率。发射功率大则遥控距离远，但耗电大，容易产生干扰。

2）接收灵敏度。接收器的接收灵敏度提高，遥控距离增大，但容易受干扰造成误动或失控。

3）天线。采用直线型天线，并且相互平行，遥控距离远，但占据空间大，在使用中把天线拉长、拉直可增加遥控距离；高度天线越高，遥控距离越远，但受客观条件限制。

4）阻挡。无线遥控器使用国家规定的 UHF 频段，其传播特性和光近似，直线传播，绕射较小，发射器和接收器之间如有墙壁阻挡将使遥控距离大打折扣，如果是钢筋混泥土墙壁，那么由于导体对电波的吸收作用，影响更甚。

项目 2 红外转发器

项目描述

角色设置：客户命名为“小终端”，简称“小仲”；公司命名为“大智慧”，简称“大志”。

项目导引：客户“小仲”来到智能家居公司，客服“大志”接待了他。原来“小仲”事业有成但工作繁忙，回家想感受舒适自然的家居生活。大志带着小仲来到智能家居体验馆，向他展示了用手机对家中用电设备进行控制和查询的操作，引起了“小仲”的极大兴趣。“小仲”问：“是通过什么设备实现这些功能的呢？“大志”指着墙上一个小巧的像探头一样的设备说：“就是它——红外转发器。”“小仲”又问：“这个设备是如何做到随时通过手机查看家里电器的运行状态，并且还可以控制它们的启动和停止的？”“大志”耐心地解释到：“我们家里的家电是通过遥控器发出的红外信号控制的，但是红外信号不能穿墙，有了红外转发器就能把射频信号转发为红外信号来控制家中的电器。智能家居主机要控制家电，发出射频信号到红外转发器，红外转发器把射频信号转发成可以控制家电的红外信号，达到控制电器的功能。”“小仲”兴奋地说：“让我也体验一下智能家居给生活带来的舒适和便捷吧！”大志递过手机说："智能家居软件的控制界面操作起来非常便捷。当您驾驶着汽车还在回家路上时，您只需通过手机就可以对家中的户式中央空调器进行预先设定，空调器就可以开始调节温度；当您踏进家门时，您就可以感受到舒适的室温。当然，您在预先设定中央空调器的同时，也可以让新风换气系统、电饭煲、饮水机等都提前开始工作……"

活动流程：依据人们的行为习惯，通过安排红外转发器的初始化、红外学习与调试以及红外转发器放置及注意事项等系列活动，使学生对红外转发器设备有一个全面的认知。最后一个环节是角色扮演，即学生两两组队，一个作为业主，依据自家真实情况提出红外控制家电的设想；另一个作为工程技术人员，按照业主需求依据项目规范流程及描述制订出红外转发器控制家电的施工方案。

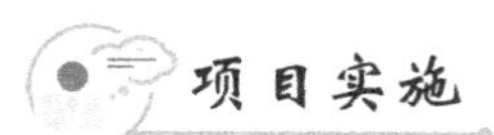

任务 1　红外转发器初始化

知识链接

红外转发器是智能家居系统的重要组成部分，它在智能家居系统中的位置如图 4-11 所示。红外转发器处在系统的无线网关与红外控制设备之间，负责接收由无线网关发送来的 ZigBee 信号，然后将相应的控制指令转换成红外信号发射出去，以达到控制红外设备的目的。为此，红外转发器必须具有协议解析、红外信号接收、红外信号发射、数据存储等功能。

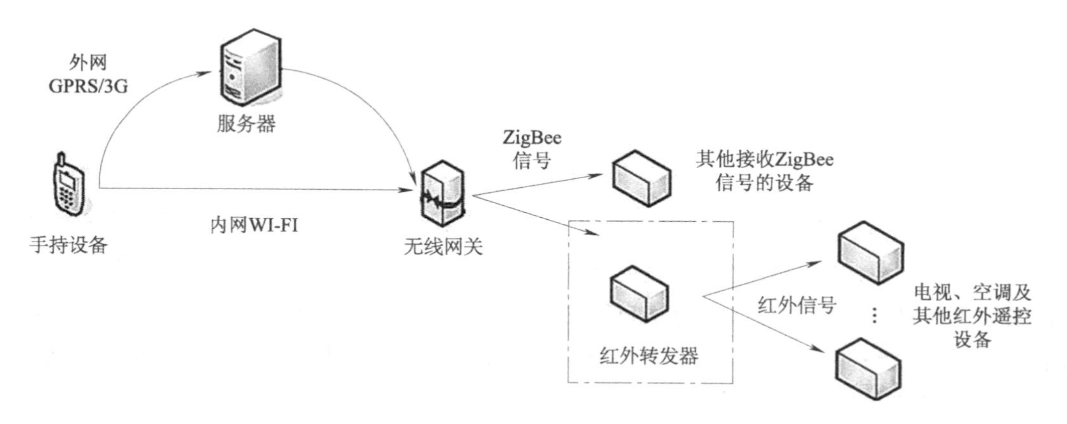

图4-11　红外转发器在智能家居系统中的位置

上岗实操

作为物联传感万能遥控器方案中的核心设备，物联无线红外转发器内置红外、SmartRoom 收发模块，具备红外信号的学习与记忆功能，可学习、记忆多台红外设备，其功能结构如图 4-12 所示。它可将 ZigBee/SmartRoom 无线信号与红外无线信号关联起来，通过移动智能终端来控制任何使用红外遥控器的家用设备，例如电视机、空调器、洗衣机、电冰箱、智能窗帘等。通过无线红外转发器，用户可用任何手机上的智能家居应用软件对多个电器设备进行遥控，实现集多种红外遥控器功能于一体的目的。

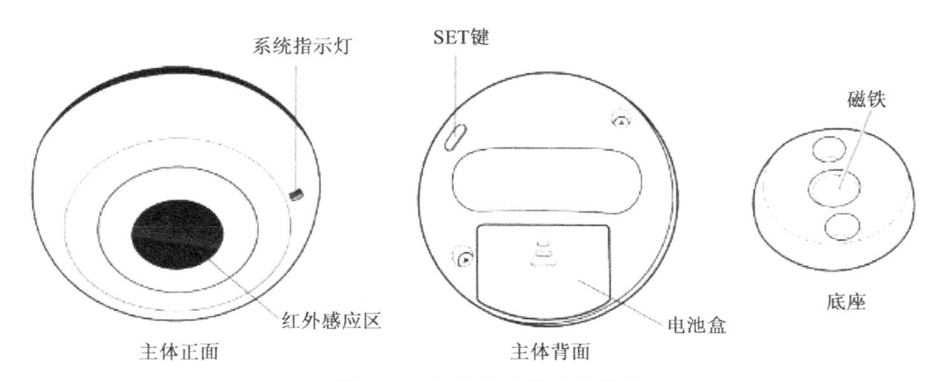

图4-12　红外转发器功能结构

网关上电，网络打开（3min 后不再允许设备加入网络）后，长按复位按键，直到设备蜂鸣器以 0.5s 频率鸣叫，松开按键，直到找到网络停止鸣叫，设备进行初始化网络，加入默认网关中，检查默认网关是否发现新红外学习设备，如果长时间未上报，请重复以上操作。

1）快按“SET 键”4 次，申请加入 ZigBee 网络；搜索网络过程中，系统指示灯闪烁；成功加入 ZigBee 网络后，系统指示灯长亮 2s 后熄灭，如图 4-13 所示。

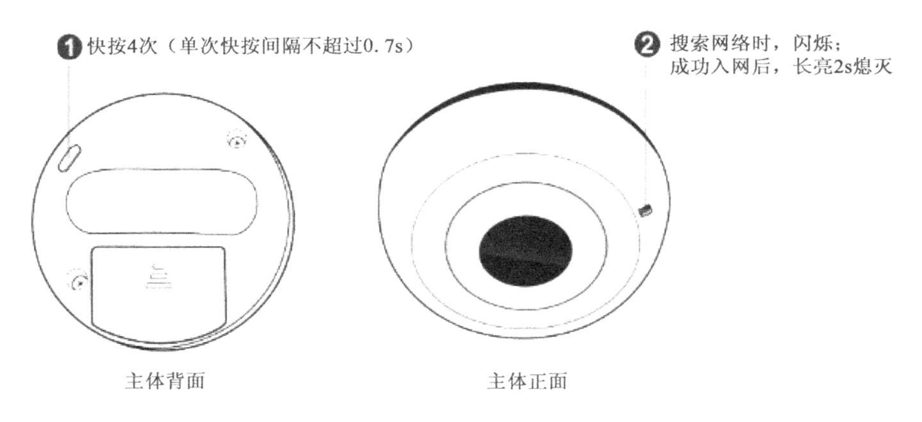

图4-13　红外线转发器加网

2）长按“SET 键”10s 后，恢复为出厂设置，同时退出 ZigBee 网络，系统指示灯闪烁 4 次后熄灭如图 4-14 所示。

操作竞赛：将班级按照 5 人一组的形式分成竞赛单位，每组组员合作进行小组间的比赛。

比赛内容：教师事先准备好红外转发器，学生以小组为单位进行加网操作，之后恢复出厂设置。

竞赛方式：成功操作计时评分，用时最少的小组获胜。

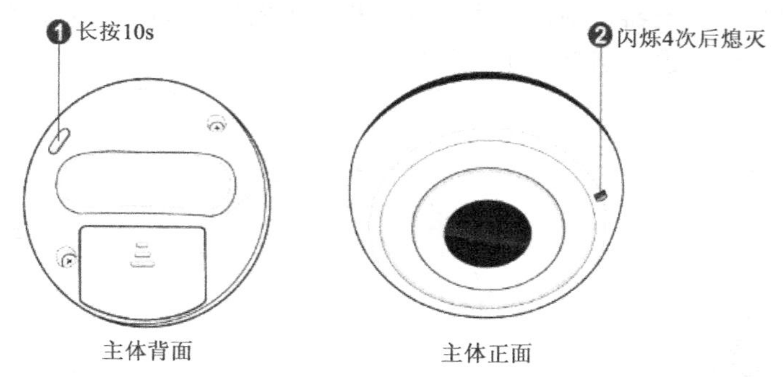

图4-14　恢复出厂设置默认——不加入ZigBee网络

职场互动

互动题目：智能家居中红外转发器加入网络前的准备工作有哪些？

互动方式：小组竞赛，小组互评，教师讲评。

拓展提升

智能家居主机要控制家电，发出射频信号到红外转发器，红外转发器把射频信号转发成可以控制家电的红外信号，达到控制电器的功能。进行初始化之后用红外转发器控制电器，首先要进行对码，把要控制的家电遥控器对准红外转发器，把遥控器的功能键学习到红外转发器中，学习成功后，就可以控制了。

项目实施

任务2　红外学习与调试

知识链接

红外转发器学习

“红外转发器”是一款“电器控制”类产品，因此可以在南京物联的智能家居应用的功能——“电器控制”中找到它，如图4-15所示。

长按功能按钮3s进入“功能编辑”界面，如图4-16所示。

现在已经进入了编辑的模式，用户可以看到“单击设备进行修改”的字样。单击了新加入的“红外线转发器”后，就会弹出如图4-17所示的对话框。

单击“修改设备”按钮，编辑其名称及图标，最后单击“完成”按钮保存。此处将这款红外转发器用在电视机的控制上，所以命名为“电视”，如图4-18所示。

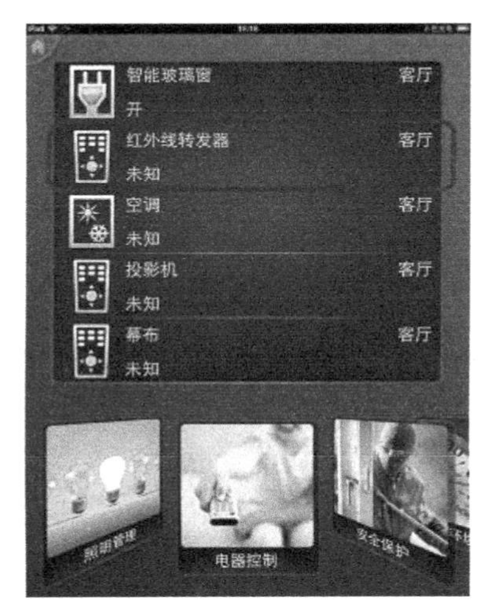

图4-15　南京物联的智能家居软件中的“红外线转发器”设备

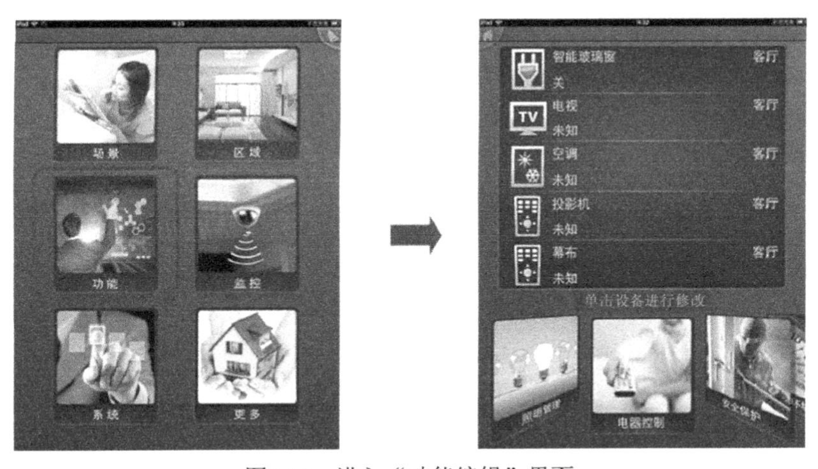

图4-16　进入“功能编辑”界面

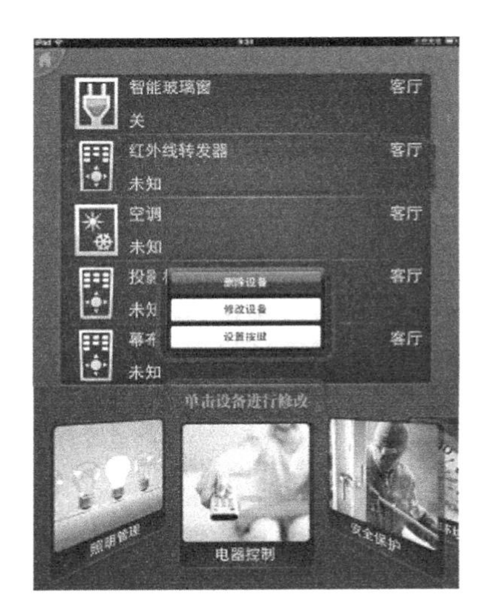

图4-17　进入添加新硬件界面　　图4-18　红外转发器用在电视机上的界面

单击“完成”按钮后，回到之前的界面，电视机就已经被修改好了。

接下来可以再次单击“电视”，从打开的小菜单中选择“设置按键”，进行遥控器命令的学习，如图 4-19 所示。

单击新建的按钮，可以进行名称的编辑，再按“学习”按钮，就可以进行遥控器按钮的学习，如图 4-20 所示。

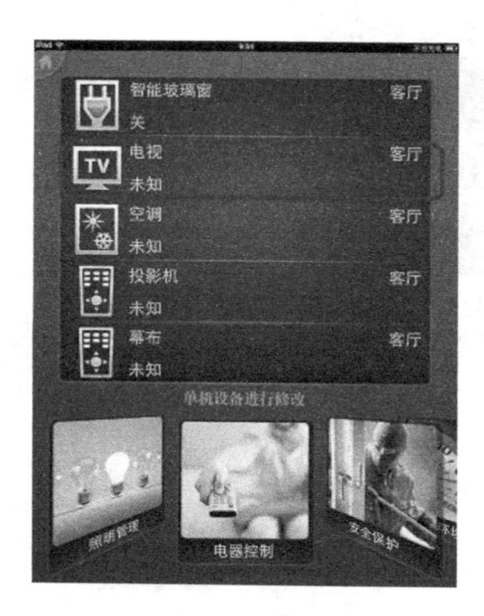

图4-19　进入电视机按键设置界面

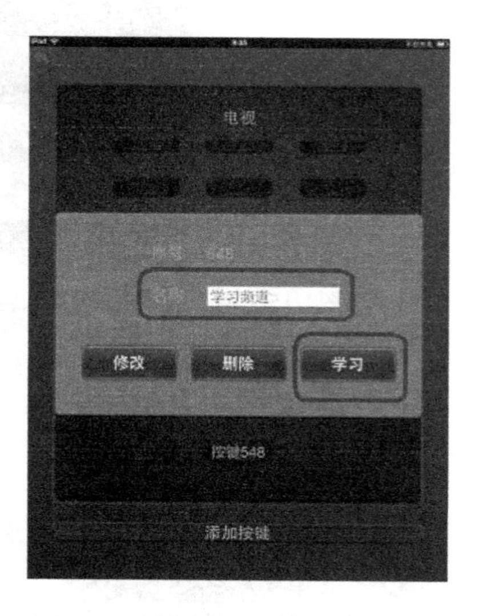

图4-20　进入遥控器按钮学习界面

温情提示

在学习之前，请先在旁边准备好遥控器和红外转发器。

上岗实操

1）红外转发器学习遥控器的步骤如图 4-21 所示。

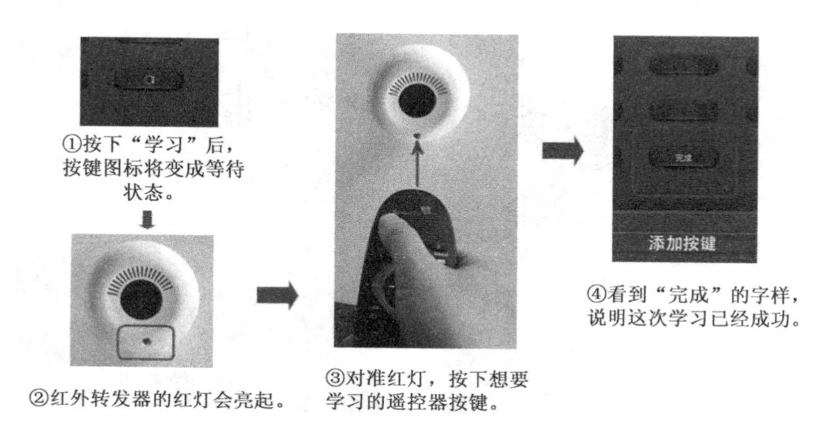

图4-21　红外转发器学习遥控器的步骤

2）红外转发器调试。一个按键学习成功后，回到正常使用界面，就可以试验一下新按钮的效果了。退出编辑界面时，系统会跳出一个提示框，询问用户是否要保存，如图4-22所示，单击“确定”按钮进行保存即可。

回到“功能”→“电器控制”→“电视”界面，可以看到所有按键都是蓝色的，新编辑的“学习频道”位于最下方，现在已经可以使用了，如图4-23所示。

图4-22　红外转发器学习编辑界面

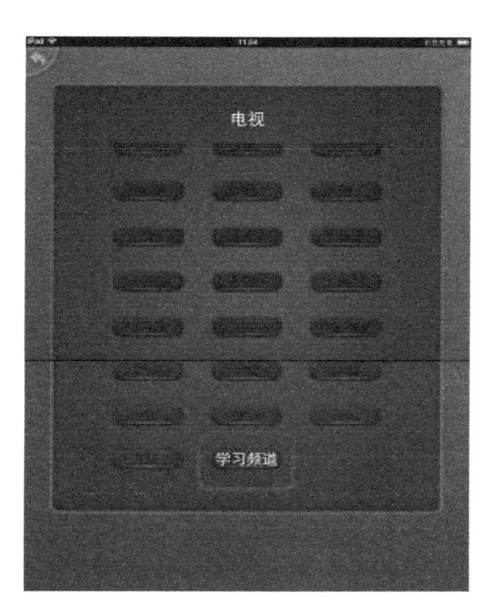

图4-23　红外转发器学习后的遥控器按键界面

其他产品的添加方式也都是大同小异的，大家可以自己去试验。单击家电总控制器的界面中的数字，家电应该执行原配遥控器对应按键控制的动作。通过配置智能网关，可以实现家电的远程控制。

操作竞赛：将班级按照5人一组的形式分成竞赛单位，每组挑选出红外学习操作最快的同学进行小组间的比赛。

比赛内容：教师事先准备好红外转发器及遥控器，每组操作类型相同，但学习电器内容不同。

竞赛方式：队员随机选题，拿到题后一个学生读题、一个学生做、其他学生提示。计时评分，用时最少者获胜。

温情提示

在红外转发学习遥控器时，要注意遥控器的发射端和红外转发器的接收端不能完全贴着，要有1～4cm的距离，并使两者保持相互垂直，这样能增加成功几率，如图4-24所示。学的时候，是按一下遥控器按键，不是一直按着不放。

图4-24　红外转发器学习

职场互动

互动题目：试着用红外设备学习电视机的步骤操作红外转发器学习空调遥控器，体会空调器和电视机的红外学习的区别。

互动方式：小组竞赛，小组互评，教师讲评。

拓展提升

通过一个视频来看红外转发器设备的使用和按键的学习。

项目实施

任务3　红外转发器放置及注意事项

知识链接

参照红外转发器的使用说明书，了解其安装说明：先确定红外学习设备的安装位置，将设备用螺钉固定在墙上，使红外发射窗口对准被控制的家电。根据安装位置确定红外学习设备与被控设备之间无遮挡，完成接线安装。红外转发器实物如图4-25所示。

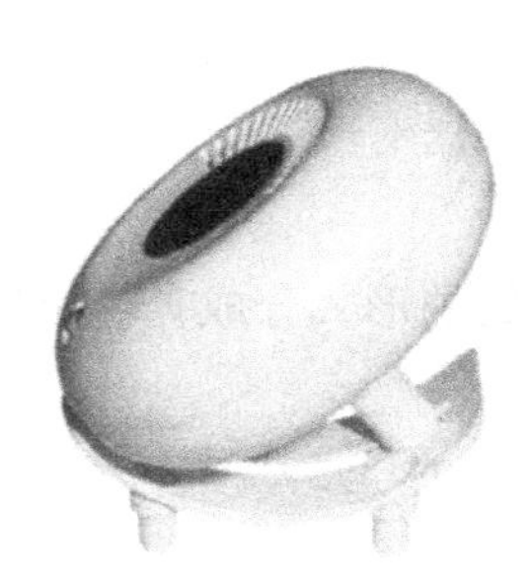

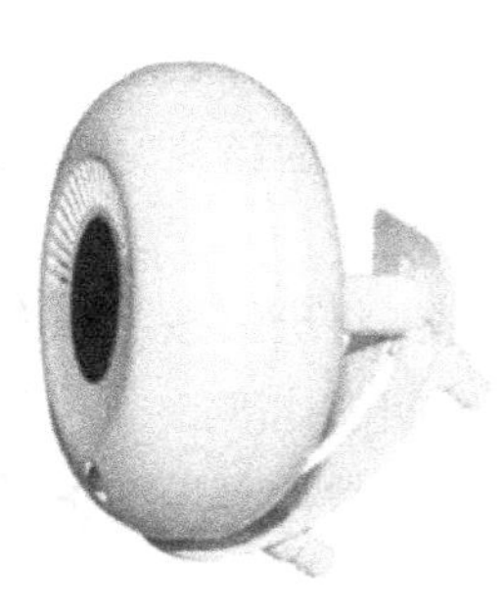

图4-25　红外转发器实物

上岗实操

红外转发器的特点为：外型小巧精美，无需布线，安装方便；支持吸顶安装、挂墙安装等多种安装方式；无线信号稳定；操作简单，即学即用。

安装步骤如下：

1）红外转发器可直接放置在固定平台上使用，灵活方便，如图4-26所示。

2）也可以安装在固定位置使用——将销钉插入底座的固定凹槽内，如图4-27所示。

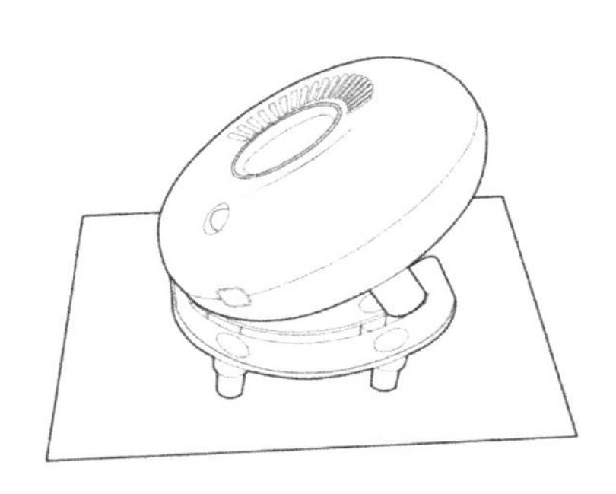

图4-26　放置红外转发器

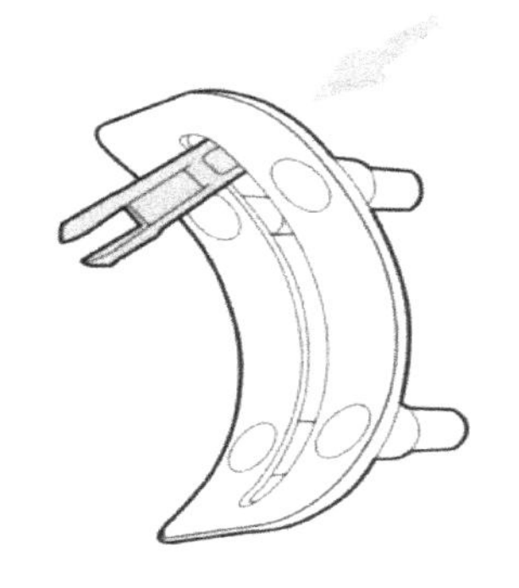

图4-27　固定红外转发器底座

3）用膨胀螺栓将底座加以固定，如图 4-28 所示。

4）将主体卡在销钉上，如图 4-29 所示。

5）调整角度，完成，如图 4-30 所示。

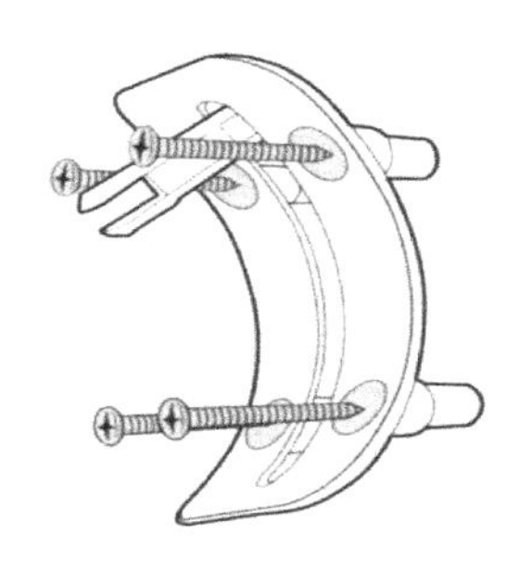

图4-28　加固红外转发器底座

图4-29　固定红外转发器主体

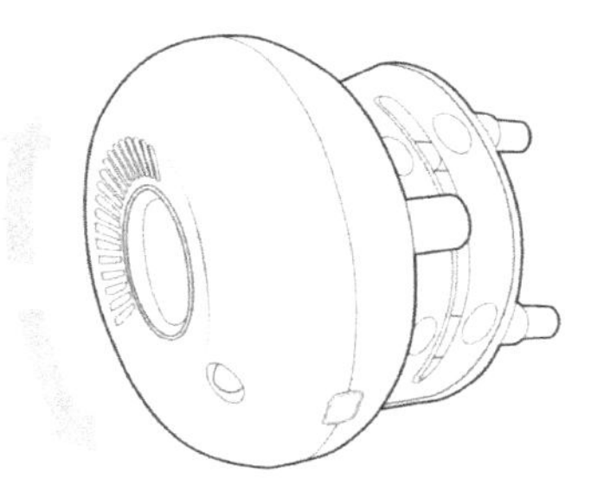

图4-30　调整红外转发器

操作竞赛：将班级按照 5 人一组的形式分成竞赛单位，各组组员分工合作，进行红外转发器的安装操作，进行小组间的比赛。

比赛内容：教师事先发放红外转发器的使用操作说明书，各组按安装说明及操作步骤进行。

竞赛方式：对安装正确性和规范性进行计时评分，用时最少者获胜。

职场互动

互动题目：根据所学及查找有关资料，说一说你对红外转发器日常维护的认识。

互动方式：小组竞赛，小组互评，教师讲评。

拓展提升

红外学习设备安装使用前后应注意的事项如下：

使用红外转发器前，请先安装电池，安装时务必注意正负极性，不要装反。建议使用高容量电池。必须提供正确的连线和电源供电，无论任何原因失去电源，探测器将无法工作。初次使用时，请仔细阅读产品说明书后进行安装。

选择安装位置：①无线红外转发器发射的红外线与垂直、水平方向都有一定的角度限制。确定转发器在垂直表面的初步安装位置。②初步确定安装位置后，可参照使用操作说明书中的方法，测试实际控制效果，并根据测试情况调整安装位置。

红外转发器必须按照说明书的要求定期维护；应安装在干燥、清洁的地方，以免因内部元器件受潮或其他杂物进入而影响使用效果；表面沾有灰尘时，用细布擦干即可，不得使用带腐蚀的清洁液及其他化学溶剂。

项目3　红外学习转发系统

项目描述

角色设置：客户命名为“小终端”，简称“小仲”；公司命名为“大智慧”，简称“大志”。

项目导引：公司的导购“大志”带着客户“小仲”来到智能家居样板操作间，操作间的家电控制系统（DVD播放器、空调器、电视机）让“小仲”产生了极大的兴趣。“小仲”询问电视机旁边的两块板的用途“大志”告诉“小仲”：“这两个分别是节点板和红外遥控板，是红外学习必用的设备，就是利用它们发射、接收红外信号来控制家电的。“小仲”兴奋地说：“那它们是如何工作的，您能给我操作示范一下吗？”“大志”耐心地解释到：“它们是通过利用计算机里安装的无线传感网实验平台软件设置智能家居协调器等设备的通信，来让家电控制系统工作的。您如果想全面了解家电控制系统的红外学习模块吗，请看我操作。”

活动流程：依据人们行为习惯，通过安排绘制拓扑图及电路图、节点板初始化、红外学习、安装协调器调试运行系列活动，使学生对智能家居设备有一个全面的认知。最后一个环节是角色扮演，即学生两两组队，一个作为业主，依据自家真实情况提出家居智能化改造设想；另一个作为工程技术人员，按照业主需求依据项目规范流程及描述制订出智能家居施工方案。

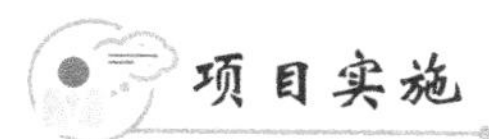

项目实施

任务1　绘制拓扑图及电路图

知识链接

红外转发系统是智能家居系统的重要组成部分，它在整个智能家居系统中负责接收由无线网关发送来的ZigBee信号，然后将相应的控制指令转换成红外信号发射出去，以达到控制红外设备的目的。

红外转发系统主要由红外转发节点、环境监测节点、无线网络、手持设备、家用电器及远程控制组成，可实现远程控制家用电器等红外设备及实时监控环境变量的功能。其具体工作方式为：远程控制端口将控制指令通过互联网发送至本地节点，本地节点接收并通过红外转发节点向家用电器发送控制指令。红外转发系统的框架图如图 4-31 所示。

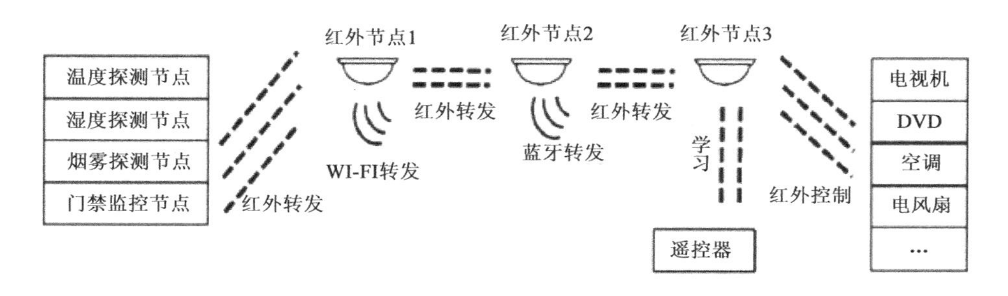

图4-31　红外转发系统的框架图

上岗实操

依据系统的框架和功能，用 Microsoft Visio 2010 软件绘制系统拓扑图，绘制设备接线图，并按接线图在实训装置上设计布线路径，依据设计图纸将控制节点板、协调器控制器件以及执行性器件安装至样板操作间中。红外转发系统的拓扑图如图 4-32 所示。

操作竞赛：将班级按照 5 人一组的形式分成竞赛单位，各组合作绘制拓扑图及电路图。

比赛内容：教师事先准备题目，每组操作类型相同，但操作内容略有不同。

竞赛方式：队员随机选题，拿到题后合作分工完成。计时评分，用时最少者且完成最好小组获胜。

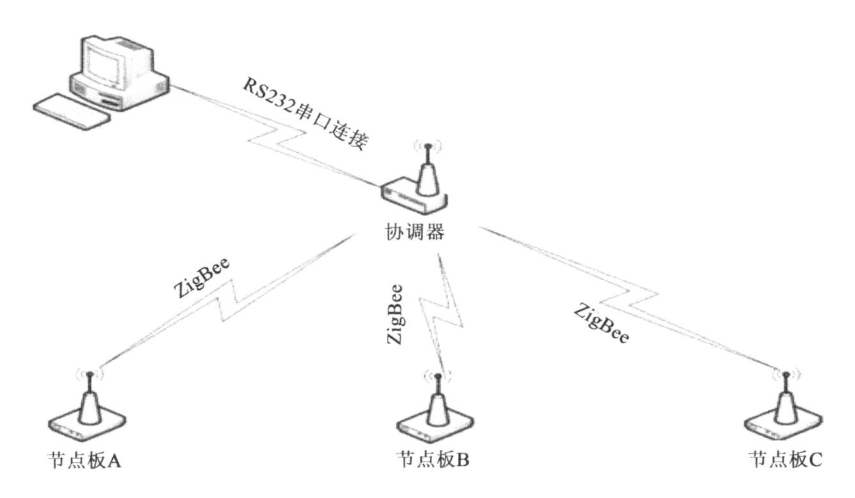

图4-32　红外转发系统的拓扑图

温情提示

Microsoft Visio 2010 是一款便于 IT 和商务专业人员就复杂信息、系统和流程进行可视化处理、分析和交流的软件。使用具有专业外观的 Microsoft Visio 2010 图表，可以促进对系统和流程的了解，深入了解复杂信息并利用这些知识做出更好的业务决策。

职场互动

互动题目：根据自己经验及查找有关资料，说说拓扑图和电路图在实现系统设计中的作用。

互动方式：小组竞赛，小组互评，教师讲评。

拓展提升

ZigBee 路由节点的作用是提供路由信息。ZigBee 终端节点，它有路由功能，完成的是整个网络的终端任务。图 4-33 所示为一个 ZigBee 终端节点。

红外转发系统中的三个节点板分别是电视机系统、空调系统、DVD 播放器系统的节点板，通过红外遥控板的学习实现电器系统的控制。红外转发系统的硬件电路图如图 4-34 所示。

图4-33　ZigBee终端节点

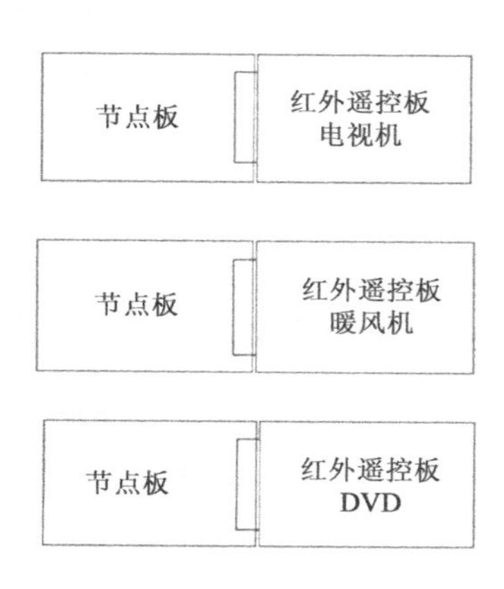

图4-34　红外转发系统的硬件电路图

项目实施

任务 2　启动样板操作间软件

知识链接

硬件安装完毕后，接着来实现软件部分的设置。将烧写器与 ZigBee 设备连接，打开烧写软件 SmartRF Flash Programmer，按一下烧写器上的按键，则 SmartRF Flash Programmer 上出现如图 4-35 所示的 7 中的情况，说明已经和芯片连接上，单击 6 处选择所要烧写的程序，单击，并在 2 处选中复选框，单击 4 处按钮便可以烧写。5 为烧写进度提示：1 处输入 MAC 地址，记住每隔两个数字是一个空格，写完 16 位数后，单击 3 处按钮将 MAC 地址写到芯片中，如图 4-35 所示。

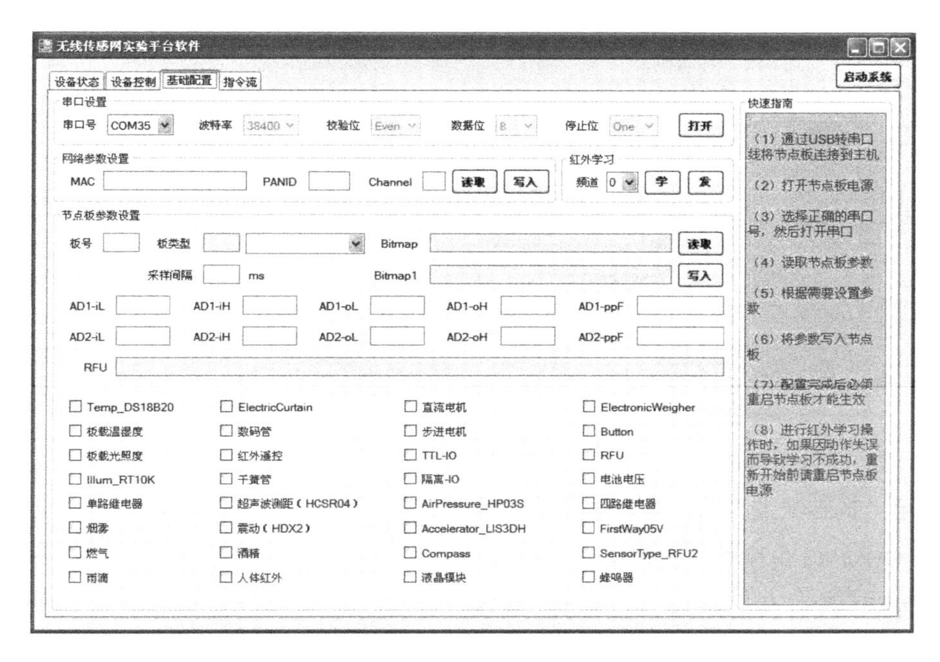

图4-35　烧写程序软件界面图

上岗实操

将协调器通过 USB 线连接至 PC，如图 4-36 所示。

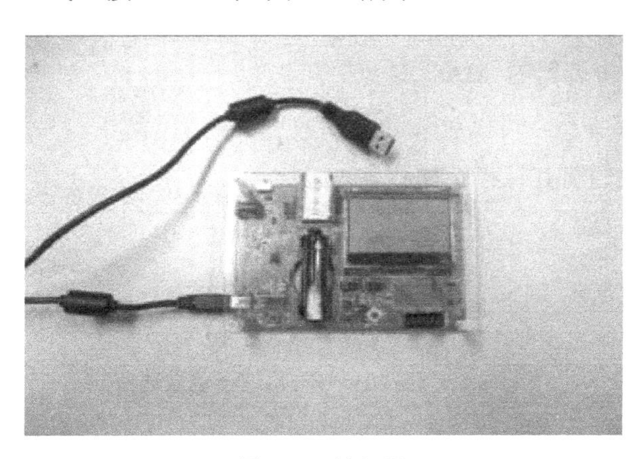

图4-36　协调器

启动样板间操作软件——无线传感网实验平台，进行相应的设置。首先进行的是协调器的配置，如图 4-37 所示。

图4-37　无线传感网实验平台软件

切换至“基础配置”选项卡，选择串口号（此处的 COM 口编号要与实际情况一致）。可在设备管理器中查询串口号，如图 4-38 所示。

其中的 USB Serial Port（COM18）就是协调器的端口号。单击“Open”按钮，与协调器建立通信，如图 4-39 所示。

单击“网络参数设置”选项组的“Read”按钮，软件界面会显示协调器的 MAC 地址、PANID、Channel 等网络参数，可以对其进行修改，并单击“Write”按钮将其保存，如图 4-40 所示。

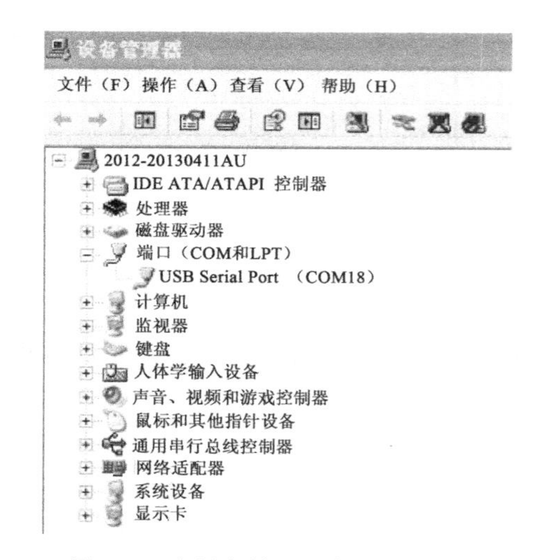

图4-38　在设备管理器中查询串口号

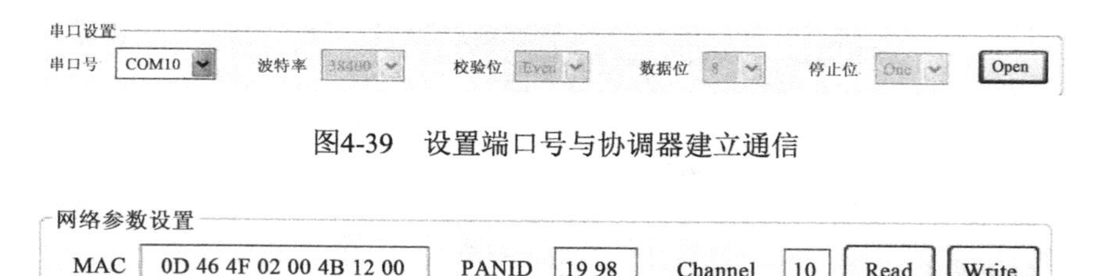

图4-39　设置端口号与协调器建立通信

图4-40　设置协调器的网络参数

操作竞赛：将班级按照 5 人一组的形式分成竞赛单位，每组按照协调器的配置操作，进行节点板的配置。

比赛内容：教师事先发放协调器的配置操作说明书，各组按安装说明及操作步骤进行。

竞赛方式：对小组配置正确性进行计时评分，用时最少的小组获胜。

温情提示

MAC 地址是每个器件在烧录程序时就需要写入的，故在此处无法修改。同一个网络的 PANID、Channel 是一致的（无论是协调器还是节点板），否则无法组成同一个网络。

职场互动

互动题目：通过上网查找资料，了解什么是烧写程序。它的作用是什么？

互动方式：小组竞赛，小组互评，教师讲评。

项目实施

任务 3　节点板初始化

知识链接

节点板配置：将节点板通过 USB 线连接至 PC，打开无线传感网实验平台软件，切换到“基础配置”选项卡，选择串口号（此处的 COM 口编号要与实际情况一致）。可在设备管理器中查询串口号，如图 4-41 所示。

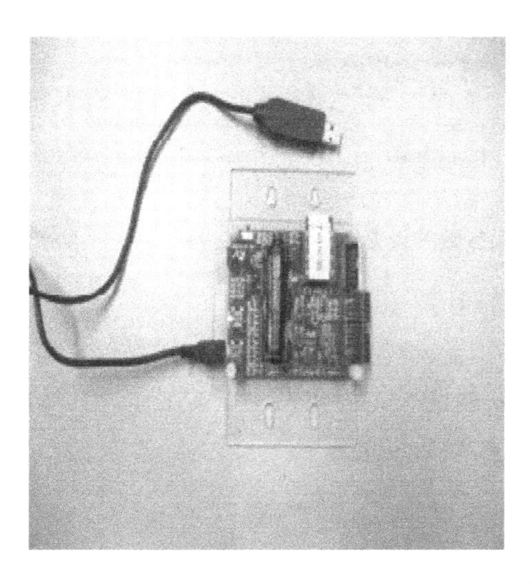

图4-41　节点板的连接及端口号的查询

其中 Prolific USB-to-Serial Comm Port（COM5）就是节点板的端口号。

单击“Open”按钮，与节点板建立通信，如图 4-42 所示。

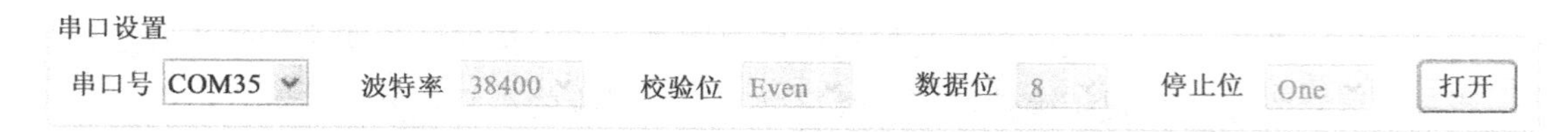

图4-42　设置端口号与节点板建立通信

单击“网络参数设置”选项组的“Read”按钮，软件界面会显示协调器的 MAC 地址、PANID、Channel 等网络参数，可以对其进行修改，并单击“Write”按钮将其保存，如图 4-43 所示。

网络参数设置
MAC　PANID　Channel　读取　写入
红外学习
频道 0　学　发

图4-43　设置协调器的网络参数

单击“节点板参数设置”选项卡的“Read”按钮，软件界面会显示板号、板类型、采样间隔、配置设备等参数，可以对其进行相应的修改，并单击“Write”按钮将其保存，如图 4-44 所示。

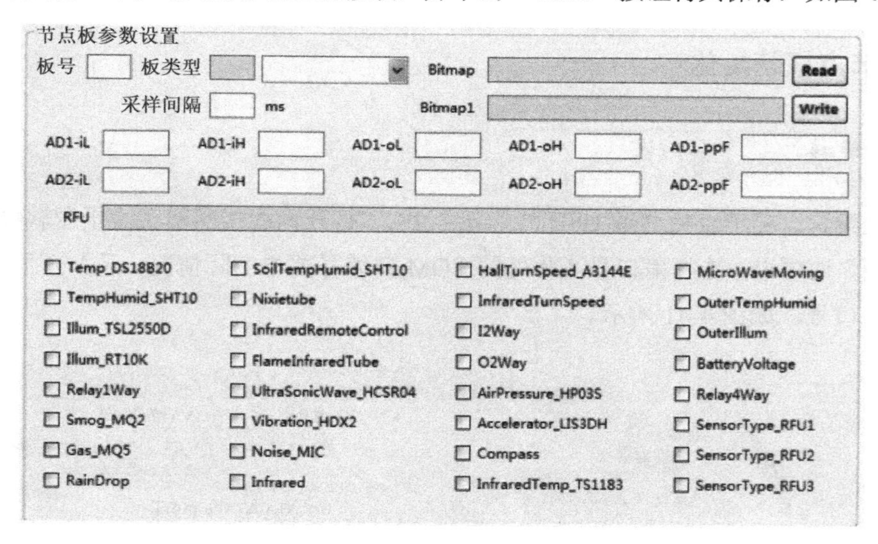

图4-44　节点板参数的设置

温情提示

板类型、配置的设备必须符合实际的连接安装情况，否则无法正常工作。具体板类型与相应功能请参照《无线传感网 ZigBee V25 节点板参数设置》。

上岗实操

使用记事本打开“无线传感网实验平台软件”文件夹内的“WirelessSensorNetworkConfig.

xml”文件，修改文件中的串口号以及各节点板的 MAC 地址，保存并退出，如图 4-45 所示。

操作竞赛：将班级按照 5 人一组的形式分成竞赛单位，每组挑选出节点配置操作最快的同学进行比赛。

比赛内容：教师事先准备节点板参数设置说明书，进行 XML 文件配置。

竞赛方式：队员配置正确且用时最少者获胜。

```
<coordinator name="协调器01"
        Port="COM34"baud="38400"
        mac="00 02 00 00 00 00 00 00"channeled="10"panid="1998"
        interval="3000"
        enabled="true">
```

图4-45　修改MAC地址

职场互动

互动题目：根据所学亲自进行节点板的配置，并体会协调器配置的异同。

互动方式：小组竞赛，小组互评，教师讲评。

拓展提升

上海企想信息技术有限公司的智能家居样板操作间的控件（节点板和协调器）之间主要是通过 ZigBee 这种低能耗、短距离的无线网络传输形式来进行数据和命令的采集、传输和发送。

打开无线传感网实验平台软件，单击“启动系统”按钮，切换至设备状态”选项卡，如果之前的配置正确，可以在软件界面上读取协调器现在的状态，并可以获取各个节点板上传的数据，如图 4-46 所示。

图4-46　“无线传感网实验平台软件”的设备状态

项目实施

任务 4　红外学习

知识链接

确定 ZigBee 网络连接正常之后，打开无线传感器实训平台软件，单击“启动系统”按钮，等待红外学习的传感器全部上线。切换至“设备控制”选项卡，可以看到节点的基本信息、信息采集窗口和各种控制按钮，如图 4-47 所示。

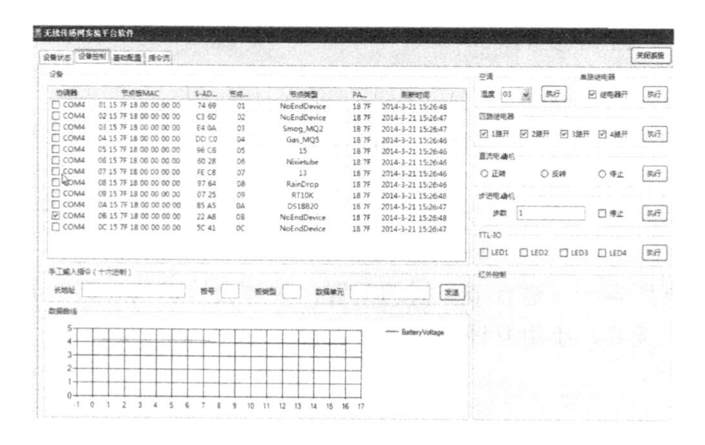

图4-47　“设备控制”选项卡

打开协调器侧面的开关让协调器开始工作，打开无线传感网实验平台软件，进行红外学习，如图 4-48 所示。在串口号位置选择 PC 设备管理器中显示的连接端口，修改 MAC 地址，设置家电控制设备的接板号；在红外学习模块中单击“学习”按钮，节点板进行红外接收学习，完成一般遥控器的红外解码和解析功能，红外发射器灯亮表示学习成功；单击“发射”按钮，节点板红外信号发射器即可通过发送家电的红外信号来控制家电。

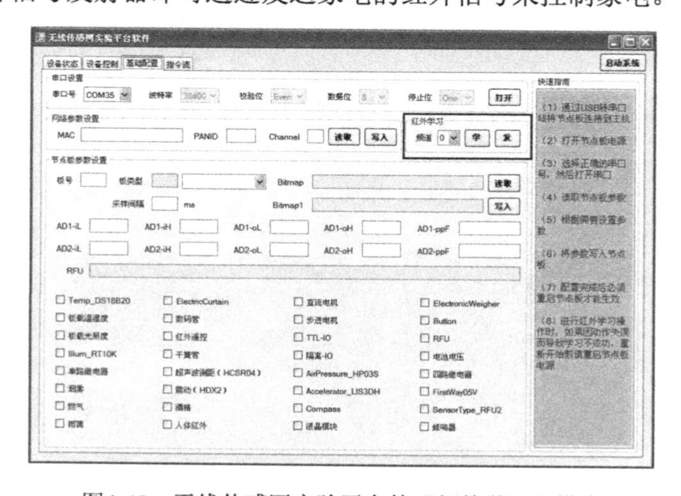

图4-48　无线传感网实验平台的“红外学习”模块

上岗实操

家电控制系统的电视机、空调、DVD 设备的节点板要加装红外控制板扩展元件，在安装固定时，红外发射器要对准家电设备，通过学习对应家电遥控器的信号来实现红外系统的学习，以控制各家用电器。节点板所负责系统及安装学习的内容见表 4-2。

表 4-2　节点板所负责系统及安装学习的内容

节点板编号	所负责系统	安装学习
0A	电视机控制系统	给节点板加装红外控制板扩展元件，将其固定在墙体上，红外发射器对准电视机
0B	空调系统	给节点板加装红外控制板扩展元件，将其固定在墙体上，红外发射器对准空调器
0C	DVD 播放系统	给节点板加装红外控制板扩展元件，将其固定在墙体上，红外发射器对准 DVD

操作竞赛：将班级按照 5 人一组的形式分成竞赛单位，每组均需为家电控制系统的节点板加装红外控制板扩展元件并进行红外学习。

比赛内容：教师事先准备好节点板及家电，每组按安装说明及操作步骤进行红外学习。每组操作类型相同，但所学习电器不同。

竞赛方式：队员随机选题，拿到题后分工合作完成竞赛，计时评分，依据学习的规范性用时最少的小组获胜。

温情提示

红外的简单发射、接收原理：在发射端，输入信号经放大后送入红外发射管发射；在接收端，接收管收到红外信号后，由放大器放大处理后还原成信号。

职场互动

互动题目：查找有关资料，说说红外学习模块的组成。

互动方式：小组竞赛，小组互评，教师讲评。

拓展提升

红外学习模块通过红外设备控制中心对红外家电进行集中管理和控制，主要分为主控制器端、无线通信模块以及红外集中控制模块，可实现室内红外设备如 DVD、电视等的集中控制。无线通信模块是基于单片机内核的无线收发器，实现主控制器端到红外家电之间的通信。红外集中控制模块实现对红外遥控器编码的智能学习，红外信号的接收和发射。

上位机主要负责实现对整个系统的控制，它通过发送数据给红外学习模块来实现对红外的学习及发射红外控制命令。首先，上位机通过无线串口将学习命令数据通过无线发送给红外学习模块，然后红外学习模块就可以开始对红外遥控设备进行学习。学习完后，红外模块开始保存学习到的红外数据并回馈给上位机，上位机便可以对红外学习模块下达控制命令，从而实现对家庭红外系统的控制。

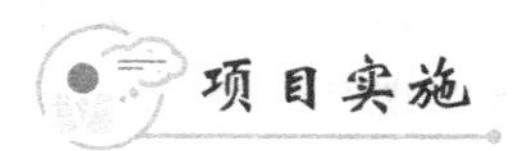

项目实施

任务 5　安装协调器调试运行

知识链接

ZigBee 协调器（Coordinator）是整个网络的核心，它选择一个信道和网络标识符，建立网络，并且对加入的节点进行管理和访问，对整个无线网络进行维护。在同一个 ZigBee 网络中，只允许一个协调器工作，当然它也是不可或缺的设备。

将协调器通过协调器连接线连接至 PC，如系统不能识别外部设备请安装驱动程序，如图 4-49 所示。

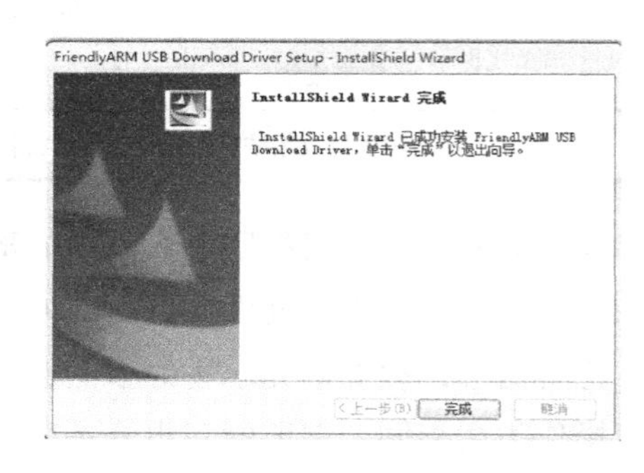

图4-49　将协调器连接至PC并安装驱动程序

上岗实操

打开协调器侧面的开关，让协调器开始工作，打开无线传感网实验平台软件，如图 4-50 所示，在“串口号”下拉列表框中选择 PC 设备管理器中显示的连接端口。

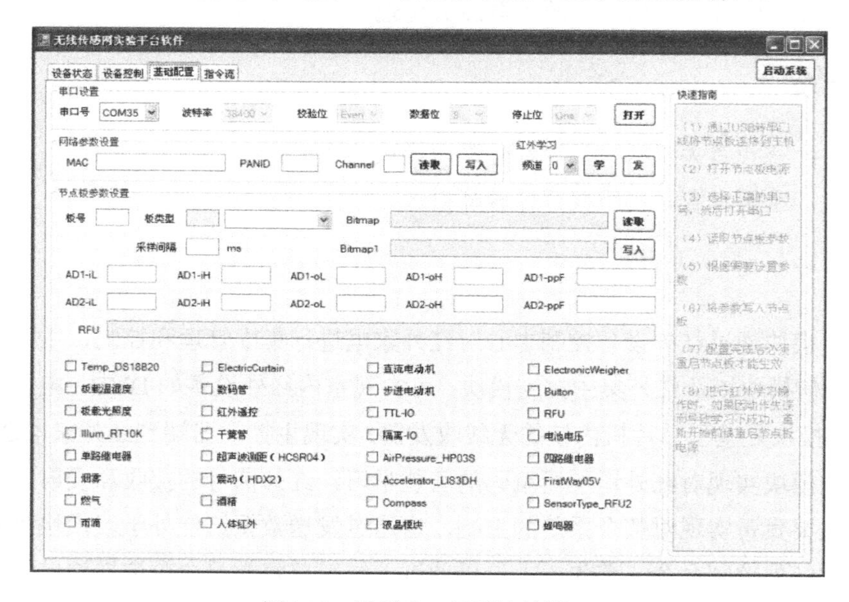

图4-50　设置串口显示连接端口

单击“OPEN”按钮与协调器建立通信，如图 4-51 所示。

图4-51　与协调器建立通信

单击“网络参数设置”选项组的“Read”按钮，软件界面会显示协调器的 MAC 地址、PANID、Channel 等网络参数，可以对其进行修改，并单击“Write”按钮将其保存，如图 4-52 所示。

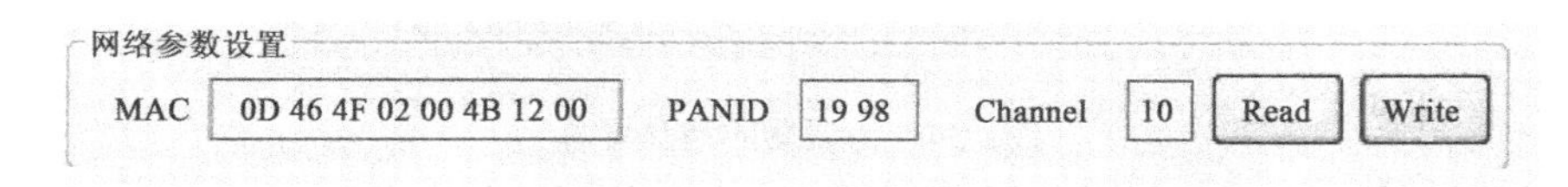

图4-52　修改协调器网络参数

XML 文件配置：使用记事本打开“无线传感网实验平台软件”文件夹内的“WirelessSensorNetworkConfig.xml”文件，修改文件中的串口号以及各节点板的 MAC 地址，保存并退出，如图 4-53 所示。

将协调器与计算机连接后，打开节点板上的电源开关。如果之前的配置正确，则可以在协调器的液晶屏幕上看到对应的空心方块变成了实心的，证明协调器与节点之间的无线网络已经连接，如图 4-54 所示。

```
<?xml version="1.0" encoding="utf-8" ?>
<root>

  <coordinator name="协调器01"
               port="COM5" baud="38400"
               mac="00 14 88 18 00 00 00 00" channelid="14" panid="1888"
               interval="3000"
               enabled="true">

    <enddevice name="节点01"
               mac="01 14 88 18 00 00 00 00"
               short-addr="?"
               ednum="?"
               enabled ="true">
      <infrared-channels name="红外遥控01">
      </infrared-channels>
    </enddevice>

    <enddevice name="节点02"
               mac="02 14 88 18 00 00 00 00"
               short-addr="?"
               ednum="?"
               enabled ="true">
      <infrared-channels name="红外遥控01">
      </infrared-channels>
    </enddevice>
```

图4-53　修改MAC地址

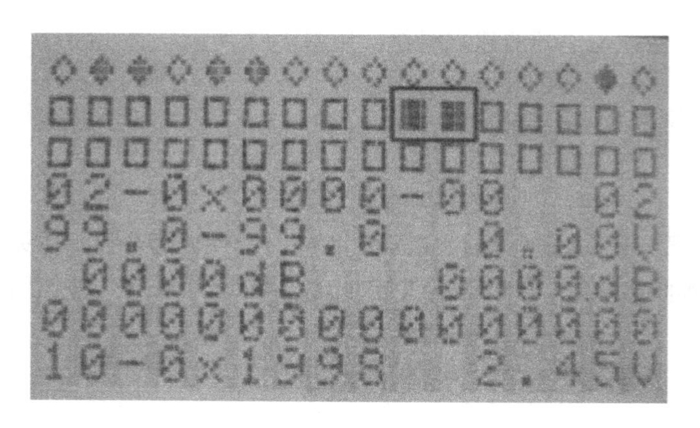

图4-54　协调器的液晶屏幕

操作竞赛：将班级按照 5 人一组的形式分成竞赛单位，每组挑选出安装调试操作最快的同学进行比赛。

比赛内容：教师事先准备协调器，进行协调器的安装、调试及运行操作。

竞赛方式：一个学生做、其他学生提示，计时评分，用时最少者获胜。

温情提示

注意：该功能区域的指令均为十六进制数，具体数据格式请参照《无线传感网 ZigBee V25 手工数据格式》。

职场互动

互动题目：根据所学及查找有关资料，试分析协调器调试运行失败的几种可能。

互动方式：小组竞赛，小组互评，教师讲评。

拓展提升

在系统已经正确组网的前提下，切换至“设备控制”选项卡，在设备栏可以查看到每个加入网络的节点设备，选择相应的设备，在页面下方会绘制出相应传感器数据的曲线图，如图 4-55 所示。

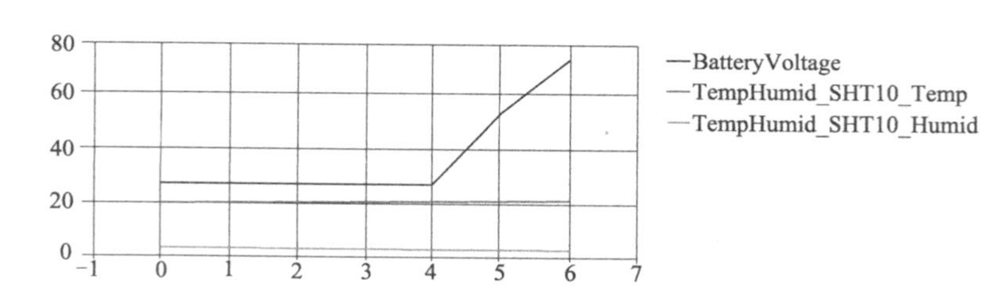

图4-55　传感器数据曲线图

单击相应的按钮，上位机会发送相应的命令给各个设备并控制该设备，如图 4-56 所示。

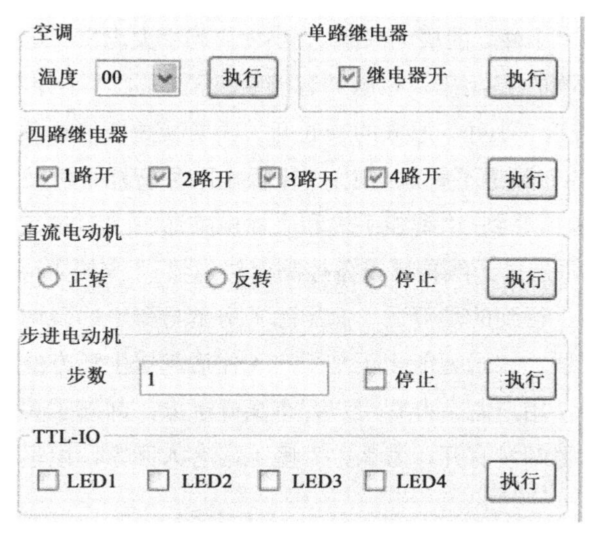

图4-56　上位机向设备发送命令并控制该设备

此时选择“指令流”页面会把所有命令的指令数据显示出来，选中相应指令前的复选框，单击“输出答题结果”按钮，可以将相应的指令数据保存下来，如图 4-57 所示。

“无线传感网实验平台软件”不但可以通过按钮来发送命令，还可以使用手工输入指令的方式向节点板发送数据命令，如图 4-58 所示。

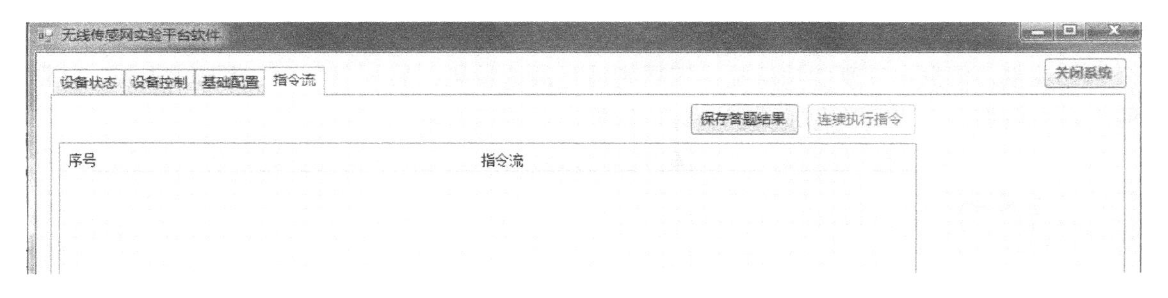

图4-57　显示指令数据并保存

图4-58　使用手动输入指令发出数据命令

项目 4　家电与智能控制

项目描述

角色设置：客户命名为“小终端”，简称“小仲”；公司命名为“大智慧”，简称“大志”。

项目导引：公司的导购“大志”带着客户“小仲”来到智能家居体验馆，绚丽的灯光和优美的背景音乐引起了“小仲”的极大兴趣。“小仲”问“大志”：“这灯光和音乐是怎么控制的？”“大志”告诉“小仲”是用平板电脑和智能手机控制的。“小仲”又问道：“原来的开关还好使吗？”“大志”告诉“小仲”原来的普通开关需要换成智能开关，并讲述了智能开关与普通开关的区别。“小仲”疑惑不解地问道：“平板电脑和智能手机是如何实现对家居电器控制的？”“大志”耐心地解释到：“智能手机和平板电脑通过 WI-FI 或 3G 与连接到网络上的智能家居协调器通信，再通过无线传感设备控制家居电器。”家居生活追求的是时尚、讲究的是档次、体现的是品味、得到的是舒适。家居除了房型与豪华的装饰之外、更需要的是入住后日常生活的方便、舒适。家居智能化正是用户入住后起居生活方便、舒适的好帮手。若家中无人，窃贼入室行窃，用户怎么办？用户开车离开了家，却忘了关空调器，怎么办？若想回家洗个热水澡，热水器却没有开，怎么办？晚上陪客人回家，屋里一片漆黑，要一个一个开灯吗？

有了智能家居，这些问题便可迎刃而解。一旦小偷入侵，手机就会向用户报警，警察局也会接到报警信号；如果忘了关空调器或要洗热水澡，用户可以打个电话回家自动关闭空调器或提前打开热水器；如果陪客人回家，只要在门口用遥控器按一下，迎接客人的场景灯会全部打开、音响也会自动播放《迎宾曲》……

活动流程：依据人们的行为习惯，通过安排智能终端的类型与云端控制、智能开关与普通开关的区别、无线传感设备类型及通信方式、智能家居协调器与网络连接等系列主题活动，使学生对智能家居设备有一个全面的认知。最后一个环节是角色扮演，即学生两两组队，一个作为业主，依据自家真实情况提出家居智能化改造设想；另一个作为工程技术人员，按照业主需求依据项目规范流程及描述制订出智能家居施工方案。

任务 1　电视机控制方式介绍及红外智能控制

知识链接

随着智能电视机的逐渐发展，电视机的功能也更加丰富。人们在享受智能电视机所带来的乐趣的同时却发现原有的操控方式很难驾驭现在电视机丰富的功能和多种用户界面，于是多样化的智能操控方式应运而生。人们在计算机、手机等终端上面见到过许多操控方式，甚至不少用户还长期使用。但是电视机毕竟还是有其特殊性，一些操控方式运用到其上的表现并不尽如人意。下面介绍电视机的各种主流操控方式。

（1）触摸板遥控

触摸板是一种在平滑的触控板上利用手指的滑动操作来移动游标的输入装置，最常见于笔记本式计算机。和空鼠无线鼠标一样，触摸板的主要作用也是充当鼠标使用，并且不需要像鼠标一样依托于平面。在电视机浏览网页、点播控制、应用程序支持方面，触摸板都有非

图4-59　触摸板遥控

常不错的表现。此外，触摸板还可以支持手写输入，有效提升了电视机的文字输入能力，如图 4-59 所示。

（2）语音控制

手机的语音助手功能从 iOS 系统的 Siri 发展到现在已经非常普及，仅需一个手机应用程序便能实现。而电视机的语音操作则是由近期快速发展的智能电视机所引导起来的。如今在许多高性能的智能电视机中也已经比较常见了，如图 4-60 所示。

（3）手势控制

手势控制是一项比较新的操控方式，往往会出现在一些功能强大的智能电视机上。手势控制最大的优势就是它摆脱了遥控器的束缚，只凭一双手就能够实现对电视机的控制。手势控制的适用范围比较广，不仅能够点选、滑动，还能够实现拖动等丰富的操控，使用起来不但方便，而且还十分有趣，如图 4-61 所示。

图4-60　语音控制智能电视机

图4-61　手势控制智能电视机

（4）多屏互动操控

有些电视机具有较为强大的多屏互动功能，能够从大屏转至小屏，并且可以通过手机来操控电视机。这种操控实际上相当于将大屏电视机与触屏手机、平板同步，并通过手机和平板触屏来直接控制电视机，在实际使用中，能够轻松实现网页浏览、视频的播放控制、应用程序等丰富的智能控制，还可以和手机一样快速输入文字，非常方便。此外，在多屏互动下，手机还可以显示和传统遥控器一样的各种按键，操控更加便利。多屏互动的实现只需要连接无线网络，并且在手机和平板上安装相应的应用程序。不过，现在有些电视机的多屏互动系统还不是很完善，在一些操控方面的表现并不尽如人意。图 4-62 所示即为多屏互动操控。

面对现在功能如此丰富的智能电视机，各种操控方式都不能都独立完美地完成电视机的操控。因此现在电视机的操控是向着智能多功能操控方向发展，也就是同时支持多种操控方式，各种方式互补并且更好地完成对电视机的控制。

图4-62　多屏互动操控

温情提示

多屏互动也是未来科技发展的趋势，长虹 CHIQ 系列电视机就使电视机大屏与移动终端小屏共同构建成一个系统，两者相辅相成。这种智能互动控制还会逐渐发展到其他家电，实现智能家电、智能家居的科技生活。

上岗实操

红外控制器是一款新型智能家居产品，可利用红外信号下载任何一款产品的红外指令，其强大的红外码库覆盖了电视机、机顶盒、空调器等家用电器，且兼容主流品牌。此外，它还具有以下特点：

1）WI-FI 联网智能遥控器。和普通的遥控器相比，红外遥控器支持移动端（App）操作，不需要任何“学习”和“配对”操作，只需要下载对应品牌、型号的产品红外码，就可以实现智能管理。将实体遥控器转移到手机/平板电脑端，通过 WI-FI 联网轻松实现对家里指定电器（空调器、电视机、音响、电视盒子、灯光等设备）的管理。不仅可以控制开关，还可以调台、调节温度等。

2）远程控制享受智能生活。无论是酷夏还是寒冬，谁都想一到家就感受清凉/温暖，光靠智能插座可不行，想要远程开启，还需要红外遥控器，且必须支持远程功能。

操作竞赛：将班级按照 5 人一组的形式分成竞赛单位，每组合作进行小组间的比赛。

比赛内容：教师事先在纸上写好远程红外控制家电的操作内容，每组操作类型相同，但内容不同。

竞赛方式：组长随机选题，拿到题后小组计时操作，按评分规则扣分最少小组获胜。

职场互动

互动题目：结合电视机的控制方式，谈谈你对家电智能控制的感触。

互动方式：小组竞赛，小组互评，教师讲评。

拓展提升

智能红外遥控不再需要“学习”步骤，只需选择相应的电器类型、品牌及型号，自动下载红外码，通过简洁的控制面板就可直接操作。

扩展功能让灯泡也可控——不是所有家用电器都有遥控器，那是不是意味着部分家电不能被手机遥控呢？其实不然，就智能家居“大集成”概念而言，只要是同一个品牌的配套智能硬件，如灯泡、开关、插座等，都可以通过手机客户端应用（App）实现远程遥控。

同品牌智能硬件同步操控——家里的电器越来越多，各种遥控器让人眼花缭乱，遇到遥控器失灵、没电、找不到的情况，会让人无比抓狂，红外智能控制将遥控器“搬”进手机，让一切变得简单、易行。

项目实施

任务 2 播放设备红外智能控制

知识链接

带遥控的家电都具有红外接收部件，用来接收遥控器发出的红外信号。红外控制方式通过模拟遥控器向家电发射红外信号来达到控制家电的目的。要模拟遥控器的红外信号首先要获得信号，人们把接收并记录红外信号的过程称为红外学习。智能控制就是通过学习家电遥控器的红外信号，模拟发射从而控制家电的。

家庭许多设备都是用红外遥控器进行控制的，例如空调器、VCD 以及电视机等，仅通过电源的通断是不能控制其启动或待机的，而智能控制这些设备也需要通过红外遥控器，但不同设备的红外遥控器并不兼容，一个遥控器不能控制其他设备，那么在家电的智能控制中完全可以用智能手机充当智能遥控器，来无线遥控所有播放设备。

智能控制具有接收无线电指令和发射红外指令的功能，还能够学习其他红外遥控器的指令，并通过复现它们的指令来控制设备。这样智能控制系统就可以控制智能遥控器进而控制带红外接口的家电设备了。该遥控器主要用在家庭设备远程控制系统中，通过手机远程控制家庭中用红外遥控的设备，如图 4-63 所示。

图4-63　家庭红外线遥控示意图

智能控制模块中的无线红外转发器内置红外、SmartRoom 收发模块，具备红外信号的学习与记忆功能，可学习、记忆多台红外设备。它可将接收到的 SmartRoom/ZigBee 无线网络信号转换成红外无线信号发射出去，来控制内置红外线接头的家用电器，如电视机、空调器、电冰箱等。通过无线红外转发器，用户可用手机上的智能家居应用（App）对多个电器设备进行遥控。

上岗实操

通过手机智能遥控来实现对智能家电设备的控制这一过程是非常烦琐的，同时涉及信息家电设备和家庭网关两个部分，并且需要智能遥控器、信息家电设备和家庭网关之间相互密切配合才能完成。

当家庭用户在图形操作界面上操作了某种具体功能时，首先，智能遥控器会对用户操作的意义进行解析；其次，由命令装配器模块对用户操作请求的数据信息进行封装，并传送到家庭网关中；再次，家庭网关接收到封装数据后进行相应的处理，再将数据信息发送到与其对应的信息家电设备中；信息家电设备将封装数据进行解析之后，通过调用某个模块的具体命令完成动作，再将控制结果发送到家庭网关中，最后由家庭网关对信息家电设备的实时状态进行更新并发送到智能遥控器中，以实现智能遥控器图形用户界面的实时更新。

随着社会信息化建设的飞速发展，智能家居的家电智能控制已经逐渐成为了时代进步的主流发展趋势。信息家电智能遥控器的出现为现代家居生活提供了更为舒适和便捷的生活条件。

操作竞赛：将班级按照 5 人一组的形式分成竞赛单位，每组挑选出操作智能手机最快的同学进行小组间的比赛。

比赛内容：教师出题目，说明手机智能遥控家电设备的具体操作要求。

竞赛方式：队员拿到题目，认识分析后完成操作，组内其他学生可以提示。计时评分，用时最少者操作且最规范者获胜。

职场互动

互动题目：试述红外智能控制设备的操作方式。

互动方式：小组竞赛，小组互评，教师讲评。

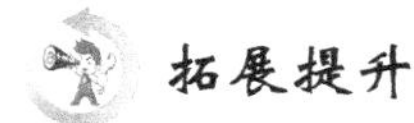

拓展提升

相同设备的遥控器上不同按键的遥控信息码的起始位是相同的，而且指令信息码的前一部分表示设备信息，这也是相同的。而不同遥控器的遥控信息码的起始位是不同的。对于不同厂家生产的遥控器，其主要区别就是起始位和指令信息码的脉冲宽度以及指令序列的不同。但它们编码的方式是相同的——都是采用两种不同周期、不同占空比的脉冲序列来表达信号的红外指令识别。

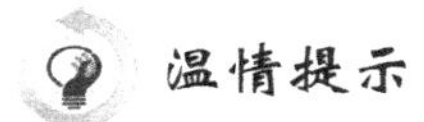

温情提示

红外学习时，需注意两个遥控器的距离不能太近，这是因为距离太近会有红外信号的反射，会干扰正常的学习，使学习不成功。

项目实施

任务 3　水阀及燃气阀控制

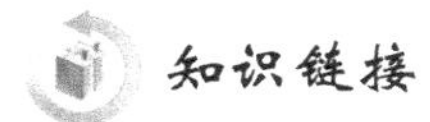

知识链接

1. 传统机械式混水阀结构

在家居供水系统中，一般热水与冷水具有各自独立的管道（家庭使用的太阳能热水器也是这样），通过混水阀实现水温的调节。传统机械式混水阀的结构如图 4-64 所示。混水阀阀体由 2 个进水管口（冷水进水口与热水进水口）与 1 个出水管口（温水出水口）以及控制阀门组成。使用者根据自己的舒适度要求通过旋转混水阀旋钮来调节冷热水管道阀门的开启比例，即通过混水阀后的水温可以在 $T_{冷}$～$T_{热}$进行调节。

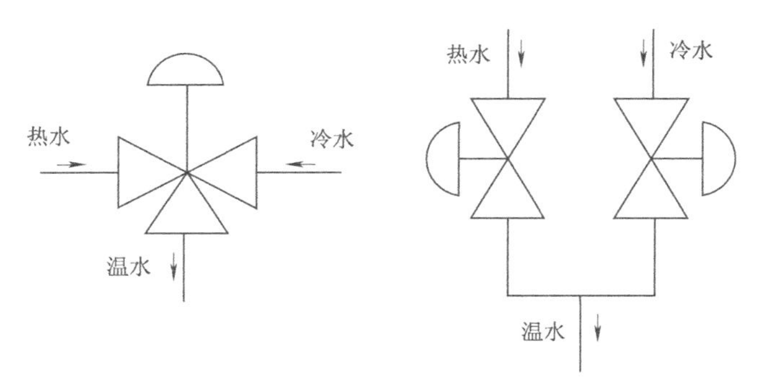

图4-64　传统机械式混水阀的结构图

从机械式混水阀的结构与工作过程可以看出，影响混水阀温水出水口的水温波动因素主要有两个：一是热水与冷水的温差的波动；二是冷水与热水管道内各自的压力。压力决定了冷水与热水的流速，进而决定了各自的流量。这种机械式混水阀也有其不足之处：一方面，出水口的水温受管道内水的压力与温度影响变化较大，水温调节不便；另一方面，由于没有设置自动节水控制功能，因此无法满足节水需求。

上岗实操

智能型混水阀的总体结构主要包括控制器、操作按键与LED温度显示单元、温度检测单元电路、阀门步进电动机驱动控制电路、系统电源电路以及阀门机构。冷、热、温水三路温度传感器输出的模拟信号经过相应的前置级I/V变换、滤波、放大等信号处理电路处理，送入A-D（内置模拟多路数据选择开关）转换器转换成数字量再送入单片机。单片机根据使用者所设定的洗浴温度进行判断，产生驱动步进电动机工作所需要的脉冲信号与正反转控制信号，并实现对冷、热以及温水水温的监测显示。步进电动机驱动混水阀转动，逐步增加热水混合比例，从而使出水口的水温由$T_{冷}$逐渐上升，温水水温最高可达$T_{热}$。使用者在实际的淋浴过程中可以根据舒适度的要求，通过升温与降温按键在$T_{冷}$～$T_{热}$实时调整所需要的水温。系统设置节水检测开关，通过检测开关状态判断是否需要关闭水阀，以实现自动节水。

操作竞赛：将班级按照5人一组的形式分成竞赛单位，每组同学合作交流进行小组间的比赛。

比赛内容：结合所学或查询相关资料画出智能型混水阀的结构图。

竞赛方式：一个学生做、其他学生提示，计时评分，用时最少画图、最完整规范的小组获胜。

职场互动

互动题目：畅想理想的智能家居的阀门控制方式。

互动方式：小组竞赛，小组互评，教师讲评。

拓展提升

燃气阀控制所实现的功能如下：

1）无线自动开启及关闭功能。用户可以通过手机或者终端遥控器实现对燃气阀的自动开启和关闭控能。

2）阀门信息自动反馈功能。燃气阀状态改变的信息可以通过无线传输反馈到指定终端（即用户手机上）。

3）超流量泄漏自动关闭功能。如果管路发生异常泄漏，那么燃气阀将自动关闭，并且将泄漏信息反馈到指定终端。

4）低压或者停气自动关闭功能。公共燃气管道突然发生故障或者其他原因导致输气管道压力不足时，燃气阀将自动关闭，防止因气压不足而产生回火。

5）超年限自动关闭功能。一旦燃气阀的使用年限超过其使用寿命，将自动关闭。

考虑到单片机具有体积小、功耗低、控制功能强、扩展灵活、微型化和使用方便等优点，智能燃气阀选用单片机作为核心控制器，通过 GPRS 通信模块完成与终端管理的数据传输和接收，如图 4-65 所示。

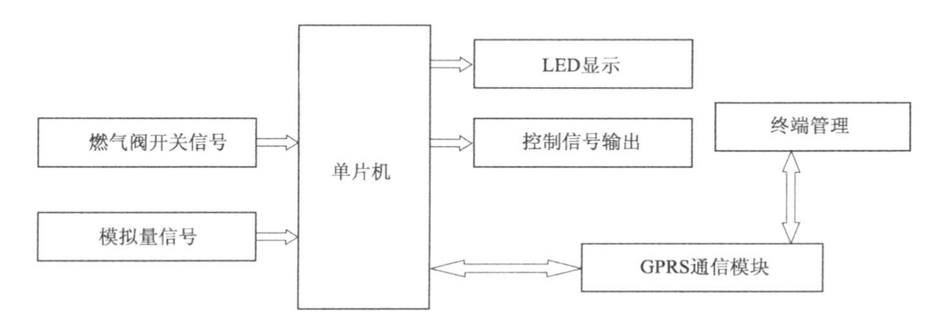

图4-65 燃气阀门设计方案

温情提示

阀门的所有状态均通过相应的开关信号和数字信号反馈给单片机，单片机对接收到的数据进行处理判断，并给出控制信号，同时通过 GRRS 通信模块把处理运行结果反馈给终端管理。终端管理可以通过 GPRS 通信模块间接对单片机发出控制信号。LED 显示用于显示燃气阀的状态信息。

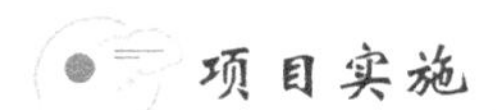

项目实施

任务 4 浴室水温控制

知识链接

目前，家庭、宾馆以及公共浴室中广泛使用的是机械式混水阀，其类型有冷热水手调式、单把开关调温式等几种。虽然其外形多种多样，但是洗浴者对水温的调节都是依靠机械式混水阀改变热水管道与冷水管道阀门的开启比例来实现的。其操作过程往往需要操作者通过肢体（如手）触觉来检验混合后的水温是否合适，使用多有不便，并且容易导致混水阀门的使用寿命缩短。

随着计算机智能技术的发展，利用单片机开发的智能型浴室混水阀控制器可实现对出水口水温、水流速度以及淋浴头水流方式的控制，具有较好的应用价值，对推进家居智能化以及节水、节能都具有现实意义。

浴室水温控制应满足不同用户的个性需求，因此一个较完善的浴室水温控制器应具有以下功能：水温的测量与显示；水量的测量与显示；用户设定功能（如水温设定、定时设定等）；对电加热管的控制功能；一些基本功能键（如定时自动加水、恒温控制、手动加水、手动加热等）；安全措施（漏电检测、安全失效保护、限温保护等）。

上岗实操

智能型混水阀控制器采用单片机作为系统控制单元，利用其控制能力实现对冷、热进水管内的水温及出水口温水的水温进行实时检测，通过 LED 数码显示单元实现温度监测，并实现对步进电动机的驱动控制和系统节水功能。利用外围测量与步进电动机控制接口电路来设计实现。水温测量电路根据需要选择 AD590 型单片集成温度传感器作为测温元件，其测温范围为-55～55℃，要求的功率低，工作电压范围宽，输出电流与温度严格成正比。温度测量电路如图 4-66 所示。精密稳压源 MC1403 为 AD590 提供工作基准电压；调节可变电阻 RP1、RP2 的参数可实现对 0℃和 100℃温度校准；LM324 构成 I/V 变换电路。冷、热、温水三路温度信号送到 8 位 A-D 转换器进行 A-D 转换。A-D 转换器输出的数字量经 V0 口送入单片机。

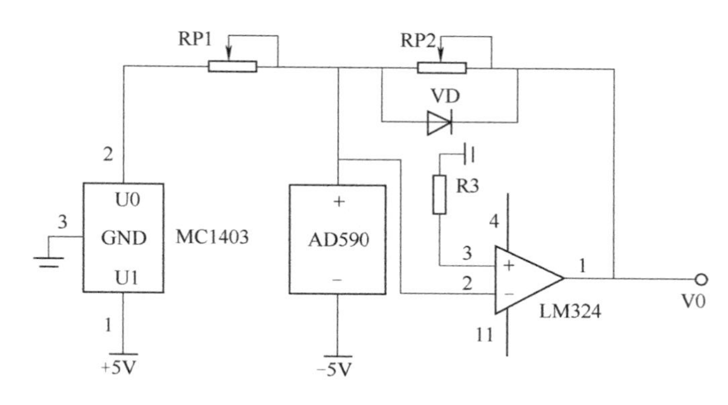

图4-66　温度测量电路

浴室水温控制系统采用数字温度传感器实时采集温度数据，并通过单片机控制继电器实现对水温在 40～90℃内的自动控制，以保持设定的温度基本不变。其精度为 0.1℃。实验结果表明，该系统超调量小，温度上升快，精度高，易于实现。控制器主要用于处理温度采集模块采集到的温度信号，控制显示模块实时显示水的温度值，控制键盘模块设定温度值并控制电器的状态。

操作竞赛：将班级按照 5 人一组的形式分成竞赛单位，每组同学合作交流进行小组间的比赛。

比赛内容：结合所学或查询相关资料画出浴室水温控制结构图。

竞赛方式：一个学生做、其他学生提示，计时评分，用时最少、画图最完整规范的小组获胜。

职场互动

互动题目：畅想在智能家居中如何对浴室的水温实施智能控制。

互动方式：小组竞赛，小组互评，教师讲评。

拓展提升

传感器设计了 T 型滤波器，以增强抗干扰能力；单片机应采用 PID 控制算法的控制方式控制双向可控硅的导通、关断，调整功率，使之切断或接通加热器，从而控制水温稳定在预设定值上，后向通道采用干扰小、器件运行可靠的过零触发方式，省去了传统的 D-A 接口电路。

浴室水温控制系统能完成实时测量（传感采样）、实时决策（PID 控制算法）和实时控制（调功器）三部分功能。数码显示电路采用专用处理芯片进行动态扫描，能够同时显示当前温度和预五温度。

浴室智能温控使淋浴更为舒适、安全。水温智能控制管理通过 ARM 实现浴室的控温功能，可自动设定温度值，温度异常时，系统报警并自动切断水源供应，大大提高了淋浴的安全性。

任务 5　非制式家电控制问题

知识链接

近年来，家电产业发展迅猛，我国已成为名副其实的家电生产大国，不过进口家电产品仍占有一定的市场。消费者在购买进口家电时应注意其制式是否适合在我国使用。譬如我国彩色电视机的制式是 PAL-D/K 制，PAL 表示彩色电视机的彩色制式，D/K 表示彩电的黑白制式。使用这样的电视机就可以正常收看电视节目。一般国内出售的彩电，如无特殊说明都是指这种制式的彩电，但从国外购买的电视机就不一定是这种制式。

一般来说，在我国合法渠道出售的进口家电产品，基本都与我国交流电网供电的制式适配，但消费者直接从国外或其他非正规渠道购得的进口家电产品，却可能与我国交流电网供电的制式不适配。

目前，世界各地交流电网供电的制式并不一致。供电电压有中国、英国、德国等使用的 220V，美国、加拿大的 120V，日本的 110V 等；供电频率除美国、加拿大等使用的 60Hz 外，包括我国在内的大多数国家和地区均使用 50Hz。

出于安全考虑，由国外带回的额定电压在 110V 上下的电器是严禁直接接入我国的 220V 供电网使用的，否则可能因供电过压而造成毁机、燃烧，甚至引发爆炸等恶性事故。因此，在使用电源制式不同的进口家电产品时，应适当调压、变频后再使用。

世界上主要使用的电视广播制式有 PAL、NTSC 及 SECAM 三种，欧洲、中国大部分地区使用 PAL 制式，日本、韩国、美国及东南亚地区使用 NTSC 制式，俄罗斯则使用 SECAM 制式。国内市场上买到的正式进口的 DV 产品都是 PAL 制式。

温情提示

电视信号的标准也称为电视的制式。目前各国的电视制式不尽相同，制式的区分主要在于其帧频（场频）的不同、分解率的不同、信号带宽以及载频的不同、色彩空间的转换关系不同等。

电视制式就是用来实现电视图像信号、伴音信号或其他信号传输的方法和电视图像的显示格式，以及这种方法和电视图像显示格式所采用的技术标准。严格来说，电视制式有很多种，对于模拟电视机，有黑白电视制式、彩色电视制式、伴音制式等；对于数字电视机，有图像信号、音频信号压缩编码格式（信源编码）、TS流（Transport Stream）编码格式（信道编码）、数字信号调制格式、图像显示格式等。由于我国数字电视制式标准还没有公布，因此这里暂时对数字电视制式不予讨论。

上岗实操

在当前市场上，人们已经能够买到进口的、较先进的、具有全制式或多制式的新型电视机。国产电视机也已接近世界先进水平，日益受到广大消费者的青睐。在收视节目方面，人们不仅可以收看国内电视台播放的多套节目，还有了欣赏国外电视录像节目、进口VCD电视节目以及卫星电视节目的机会，但在收看时，也往往会出现一些问题，如有的收不到彩色、有的听不到声音，有的甚至接收不到节目，其原因常常是因为电视制式不对。

温情提示

现在，新式电视机的制式有28制式、21制式、多制式、全制式等，但从技术上看，指的都是电视机能接收多种电视节目制式的能力。

对于进口录像节目、VCD节目和卫星电视节目，由于这些节目本身都带有生产国的制式烙印，在电视广播技术标准上与我国的PAL-D/K有种种不同，因此若想正常收看，就需设法使电视机和要看的电视节目所具有的制式相一致，这通常可用两个方法来实现：

1）进行制式转换。如图4-67所示，将电视节目制式转换为与所用电视机一致的制式。

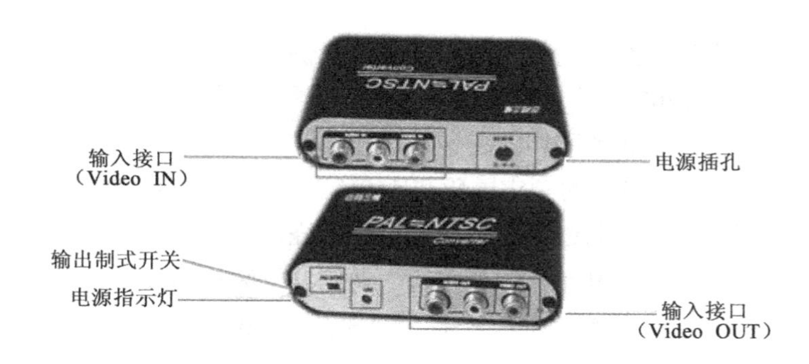

图4-67　制式转换器

2）让电视机有多种制式的接收能力。

操作竞赛：将班级按照5人一组的形式分成竞赛单位，每组同学合作交流进行小组间的比赛。

比赛内容：结合所学并查询相关资料写出非制式家电控制问题。

竞赛方式：一个学生做、其他学生上网查找给予提示，计时评分，用时最少的小组获胜。

职场互动

互动题目：说说你遇到或听到的制式家电转换问题。

互动方式：小组竞赛，小组互评，教师讲评。

拓展提升

遥控器上有一个用于调电视制式的键。如图 4-68 所示。

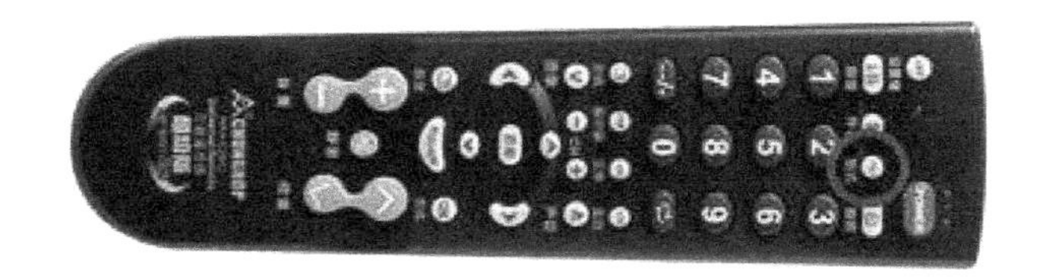

图4-68　电视机遥控器制式键

视频信号是一种模拟信号，由视频模拟数据和视频同步数据构成，用于在接收端正确地显示图像。信号的细节取决于应用的视频标准或者制式。

在家庭影院领域，由于使用的制式不同，存在不兼容的情况。就拿分辨率来说，有的制式每帧有 625 线（50Hz），有的每帧只有 525 线（60Hz）。后者是北美和日本采用的标准，统称为 NTSC。通常，一个视频信号是由一个视频源生成的，比如摄像机、VCR 或者电视机调谐器等。为传输图像，视频源首先要生成一个垂直同步信号（VSYNC）。这个信号会重设接收端设备（显示设备），以保证新图像从屏幕的顶部开始显示。发出 VSYNC 信号之后，视频源接着扫描图像的第一行。完成后，视频源又生成一个水平同步信号，重设接收端，以便从屏幕左侧开始显示下一行，并针对图像的每一行都要发出一条扫描线以及一个水平同步脉冲信号。

另外，NTSC 标准还规定视频源每秒钟需要发送 30 幅完整的图像（帧）。假如不进行其他处理，闪烁现象会非常严重。为解决这个问题，每帧又被均分为两部分，每部分 262.5 行。一部分全是奇数行，另一部分则全是偶数行。显示的时候，先扫描奇数行，再扫描偶数行，就可以有效地改善图像显示的稳定性，减少闪烁。目前世界上的彩色电视机主要有三种制式，即 NTSC、PAL 和 SECAM 制式，这三种制式尚无法统一，我国采用的是 PAL-D/K 制式。一般影碟机都兼容 NTSC、PAL 制式，也有很多产品兼容以上三种制式。

监理验收

本工程从智能家居典型案例的亲自体验开始，以业主角色扮演的方式提出“需求”，为智能家居工程技术人员选择匹配的智能家居产品提供依据，再由装修公司与智能家居工程技术人员共同制订出符合业主要求的智能家居整体方案并编写出相关的系列施工文档，经过与业主沟通、修改、补充后签订施工合同，由施工方做好施工前的准备，组建一支符合施工资质的工程队伍。

项目验收表

模块	子项	评分细则	分值	得分
节点板配置	节点板配置	节点板3块，根据节点板配置表设置对应参数及功能，若正确，则每个得5分，不正确不得分	15	
智能家居系统设备安装	电视机红外遥控系统	节电板/学习板安装，连线正确得5分，不正确不得分	5	
		红外学习成功得5分，不正确不得分	5	
	DVD红外遥控系统	节电板/学习板安装，连线正确得5分，不正确不得分	5	
		红外学习成功得5分，不正确不得分	5	
	空调红外遥控系统	节电板/学习板安装，连线正确得5分，不正确不得分	5	
		红外学习成功得5分，不正确不得分	5	
	红外转发系统	红外转发器的安装，连线正确得5分，不正确不得分	5	
		红外学习成功得5分，不正确不得分	5	
Visio绘图	拓扑图	使用Visio软件完成红外转发系统拓扑图的绘制	5	
	接线图	使用Visio软件根据提供的设备控件完成样板间红外学习转发系统的电路图	5	
软件调试	路由器组网配置	使无线路由器、Web服务器、平板电脑处于同一网段，若正确，则每个得5分；若有IP不正确，每个扣5分	15	
	Web服务器配置	XML文件配置、Web服务启动，每个5分	10	
	远程控制	正确使用平板电脑，能够在平板电脑中正确控制红外转发	10	
总分			100	

工程5　智能门锁及智能识别

物联网技术的普及应用，使得智能化安防技术取得了令人瞩目的成就。随着企业和住宅小区需求的突显，数字化智能安防正面临新的发展契机。为了解决企业和住宅小区的安全防范问题，引入物联网技术后可以通过无线移动、跟踪定位等手段建立全方位的立体防护，以强化企业和住宅小区的智能化安全防范设施。

智能化安防技术的主要内涵是其相关内容和服务的信息化、图像的传输和存储、数据的存储和处理等。就智能化安防来说，一个完整的智能化安防系统主要包括门禁、报警和监控三大部分。本工程主要通过介绍智能门锁类型与功能、智能门锁的组成、智能门锁的系统结构，让大家能够正确识读智能门锁设备；通过对智能门锁系统应用的体验，了解其控制方式；通过对智能门锁设备的实际安装与调试，感受门禁系统智能控制原理，培养对智能家居安防系统现场施工及管理能力。

本工程是在智能家居情景仿真体验馆的客厅实训区开始体验，在样板操作间开始操作。

实训需要设备包括变压器电源控制器、电插锁、门铃、刷卡门禁、手动开关、节点板、四路继电器以及5V和12V接电排。

工程目标

1）正确识读智能家居安防设备，能够进行智能门锁应用系统进行简单集成测试，具有智能家居安防系统现场施工及管理能力。

2）具备良好的工作品格和严谨的行为规范。具有较好的语言表达能力；能针对不同场合，恰当地使用语言与他人交流和沟通；能正确地撰写比较规范的施工文献。

3）加强法律意识和责任意识。制订施工合同，并严格按照合同办事。

4）树立团队精神、协作精神，养成良好的心理素质和克服困难的能力以及坚韧不拔的毅力。

项目1　智能门锁类型与功能

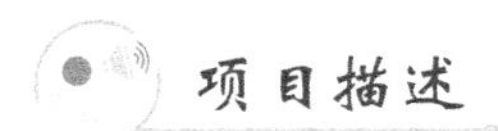

角色设置：业主王明，智能门锁销售人员“小肖”。

项目导引：业主王明正式入住鑫达小区，他准备安装一套智能安防系统。王明来到家居市场，首先向在销售人员小肖了解智能安防系统中的智能门锁。在小肖的引导下来到智能家居体验馆，他对各种类型的智能门锁非常感兴趣，并听取了小肖对不同类型门锁的控制功能及选择方法、门锁结构及安装方式等的讲解。小肖的介绍让王明大开眼界，也让他更加坚定了安装智能门锁的决心。

活动流程：依据人们的行为习惯，安排了智能门锁的类型及选择、智能门锁的结构及安装、智能门锁的供电系统等任务，以帮助读者对智能门锁的类型及功能有一个全面的认知。

项目实施

任务1　智能门锁的类型及选择

当今社会，智能化生活已经开始普及，人们的生活也日渐智能化。在智能化产品家族中，智能门锁占有非常重要的角色。

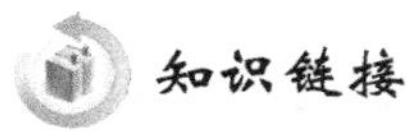
知识链接

1）锁是一个家庭的安全核心，关系着家中成员和家庭财产的安全，所以是十分重要的，现在市面上有很多类型的锁，有机械锁、感应锁等各种类型的，适用于各种场合，价格也不一致。但是这些锁中，机械锁已经差不多完全落后了，因为是一个内部的机械组合，安全性非常之低，而现在流行的感应锁，也有不灵敏、寿命短、价格高的缺点，所以并未得到普及。智能门锁则完全解决了上述问题，能够实现远程开门、轻松联动、安全保险、双向反馈等多种功能。

2）智能门锁是指区别于传统机械锁，在用户识别、安全性、管理性方面更加智能化的锁具。智能门锁是门禁系统中锁门的执行部件，使用非机械钥匙作为用户识别 ID 的成熟技术，如指纹识别、虹膜识别、磁卡、射频卡、TM 卡（Touch Memory Card）等。目前使用最多的是感应卡门锁和 IC 卡门锁。图 5-1 所示为常见智能门锁有指纹密码锁、人脸识别锁和感应卡锁。

图5-1　常见智能指纹密码锁、人脸识别锁和感应卡锁

上岗实操

智能门锁越来越受到消费者的青睐，但与机械门锁不同的是，它涉及机械、电子、计算机系统，所以消费者在选购时不仅要考虑其应用技术，还应尽量选用信誉较好的成熟品牌。

操作竞赛：将班级按照 5 人一组的形式分成竞赛单位，每组挑选出动手能力较强的同学进行小组间的比赛。

比赛内容：

1）通过百度搜索并结合实际，了解采用不同技术的智能门锁的特点，并完成表 5-1 的填写。

2）试讨论智能门锁有哪些选购技巧，并完成表 5-2 的填写。

竞赛方式：拿到题后，小组同学协作完成。表格填写完整、内容全面且用时最少者获胜。

表 5-1　采用不同技术的智能门锁的特点

技术分类	门锁特点
指　　纹	
虹膜识别	
射 频 卡	
TM　　卡	

表 5-2　智能门锁的选购技巧

技巧一	
技巧二	
技巧三	
技巧四	
技巧五	
…	

职场互动

互动题目：

针对现代家庭中使用的锁具，在选购智能锁具时除考虑锁具的技术指标和制作工艺，在其使用的场所环境方面还要注意哪些事项？

互动方式：小组讨论、教师讲评。

拓展提升

目前国内智能门锁品牌众多，但有全套生产能力的估计不到 10%，消费者选购时最好先了解厂家的开发、生产及售后情况，了解其是否为规范企业，是否有建全的品质管理体系。试了解十大智能门锁品牌，完成表 5-3 的填写。

表 5-3　十大智能门锁品牌

序　　号	品　　牌	专注锁具类别
1	爱迪尔 ADEL	
2	科裕华能 HUNE	
3	必达 BE-TECH	
4	力维 LEVEL	
5	第吉尔 DIGI	
6	TGL 智能锁	
7	创佳 LOCSTAR	
8	雅洁 ARCHIE	
9	远为 GOFAR	
10	邦威 bonwin	

任务 2　智能门锁结构及安装

知识链接

1. 锁芯

锁芯（锁体）是锁的关键，一旦锁芯损坏，锁就没用了。锁芯内部是由三舌、电动机线以及大大小小的铁片与弹簧组成的，内部构造十分复杂，如图 5-2 所示。

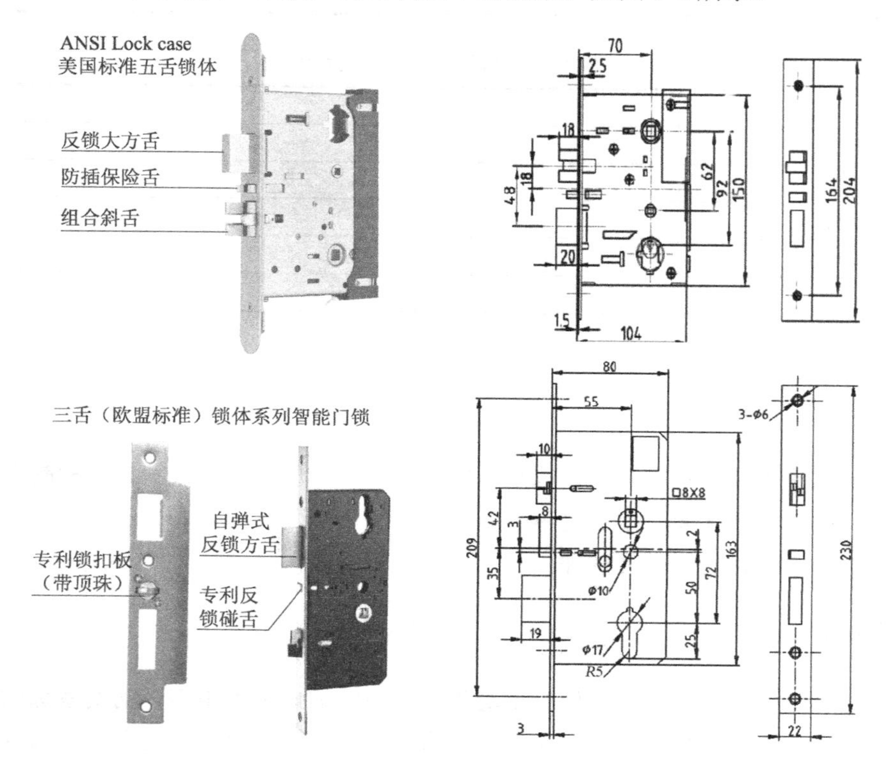

图5-2　科裕集团智能门锁（三舌、五舌）锁体结构

2. 电源盒、电路板/芯片

一般应在智能门锁的电源盒中放 4 颗干电池。电路板/芯片是智能门锁的重要部分，芯片内含感应系统，具有智能记忆功能，可将开锁信息自动储存至计算机芯片中，最少可储存 1000 条信息。一旦室内物品被盗，可通过开门数据读取器经计算机及时调出开门信息，协助公安机关破案。

3. 面板、把手

锁的前、后面板采用铝镁合金材料，坚硬耐磨。表面采用真空镀膜处理（即纳米处理）工艺，防腐力特别强，耐磨损。把手使用空转设计，能有效地防止因外来暴力破坏锁芯内部结构而打不开门锁，如图 5-3 所示。

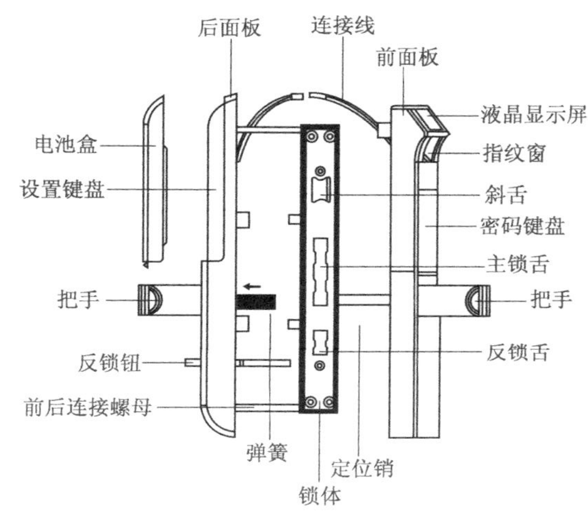

图5-3 南京物联指纹密码锁的功能结构图

温情提示

智能门锁种类众多，门锁的内部结构也不尽相同，在此以南京物联指纹密码锁为例进行介绍。

上岗实操

南京物联指纹密码锁基于先进的 ZigBee 技术构建而成，采用活体指纹采集，安全系数更高，能真正做到“无钥匙”进门。下面以此锁为例，简要介绍智能门锁的安装过程。

1）在门体的适当高度凿锁体孔，用 4 颗沉头螺钉将锁芯装入门体内，如图 5-4 所示。

2）安装前面板主体部分，将弹簧装入对应位置，将长方轴插入锁体内锁芯对应位置，如图 5-5 所示。

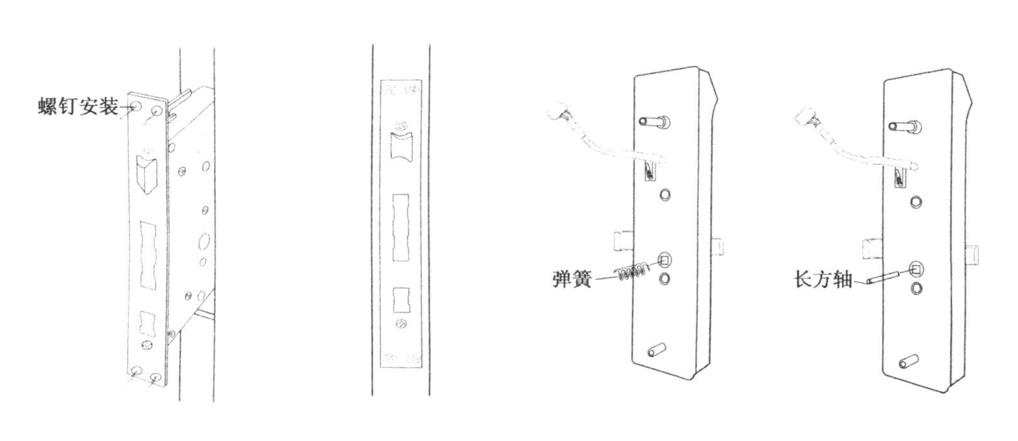

图5-4 安装锁芯

图5-5 安装前面板主体部分

3）安装后面板主体部分。

①将后面板电源线接入前面板电源线接口，将长方轴和短方轴装入门体内侧锁芯对应位置，如图 5-6 所示。

②用两颗螺钉将后面板安装在门体内侧，将 4 节 5 号电池装入电池盒，合上电池盒盖，如图 5-7 所示。

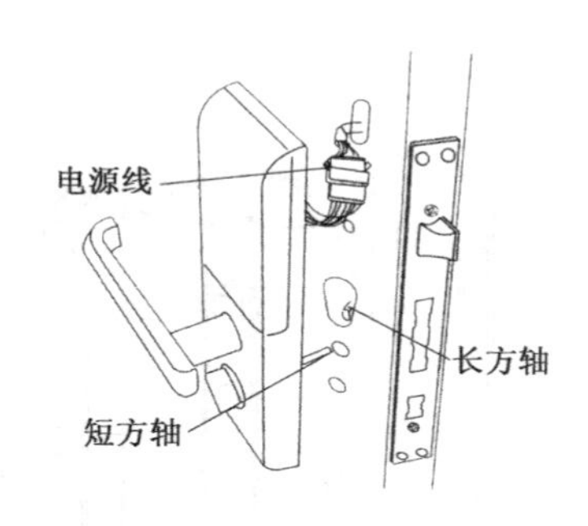

图5-6　连接后面板电源线、安装长方轴和短方轴

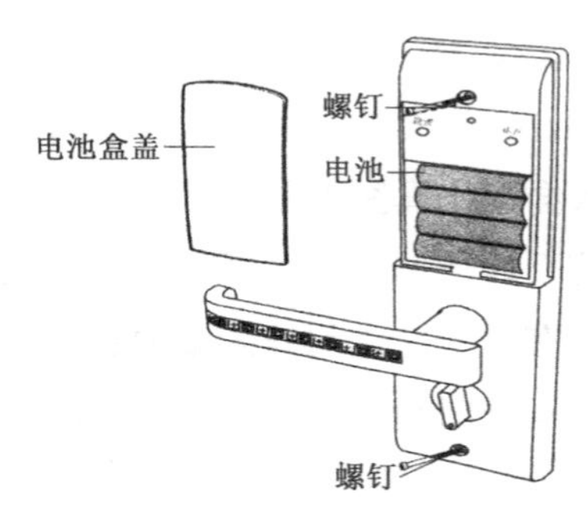

图5-7　将后面板固定在门体内侧

温情提示

固定后面板时，请注意将长方轴和短方轴插入后面板对应位置，并检查是否与前面板紧紧固定在门体两侧。

4）至此，门锁已安装完成。门锁前、后面板整体安装示意图如图 5-8 所示。

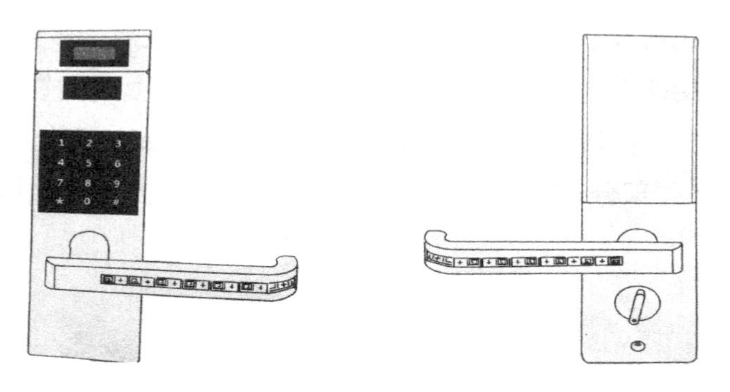

图5-8　门锁前、后面板整体安装示意图

操作竞赛：将班级按照 5 人一组的形式分成竞赛单位，每组挑选出动手能力较强的同学进行小组间的比赛。

比赛内容：

1）结合实际了解智能门锁的基本结构。

2）操作实践——安装南京物联智能门锁。

竞赛方式：小组成员全部参与，练习门锁安装。各组随机选择一名比赛选手，能简要介绍门锁结构，并完成门锁安装，操作正确且用时最少者获胜。

职场互动

互动题目：门锁安装过程中应注意哪些问题？
互动方式：小组讨论、教师讲评。

拓展提升

试分析智能门锁到底有多智能。

任务 3　智能门锁供电系统

知识链接

1）智能门锁感应器中有个线圈一直在振荡，相当于变压器的一次绕组；卡里也有一个线圈，相当于变压器的二次绕组，当两个线圈靠近时，耦合产生电流，给卡进行无线供电，同时询问信号，卡应答，符合条件即能实现智能解锁。

2）南京物联推出的云智能锁，是基于一个 ZigBee 的信号控制，具有低功耗、高效率等特点，简单来说，就是直接用电池控制。很多智能锁都是需要接电的，这样不仅布线麻烦，维修起来也不是很方便。而云智能锁直接用电池控制，非常方便，更关键的是，电池不需要经常更换，虽然门锁不停地开合造成不断耗电，但是其独有的节能专利也能使电池的使用寿命接近其最长寿命，如图 5-9 所示。

3）南京物联云智能锁的供电是普通的 5 号干电池，4 节就可以正常使用，但作为重要的安防设备，多配了 4 节电池。ZigBee 是低功耗技术，因为工程师又特别加入了节能策略，电池可以用 1 年零 8 个月，正常使用寿命可以延长到两年。当电量低于 20%时，云智能锁会有低电压保护，并会向用户手机发送提示更换电池的信息。一旦电池电量耗尽，可以用一节 9V 电池给门锁暂时供电，然后再将门锁打开，进去后立即换电池，如图 5-10 所示。

图5-9　电池供电

当电池电量耗尽时，怎么办？

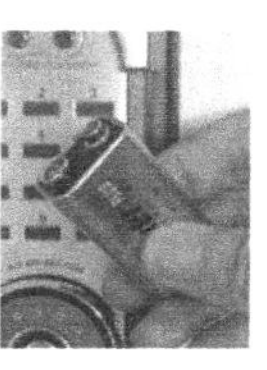

在正面的密码面板上方，有两个感应触点，可以用一节9V的电池给门锁暂时供电。然后再将门锁打开，进去后立即换电池。

图5-10　更换电池

上岗实操

无线供电技术的概念其实早在很多年前就已提出，所采用的方法有三种，即电磁耦合、光耦合和电磁共振。

知识竞赛：将班级按照 5 人一组的形式分成竞赛单位，每组挑选出动手能力较强的同学进行小组间的比赛。

比赛内容：了解无线供电技术所采用的电磁耦合、光电耦合和电磁共振三种方法。

竞赛方式：通过百度搜索并结合实际，小组成员全部参与学习，了解各项关键技术后，能在理解的基础上进行简单陈述。

职场互动

互动题目：无线供电技术的原理是什么？

互动方式：小组讨论、教师讲评。

拓展提升

智能门锁还有哪些供电方式？

项目 2　智能门锁组成

项目描述

角色设置：业主王明，智能门锁销售人员小肖。

项目导引：如前所述，鑫达小区的业主王明准备安装一套智能安防系统。他来到家居市场，在智能门锁销售人员小肖的引导下来到智能家居体验馆。小肖直接用手机打开体验馆大门这一举动引起了王明的兴趣。小肖还告诉王明：“智能门锁的控制方式有很多种，可以通过密码设置、指纹识别等方式开锁，如果您出差在外时，恰巧家里来了亲戚，按门铃触发了智能门锁装置，它将推送一条信息到您的手机，这时您即使是在开会或开车，也都可以使用手机通过家庭 WI-FI 或移动互联网收到信息，并可通过手机 App 调看摄像头画面，看到来访者的相貌，甚至可以与之进行语音/视频通话，在确认来访者身份后，您只需单击 App 界面中的“解锁”按钮，便能打开住宅的大门，迎接您的客人。”

活动流程：依据人们的行为习惯，本项目中安排了智能门锁的组成、指纹识别及设置、射频识别（RFID）系统及运用、密码设置、智能手机的控制等任务，以帮助读者对智能门锁的组成及控制方式有一个全面的认知。

项目实施

任务 1　智能门锁的组成

知识链接

1）智能门锁的主要组成部件见表 5-4。

表 5-4　智能门锁的主要组成部件

序　　号	组成部件	序　　号	组成部件
1	锁芯（锁体）	10	电池盒（包括电池）
2	十字槽木螺钉	11	内六角螺钉
3	机械锁头	12	侧饰板
4	内六角螺钉（锁头）	13	十字槽沉头螺钉
5	大方轴	14	扣板塑料盒
6	前面板	15	锁扣板
7	大方轴	16	十字槽木螺钉
8	长方轴	17	锁头盖
9	后面板	18	门

2）安装过程如图 5-11 所示。

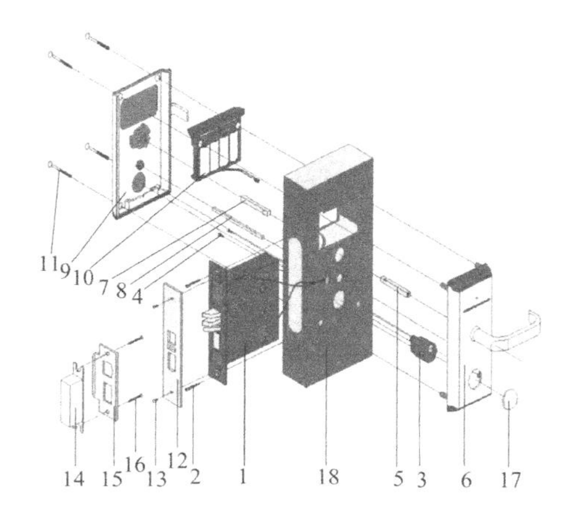

图5-11　安装过程图示

1—锁芯（锁体）　2—十字槽木螺钉
3—机械锁头　4—内六角螺钉（锁头）
5—大方轴　6—前面板　7—大方轴
8—长方轴　9—后面板　10—电池盒
11—内六角螺钉　12—侧饰板
13—十字槽沉头螺钉　14—扣板塑料盒
15—锁扣板　16—十字槽木螺钉
17—锁头盖　18—门

上岗实操

知识竞赛：将班级按照 5 人一组的形式分成竞赛单位进行小组间的比赛。

比赛内容：认知智能门锁的主要组成部件。

竞赛方式：老师读题，小组抢答，答对一题加一分，答错一题减一分，得分最高组获胜。

温情提示

妥善保管门锁的安装说明书，以备后用。

职场互动

互动题目：智能门锁有哪些控制方式？

互动方式：小组讨论、教师讲评。

拓展提升

智能门锁是如何实现门锁控制智能化的？试分析其工作原理。

任务 2　指纹识别及设置

知识链接

1）指纹识别即指通过比较不同指纹的细节特征点来进行鉴别。指纹识别技术涉及图像处理、模式识别、计算机视觉、数学形态学、小波分析等众多学科。由于每个人的指纹不同（即便是同一人的十指之间，指纹也有明显区别），因此指纹可用于身份鉴定。由于每次捺印的方位不完全一样，着力点不同会带来不同程度的变形，又存在大量模糊的指纹，因此如何正确提取特征和实现正确匹配是指纹识别技术的关键。

2）两枚指纹经常会具有相同的总体特征，但它们的细节特征却不可能完全相同。指纹纹路并不是连续的、平滑笔直的，而是经常出现中断、分叉或转折。这些断点、分叉点和转折点就称为“特征点”，而特征点提供了指纹唯一性的确认信息。

3）指纹锁是智能锁具，它是计算机信息技术、电子技术、机械技术和现代金属加工工艺的完美结晶，如图 5-12 所示。指纹的特性成为识别身份最重要的证据，并广泛应用于公安刑侦及司法领域。指纹认证具有方便、快速、精确等特点。

图5-12　指纹锁

4）指纹锁的功能包括指纹开启、密码开启及应急钥匙开启，现在还增加了用卡片开启的方式。指纹锁除开门功能外，一般具有增加、删除和清空指纹功能，高性能的指纹锁还配有液晶触摸屏等人机对话系统，智能化水平较高，操作也相对方便，并可提供操作引导、查询使用记录和内置参数、设置状态等功能。指纹管理功能包括增加指纹、删除指纹、清空指纹、设置系统参数等，而普通用户只有开门功能这一权限。

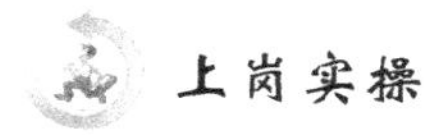

上岗实操

南京物联的云智能锁也可以作为普通的指纹密码锁使用。下面以此锁为例，简要介绍指纹的设置方法。

打开门锁背后的面板，按下红框内的“设置”键即可。然后回到正面，液晶屏幕上会有相应的提示。若为首次设置，则直接进入图示的设置界面；若曾经设置过，则需要录入管理员指纹后才可以进入此界面。可以看到密码板上有 4 个按键亮着，其所对应的功能是：2——上、8——下、#——确定、*——取消，如图 5-13 所示。

图5-13　指纹设置

1. 管理员指纹设置

按“设置”键进入菜单，（请注册管理指纹）正确放入手指至听到滴答滴声，表示录入成功，前 5 枚录入的指纹为管理指纹，系统会自动按顺序记录指纹 ID 号，如图 5-14 所示。

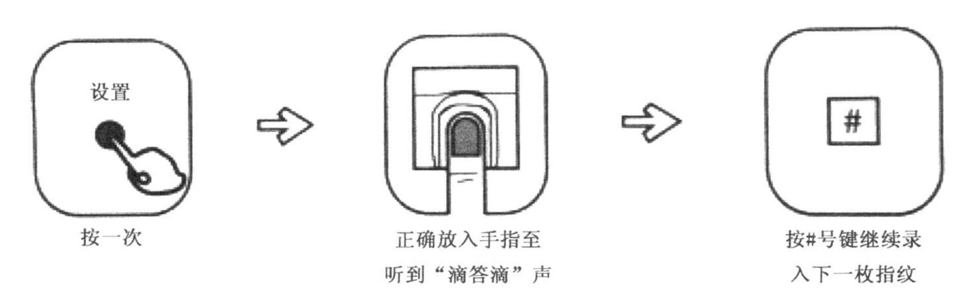

图5-14　管理指纹设置

2. 用户指纹设置

按“设置”键（请验证管理员指纹）输入管理员指纹进入菜单，按 8 号键下移至“指纹设置”，按“#”确认进入，添加指纹，按#号确认，正确放入手指至指纹窗口至听到滴答滴声表示录入成功，按“#”可继续录入下一枚指纹，如图 5-15 所示。

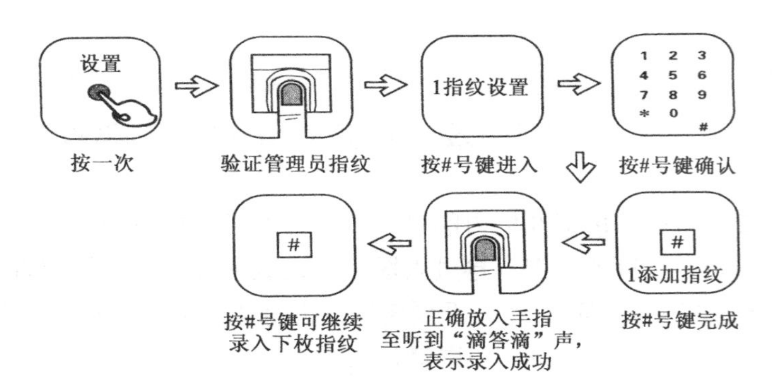

图5-15 用户指纹设置

3. 指纹删除设置

按“设置”键（请验证管理员指纹）输入管理员指纹进入菜单→按 8 号键下移至“指纹设置”，按#号确认至“删除指纹”→按 2 或 8 号键上下翻动查找需要删除的指纹代码，按#号确认，听到“滴答滴”声表示删除成功，如图 5-16 所示。

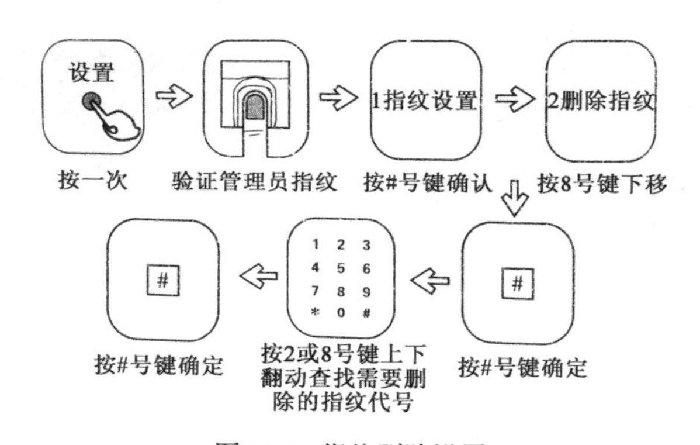

图5-16 指纹删除设置

操作竞赛：将班级按照 5 人一组的形式分成竞赛单位进行小组间的比赛。

比赛内容：设置指纹锁管理员、用户指纹及删除指纹。

竞赛方式：全组成员掌握管理员、用户指纹的设置和删除方法，操作最为熟练者获胜。

温情提示

妥善保管门锁的安装说明书，以备后用。

职场互动

互动题目：

1）如何查看已登记指纹？

2）指纹识别技术有哪些优点？又有哪些缺点？

互动方式：小组讨论、教师讲评。

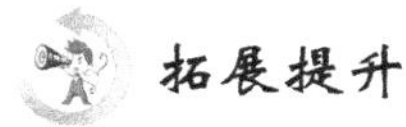

拓展提升

选购指纹锁应遵循哪些标准？应考虑哪些因素？

任务 3　射频识别（RFID）系统及运用

知识链接

1）射频识别（Radio Frequency Identification，RFID）技术是 20 世纪 80 年代发展起来的一种新兴自动识别技术，射频识别技术是一项利用射频信号通过空间耦合（交变磁场或电磁场）实现无接触信息传递并通过所传递的信息达到识别目的的技术。RFID 是一种简单的无线系统，用于控制、检测和跟踪物体。该系统只有两个基本器件，由一个询问器（或阅读器）和很多应答器（或标签）组成。

2）射频识别系统（RFID System）是由射频标签、识读器和计算机网络组成的自动识别系统。通常，识读器在一个区域发射能量形成电磁场，射频标签经过这个区域时检测到识读器的信号后发送存储的数据，识读器接收射频标签发送的信号，解码并校验数据的准确性以达到识别的目的。

3）射频卡又称非接触式 IC 卡，它成功地解决了无源（卡中无电源）和免接触的难题，是电子器件领域的一大突破。RFID 技术是一种利用射频来阅读一个小器件上的信息的技术。根据工作频率的不同，RFID 系统集中在低频（30～300kHz）、高频（3～30MHz）和超高频（300MHz～3GHz）三个区域，主要用于公交、轮渡、地铁的自动收费系统，也应用于电子门锁系统、门禁管理、身份证明和电子钱包，如图 5-17 所示。

图5-17　射频卡

4）射频锁也称感应卡锁或非接触式 IC 卡锁，是以射频卡作为开门钥匙的电子锁。射频卡技术是接触式 IC 卡的替代更新产品，在使用上更为先进、方便和安全，如图 5-18 所示。

图5-18 射频锁

上岗实操

知识竞赛：将班级按照 5 人一组的形式分成竞赛单位进行小组间的比赛。

比赛内容：

1）简述 RFID 的特点。

2）简述 RFID 技术的应用领域。

竞赛方式：搜索并结合实际，小组成员全部参与，能在理解的基础上做简单陈述。

职场互动

互动题目：

1）试述智能识别（RFID）系统在锁具领域的应用。

2）试述 RFID 自动感应式车位锁的工作原理。

互动方式：小组讨论、教师讲评。

拓展提升

射频识别系统的工作原理。

任务 4　密码设置

知识链接

1）密码锁是锁的一种。可通过输入一连串的数字或符号来开启它。密码锁的密码通常都只是排列而非真正的组合。部分密码锁只使用一个转盘带动锁内的数个碟片或凸轮转动；也有些密码锁是转动一组数个刻有数字的拨轮圈，直接带动锁内部的机械，如图 5-19 所示。

图5-19　密码锁

2）智能密码锁的系统由智能监控器和电子锁具组成。二者异地放置，智能监控器供给电子锁具所需的电源并接收其发送的报警信息和状态信息。这里采用了线路复用技术，使电能供给和信息传输共用一根二芯电缆，提高了系统的可靠性、安全性。

①智能监控器由单片机、时钟、键盘、LCD 显示器、存储器、解调器、线路复用及监测、A-D 转换、蜂鸣器等单元组成，主要完成与电子锁具之间的通信、智能化分析及通信线路的安全监测等功能。

②电子锁具是以 51 系列单片机（AT89051）为核心，配以相应硬件电路，完成密码的设置、存储、识别和显示、驱动电磁执行器并检测其驱动电流值、接收传感器送来的报警信号、发送数据等功能。

上岗实操

下面以南京物联云智能锁为例简要介绍密码的设置方法。

1. 密码锁的密码设置与修改

（1）密码设置

打开门锁内部的塑料盖板，找到位于电池之下的<I>键，按一下“I”键。回到正面密码面板，输入密码。输入完成后，最后再按一下<I>键（不是“*”键），完成密码设置，如图 5-20 所示。

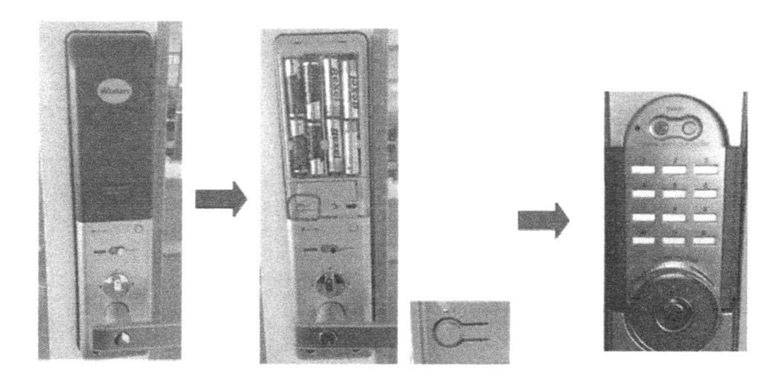

图5-20　密码设置流程

（2）密码修改

按一下门锁后面的<I>键，在密码面板上设置新的密码，完成后再按一下“I”键。

温情提示

分清“开门密码”与“二次确认密码”的不同。手机远程开锁时需要输入的“二次确认密码”为4位，可以在软件的“系统”→“密码修改”里进行修改重置。

2. 指纹密码锁的密码设置、删除或更改

（1）密码设置

按“设置”键（请验证管理员指纹），输入管理员指纹进入菜单，按 8 号键下调至“密码设置”，按“#”确认进入，按“#”确认设置第1组用户密码，按“#”确认→输入要设置的密码，按“#”确认，重新输入所要设置的密码，按#号确认，听到“滴答滴”声表示设置成功，如图5-21所示。

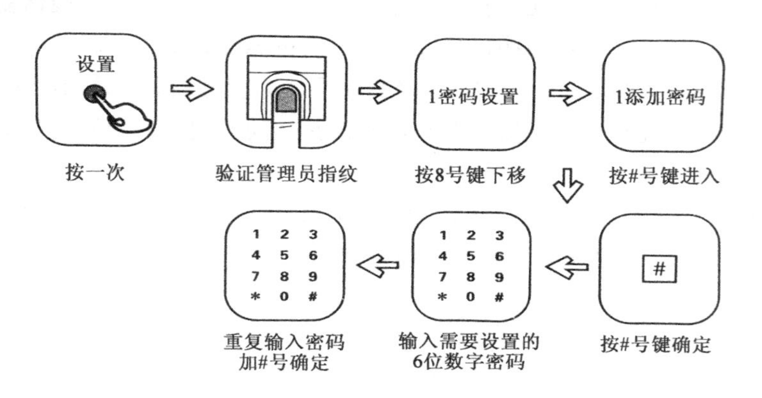

图5-21 密码设置流程

（2）密码删除或更改

按“设置”键（请验证管理员指纹），输入管理员指纹进入菜单，按“#”键进入“密码设置”，按8号键下移至“删除密码”，按#号确认进入，按2号或8号键上下查找所需删除的密码，按#号确认，听到“滴答滴”声表示删除成功，如图5-22所示。

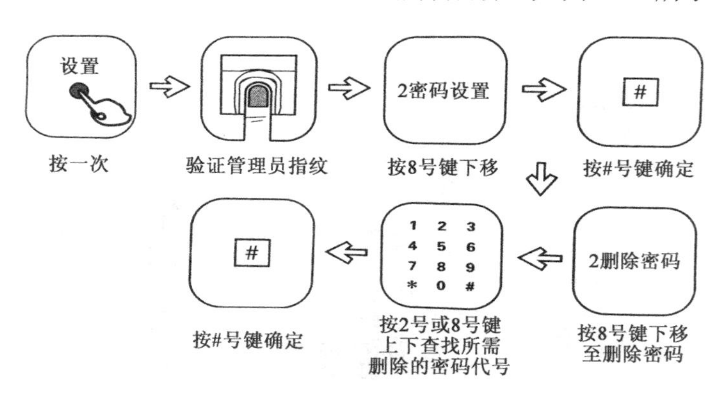

图5-22 密码删除流程

操作竞赛：将班级按照 5 人一组的形式分成竞赛单位进行小组间的比赛。
比赛内容：云智能锁密码设置、删除、更改操作。
竞赛方式：全组成员掌握密码设置、删除、更改操作，方法熟练。

职场互动

互动题目：
1）密码锁的日期、时间设置。
2）密码锁的语言设置、恢复出厂设置。
互动方式：小组讨论、教师讲评。

拓展提升

智能密码锁的工作原理。

任务 5　智能手机的控制

知识链接

1）与个人计算机一样，智能手机也具有独立的操作系统和运行空间，可以由用户自行安装软件、游戏、导航等由第三方服务商提供的程序，并可以通过移动通信网络来实现无线网络接入手机类型的总称。

2）智能家居的第一道关卡就是家里大门的那道门锁，再结合摄像头，即可形成一套可视智能门锁系统。用户可使用手机 App 通过物联云平台突破空间限制，远程与可视智能门锁系统进行连接。智能门锁系统除了通过家庭 WI-FI 联网，也可以通过移动互联网来与手机“通话”，让手机对其进行智能开关控制、视频通话等操作，彻底改变用钥匙开门的传统方式，让手机成为“钥匙”，如图 5-23 所示。

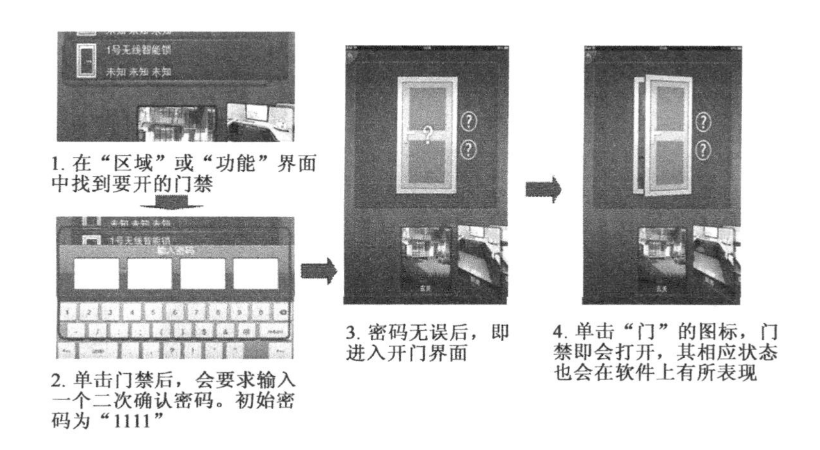

图5-23　手机远程开锁

上岗实操

下面以南京物联无线二代云智能锁为例，简要介绍智能手机实现远程开锁方法。

1. 入网设置

按“设置”键（请验证管理员指纹），输入管理员指纹进入菜单，按 8 号键下移至“无线设置”，按“#”确认进入“入网设置”，按#号确认，选择是否需要入网，按“#”确认，即可加入 ZigBee 网络，如图 5-24 所示。

图5-24　智能门锁入网设置

2. 下载软件

1）根据不同的移动智能终端，选择对应的应用软件。

方案一：Android 用户请到“Play 商店”（或其他电子市场）中搜索“Wulian”或“智能家居”，选择“智能家居”软件下载。

方案二：iPhone、iPad 用户请到“App Store” 中搜索“Wulian”或“智能家居”，选择“智能家居”软件下载。

方案三：登录物联官网 http://www.wulian.cd/jiameng/software.htm 直接下载。

2）根据各版本软件提示，进行安装操作。安装完成后，进入学习、设置与使用阶段。

3. 智能手机远程开锁

手机登录 WI-FI 或移动互联网络后，进行以下操作即可实现手机远程开锁操作，如图 5-25 所示。

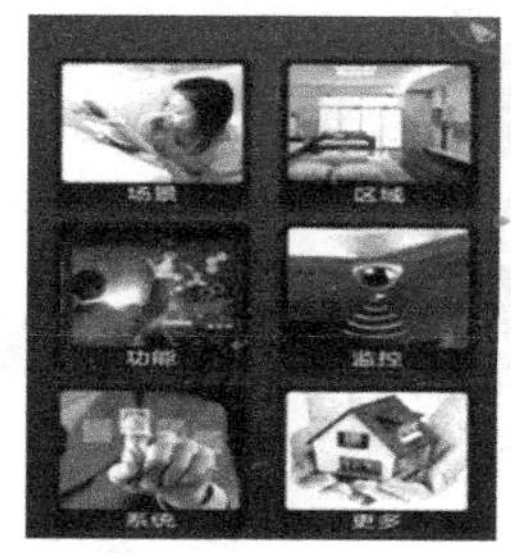

“智能家居”软件——“功能”界面

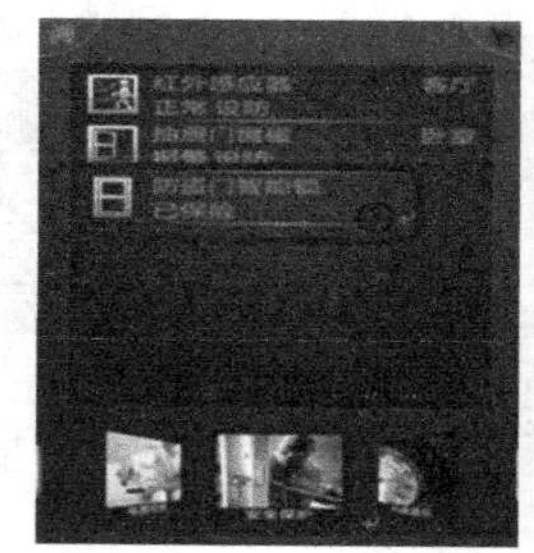

“安全控制”——“防盗门智能锁”

输入开门密码，单击“OK”

门锁控制界面，实现远程开、关门锁

图5-25　手机远程开锁

操作竞赛：将班级按照 5 人一组的形式分成竞赛单位进行小组间的比赛。

比赛内容：

1）智能门锁入网设置。

2）下载并安装“智能家居”应用软件。

3）运用智能手机远程控制门锁。

竞赛方式：全组成员掌握门锁入网设置方法，在自己的手机中下载“智能家居”应用软件，能够运用手机远程控制门锁。

职场互动

互动题目：手机远程开锁有哪些优点？

互动方式：小组讨论、教师讲评。

拓展提升

无线云智能锁-NFC 开锁

NFC（Near Field Communication）是由飞利浦和索尼共同开发的一种新的“近距离感知技术”。这是继蓝牙和 WI-FI 之后，可用于手机的又一种新的感应功能。

NFC 标签（见图 5-26）内部有一个感应线圈，使用时只需将手机靠近（0～2cm），即会开启相应的功能，当然前提是该手机支持 NFC 功能。在“2013 第五届中国（深圳）国际物联网技术与应用博览会”上，智能唯识科技（深圳）有限公司展出了 NFC 智能手机门锁产品，如图 5-27 所示。

图5-26　NFC标签

图5-27　NFC智能手机门锁

该如何设置，才能将手机与门锁联系起来呢？具体操作步骤如下：

1）进入 NFC 设置界面，如图 5-28 所示。

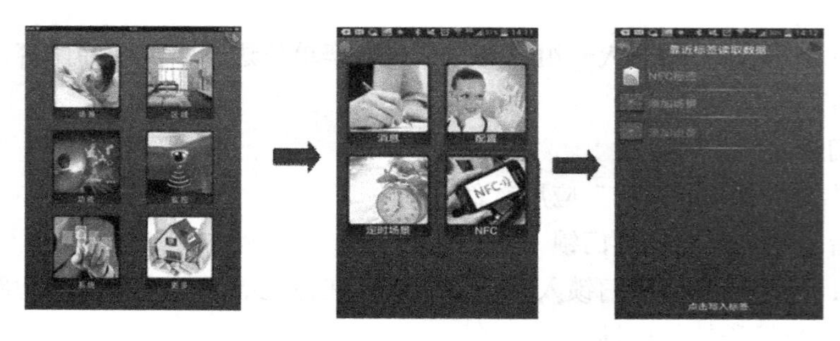

1. 在软件界面单击“更多”。　2. 在二级界面中选择“NFC”　3. 进入NFC设置界面

图5-28　进入NFC界面

在这个界面中可进行如下操作：

①读取 NFC 标签的已有数据。如果手上的 NFC 标签已经进行过设置，则只要靠近手机，就会显示出来。

②设置刷 NFC 标签时添加的场景模式。

③设置刷 NFC 标签时添加的家居设备。

2）设置门锁 NFC 标签（见图 5-29），接着将手机放在 NFC 标签上感应一下，就会看到黄色的字样“成功写入标签”。用智能手机直接刷这张 NFC 标签，所执行的就是设定的门锁的功能。

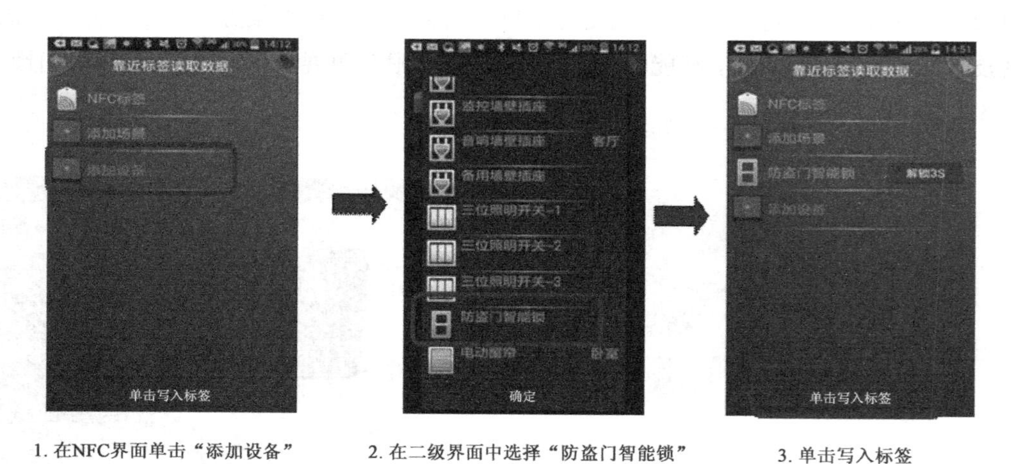

1. 在NFC界面单击“添加设备”　2. 在二级界面中选择“防盗门智能锁”　3. 单击写入标签

图5-29　设置NFC

项目 3　智能门锁系统结构

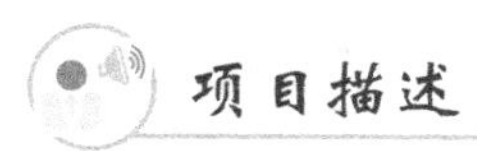

项目描述

角色设置：业主王明，智能门锁销售人员小肖。

项目导引：在智能门锁销售人员小肖的介绍下，王明对智能门锁的功能及类型选择方法有了一定的认识和了解，并在自己新购置的住房中安装了一套智能门锁系统。在感受到智能家居为生活带来便捷的同时，王明对智能门锁的工作原理非常好奇，在智能家居体验馆，小肖为王明进行了直观演示。

活动流程：依据人们的行为习惯，本项目安排了绘制拓扑图及电路图，启动样板操作间软件，节点板初始化，安装门锁及节点板配套设备，安装密码板、门铃、开关配套设备，安装协调器调试运行等任务，旨在使读者对智能门锁的系统结构有一个全面的认知。

项目实施

任务 1　绘制拓扑图及电路图

知识链接

1）AutoCAD 是 Autodesk（欧特克）公司于 1982 年开发的自动计算机辅助设计软件，可用于二维绘图、详细绘制、设计文档和基本三维设计。AutoCAD 具有良好的用户界面，通过交互菜单或命令行方式便可以进行各种操作。它的多文档设计环境让非计算机专业人员也能很快上手。

2）Microsoft Office Visio 2010 是一款便于 IT 和商务专业人员就复杂信息、系统和流程进行可视化处理、分析和交流的软件。Microsoft Office Visio 2010 可帮助用户创建具有专业外观的图表，以便理解、记录和分析信息、数据、系统和过程。

上岗实操

根据门禁系统硬件实际安装，绘制门禁系统硬件安装拓扑图（见图 5-30）和电路图（见图 5-31）。

操作竞赛：将班级按照 5 人一组的形式分成竞赛单位，每组挑选出动手能力较强的同学进行小组间的比赛。

比赛内容：

1）利用 Visio 应用软件，绘制门禁系统的硬件接线拓扑图。

2）利用 AutoCAD 应用软件，绘制门禁系统的硬件接线电路图。

竞赛要求：每个小组成员都能掌握 Visio 和 AutoCAD 应用软件的使用方法，并能绘制拓扑图和电路图。小组成绩为所有成员成绩的总和。绘图正确、规范，用时最少的团队获胜。

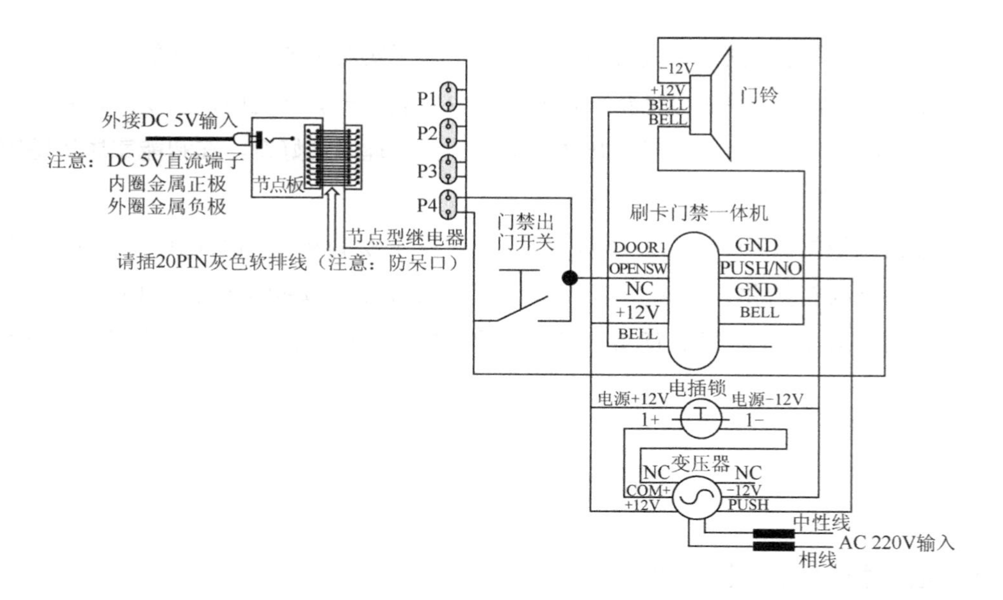

图5-30　门禁系统硬件安装拓扑图

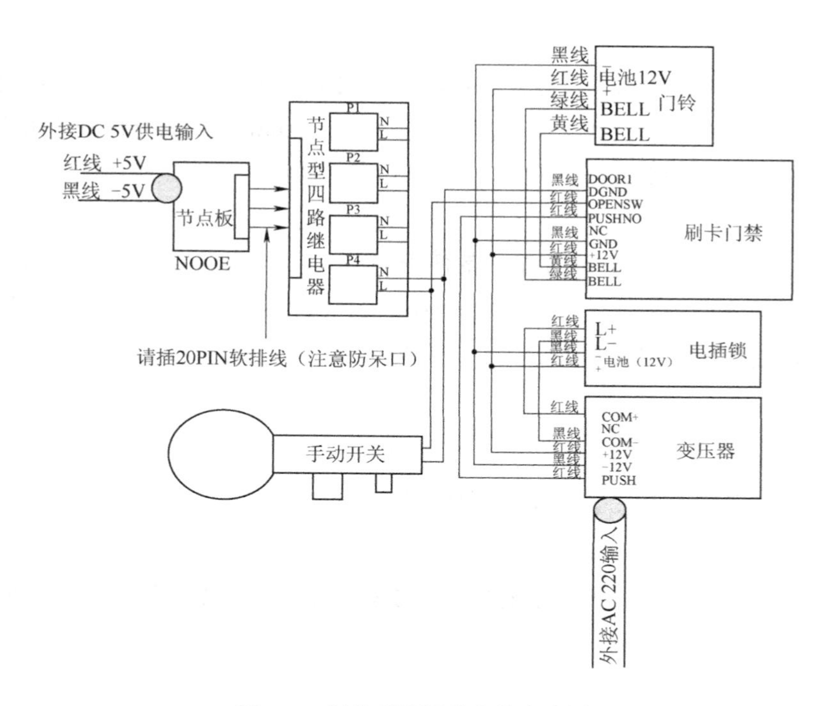

图5-31　门禁系统硬件安装电路图

职场互动

互动题目：门禁系统的控制方式有哪些？

互动方式：小组讨论、教师讲评。

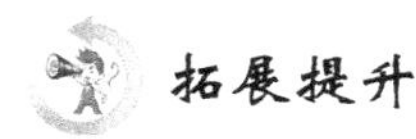

拓展提升

信息技术有限公司

上海企想的智能家居系统样板间主要包括门禁系统、视频监控系统、家电控制系统（DVD播放器、空调器及电视机）、环境监测系统、电动窗帘系统、灯光控制系统、烟雾探测系统、安防系统等。

试利用 Visio 及 AutoCAD 应用软件绘制其他几个智能控制系统的硬件接线拓扑图和电路图。

任务 2　启动样板操作间软件

上岗实操

将智能门禁系统中所使用的节点板初始化后，才开始硬件连接。而节点板的初始化工作要启动样板间的“无线传感网实验平台软件”才可以进行。“无线传感网实验平台软件”的启动方法在工程 2 项目 4 任务 2 中已有详细讲解，在此不再赘述。“无线传感网实验平台软件”的“基础配置”选项卡如图 5-32 所示。

图5-32　“基础配置”选项卡

操作竞赛：将班级按照 5 人一组的形式分成竞赛单位，每组挑选出动手能力较强的同学进行小组间的比赛。

比赛内容：

1）安装协调器。

2）打开“无线传感网实验平台软件”。

3）配置协调器参数，使“无线传感网实验平台软件”与协调器建立通信。

竞赛要求：一个学生做、其他学生观察、提示，计时评分，最终以协调器配置成功且用时最少者获胜。

职场互动

互动题目：讨论“无线传感网实验平台软件”各项参数的设置方法。

互动方式：小组讨论、教师讲评。

拓展提升

协调器的工作原理是什么？

任务3　节点板初始化

知识链接

1）节点板是一个统称，通常指用于连接各种设备的装置。项目中所使用的节点板带有ZigBee网络模块，并需要连接相应线路、传感器等设备。

2）ZigBee的PANID　PANID针对一个或多个应用的网络，用于区分不同的ZigBee网络。所有节点的PANID唯一，一个网络只有一个PANID，它是由协调器生成的，PANID是可选配置项，用来控制ZigBee路由器和终端节点要加入的那个网络。PANID是一个16位标识，范围为0x0000～0xFFFF。

温情提示

所有节点的PANID唯一，一个网络只有一个PANID。节点板的供电电压是3.7V的5号电池一节，安装时注意正负极。

上岗实操

1）将节点板通过USB线连接至PC，如图5-33所示。

2）打开“无线传感网实验平台软件”，切换至“基础配置”选项卡，选择串口号（此处的COM口编号，要与实际情况一致）。串口号可在设备管理器中查询，如图5-34所示。

图5-34中Prolific USB-to-Serial Comm Port (COM5)就是节点板的串口号。

单击Open按钮，与节点板建立通信，如图5-35所示。

单击网络参数设置区域的Read按钮，软件界面会显示协调器的MAC地址、PANID、Channel等网络参数，可以对其进行修改，并单击“Write”按钮将其保存，如图5-36所示。

图5-33　将节点板连接至PC

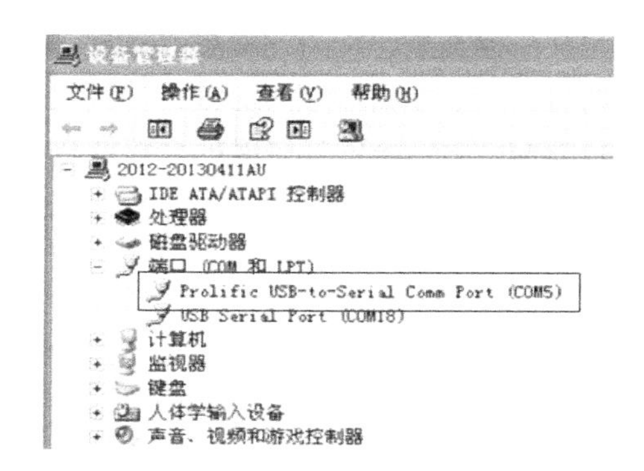

图5-34　在设备管理器中查询节点板串口号

图5-35　节点板串口设置

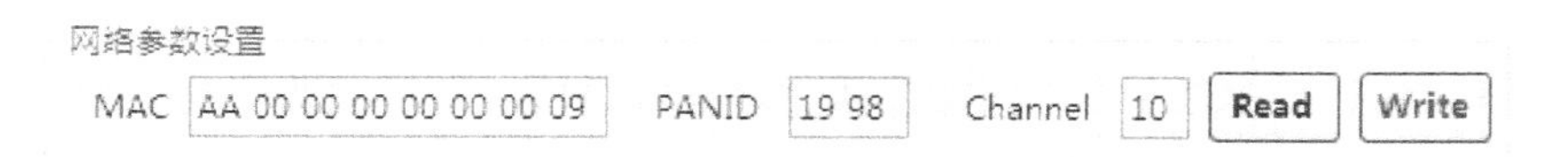

图5-36　节点板网络参数配置

单击“节点板参数设置”选项组中处的 Read 按钮，界面中会显示板号、板类型、采样间隔、配置的设备等参数，可以对其进行相应的修改，并单击 Write 按钮将其保存，如图 5-37 所示。

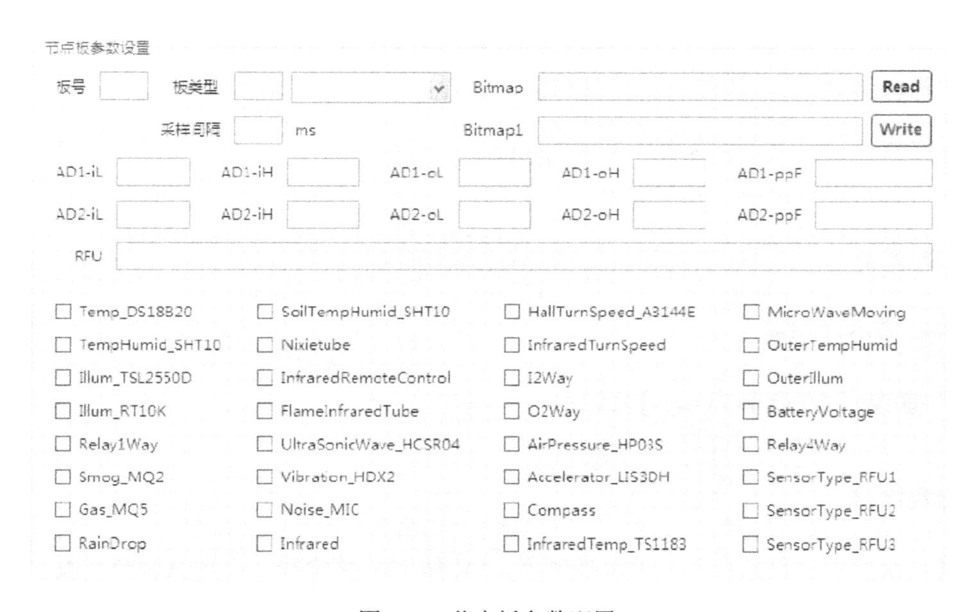

图5-37　节点板参数配置

注意：板类型、配置的设备必须符合实际的连接安装情况，否则无法正常的工作。具体板类型与相应功能请参照《无线传感网 Zigbee V25 节点板参数设置》。

3）XML 文件配置。使用记事本打开“无线传感网实验平台软件”文件夹内的“Wireless Sensor Network Config.xml”文件，修改文件中的串口号以及各节点板的 MAC 地址，保存并退出，如图 5-38 所示。

```
<coordinator name="协调器01"
        port="COM34" baud="38400"
        mac="00 02 00 00 00 00 00 00" channelid="10" panid="1998"
        interval="3000"
        enabled="true">

  <!--节点板MAC地址必须配置正确-->
  <enddevice name="节点01"
        mac="AA 00 00 00 00 00 00 01"
        short-addr="?"
        ednum="?"
        enabled ="true">
```

图5-38　修改串口号及MAC地址

操作竞赛：将班级按照 5 人一组的形式分成竞赛单位，每组挑选出动手能力较强的同学进行小组间的比赛。

比赛内容：

1）将节点板与 PC 连接。

2）初始化门禁控制系统中的节点板。

竞赛要求：队员随机选题，拿到题后一个学生读题、一个学生做、其他学生提示，计时评分，用时最少者获胜。

职场互动

互动题目：试述节点板各参数设置的意义。

互动方式：小组讨论、教师讲评。

拓展提升

ZigBee 网络的形成。

任务 4　安装门锁及节点板配套设备

知识链接

门禁系统的硬件包括变压器电源控制器，5V 和 12V 接电排，电插锁、节点板、继电器、手动开关、密码板及门铃。门禁系统硬件安装效果图如图 5-39 所示。

图5-39 门禁系统硬件安装效果图

1—变压器电源控制器 2—接电排 3—电插锁 4—继电器

5—节点板 6—手动开关 7—刷卡门禁 8—门铃

上岗实操

操作竞赛：将班级按照5人一组的形式分成竞赛单位，每组挑选出3名动手能力较强的同学进行小组间的比赛。

比赛内容：

1）安装协调器并初始化节点板。

2）将硬件设备（变压器电源控制器，5V和12V 接电排，电插锁、节点板、继电器）按图5-39所示的样式连接好，并测试电路连接的正确性。

竞赛要求：队员拿到题后3名学生共同协作、计时评分，操作正确、用时最少者获胜。

温情提示

必须在断电状态下进行硬件设备的连接！线路连接完毕，要用万用表测试连接无误后方可给电。线路连接正确的同时还要注意美观。

职场互动

互动题目：在安装硬件设备（变压器电源控制器，5V和12V接电排，电插锁、节点板、继电器）的过程中需要注意的事项有哪些？

互动方式：小组讨论、教师讲评。

拓展提升

尝试安装门禁系统中的其他配套硬件设备（手动开关、密码板及门铃）。

任务 5　安装密码板、门铃及开关配套设备

上岗实操

操作竞赛：将班级按照 5 人一组的形式分成竞赛单位，每组挑选出 3 名动手能力较强的同学进行小组间的比赛。

比赛内容：

1）安装协调器、初始化节点板。

2）将硬件设备（变压器电源控制器，5V 和 12V 接电排，电插锁、节点板、继电器）按门禁系统硬件安装效果图中的 1～5，完好连接，并测试电路连接的正确性。

3）将硬件设备（手动开关，刷卡门禁，门铃）按门禁系统硬件安装效果图中的 6～8，完好连接，并测试电路连接的正确性。

竞赛要求：队员拿到题后 3 名学生共同协作、计时评分、操作正确、用时最少者获胜。

温情提示

要在断电状态下进行硬件设备的连接。线路连接完毕，要用万用表测试连接无误后方可通电。线路连接正确的同时还要注意美观。

职场互动

互动题目：在安装硬件设备（手动开关、刷卡门禁及门铃）的过程中需要注意的事项有哪些？

互动方式：小组讨论、教师讲评。

拓展提升

门禁控制系统的工作原理。

任务 6　安装协调器调试运行

知识链接

1. 传感控制器的连接

将各个传感控制器分别与节点板相连接，其连接方式必须和软件的配置一致，否则将无

法正常工作。所有设备的接口都是一致的，切勿插反。

2. ZigBee 设备（协调器、路由器和终端节点）

ZigBee 协调器是整个网络的核心，它选择一个信道和网络标识符（PANID）建立网络，并且对加入的节点进行管理和访问，对整个无线网络进行维护。在同一个 ZigBee 网络中，只允许一个协调器工作，当然它也是不可缺的设备。图 5-40 所示即为 ZigBee 协调器。

ZigBee 路由器的作用是提供路由信息。

ZigBee 终端节点（End-Device），它有路由功能，完成的是整个网络的终端任务。图 5-41 所示即为 ZigBee 终端节点。

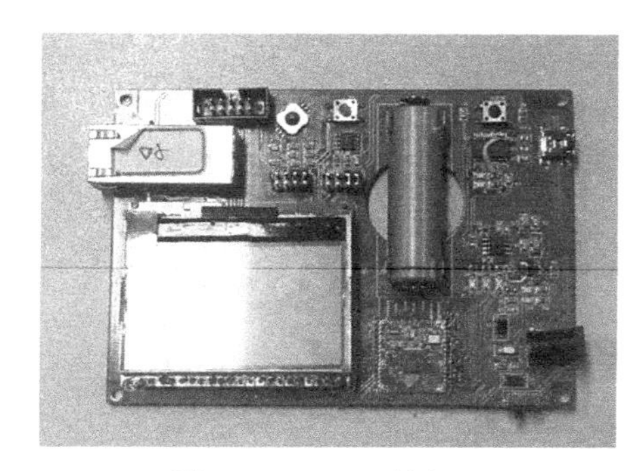

图5-40　ZigBee协调器

图5-41　ZigBee终端节点

上岗实操

1）打开协调器和节点板，如果之前的配置正确，则可在协调器的液晶屏幕上看到对应的空心方块变成了实心方块。协调器可获取节点数据状态，如图 5-42 所示。

2）打开“无线传感网实验平台软件”，切换至“设备状态”选项卡，如果之前的配置正确，则可以在软件界面上读取协调器现在的状态，并可以获取各个节点板上传的数据，如图 5-43 所示。

3）确定 ZigBee 网络连接正常之后，打开“无线传感网实训平台软件”，单击“启动系统”按钮，等待连接的传感器全部上线。切换至“设备控制”选项卡，可以看到所连接的所有节点基本信息、信息采集窗口和各种控制按钮，如图 5-44 所示。

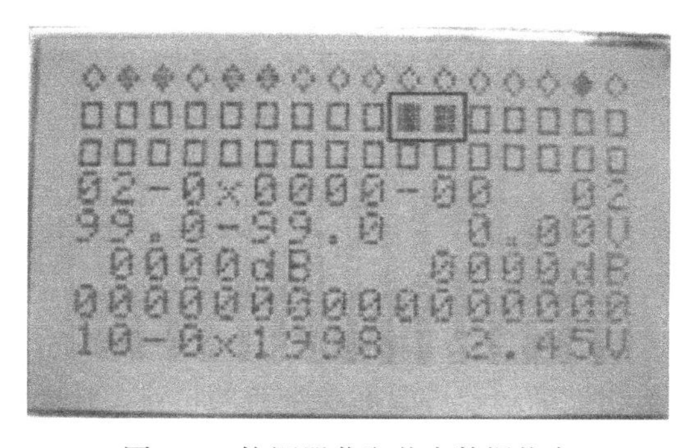

图5-42　协调器获取节点数据状态

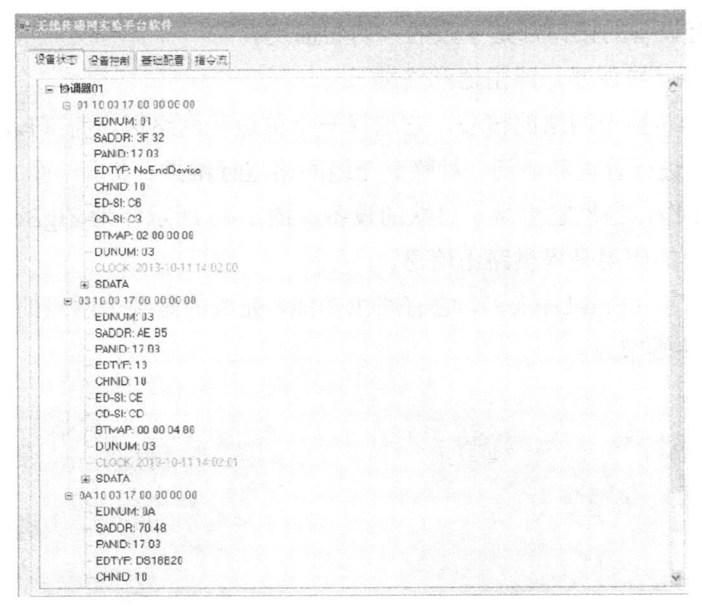

图5-43　“设备状态”选项卡

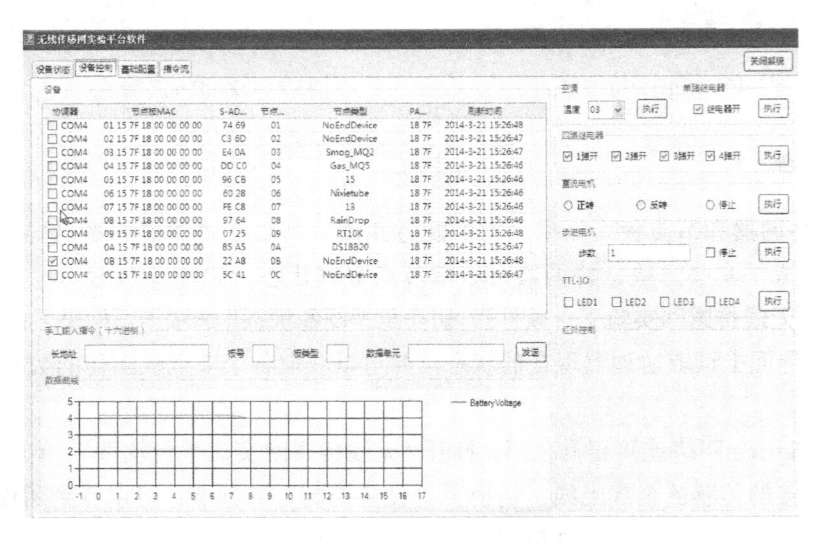

图5-44　“设备控制”选项卡

操作竞赛：将班级按照5人一组的形式分成竞赛单位，每组挑选出3名动手能力较强的同学进行小组间的比赛。

比赛内容：

1）安装协调器、初始化节点板，与无线传感实验平台软件建立通信。

2）将硬件设备连接好，并测试电路连接的正确性。

3）通过“无线传感实验平台软件”实现对门禁系统的智能控制。

竞赛要求：队员随机选题，拿到题后3名学生共同协作、计时评分，操作正确、用时最少者获胜。

职场互动

互动题目：ZigBee 设备类型有哪三种？各自的功能是什么？

互动方式：小组讨论、教师讲评。

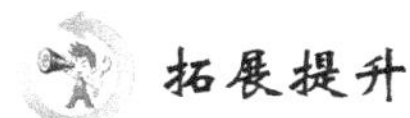

拓展提升

尝试将物理机与虚拟机连接，通过 Web 控制样板间灯光控制系统。

项目 4　门禁系统与智能控制

项目描述

角色设置：业主王明，智能门锁技术人员小肖。

项目导引：如前所述业主王明在自己家中安装了一套智能门禁系统。在安装的过程中，家居市场的技术人员小肖为王明介绍了传统门锁与韦根协议、普通门禁系统与智能门禁系统的控制与实现方式以及门禁控制与智能控制对接和工作界面及操作，以便让王明较快学会智能门锁的使用。

项目实施

任务 1　传统门锁与韦根协议

知识链接

1）门锁的作用及种类。门锁就是用来把门锁住以防他人打开这个门的设备，这种设备可能是机械的，也可能是电动的。目前，市场上最常见的传统机械锁主要有挂锁、弹子锁、插芯门锁、球形锁、叶片锁 5 大类，如图 5-45 所示。

图5-45　传统机械锁

随着现代科学技术的发展，形形色色的锁不断涌现。20 世纪 70 年代，英国研制出了磁力锁，奥地利设计出了有磁性编码锁、一些国家利用电子技术陆续研制出了电子卡片锁、电子遥控锁、光控锁、指纹锁等，甚至将生物技术也运用到了制锁行业。

2）韦根（Wiegand）协议是国际上统一的标准，是由摩托罗拉公司制订的一种通信协议。它适用于涉及门禁控制系统的读卡器和卡片的许多特性。它有很多格式，标准的 26-bit 应该是最常用的格式，此外还有 34-bit、37-bit 等格式。而标准 26-bit 是一个开放式的格式，这就意味着任何人都可以购买某一特定格式的 HID 卡，并且这些特定格式的种类是公开可选的。26-Bit 格式就是一个广泛使用的工业标准，并且对所有 HID 的用户开放。几乎所有门禁控制系统都接受标准的 26-Bit 格式。韦根 26 是一种通信协议，类似于 MODBUS、TCP/IP。

韦根协议又称韦根码。韦根码在数据传输中只需要两条数据线：一条为 DATA0，另一条为 DATA1。协议规定，两条数据线在无数据时均为高电平，如果 DATA0 为低电平，则代表数据 0；如果 DATA1 为低电平，则代表数据 1（低电平信号低于 1V，高电平信号大于 4V），数据信号波形如图 5-46 所示。

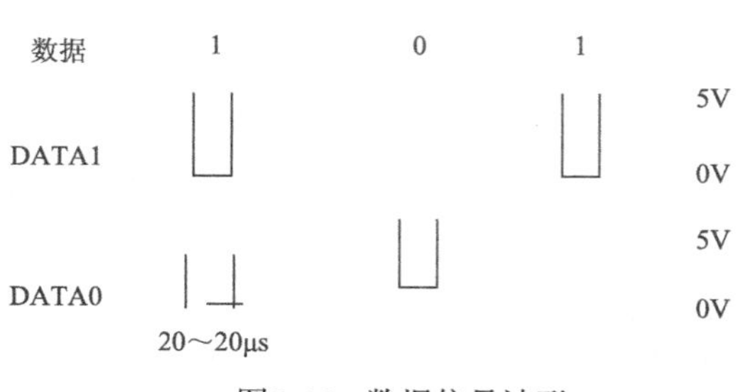

图5-46　数据信号波形

上岗实操

操作竞赛：将班级按照 5 人一组的形式分成竞赛单位，进行小组间的比赛。

比赛内容：

1）简述国内外锁文化。

2）锁具的分类。

3）了解韦根 26 的输出格式。

竞赛要求：队员随机选题，拿到题后 3 名学生共同协作、计时评分，操作正确、用时最少者获胜。

职场互动

互动题目：

1）消费者在购买锁具前应做哪些方面的考虑？

2）在日常使用过程中，如何维护与保养锁具？

3）韦根传感器的工作原理是什么？

互动方式：小组讨论、教师讲评。

拓展提升

韦根码在只读型非接触（射频）IC 卡中的应用。

韦根 26-bit 读卡头的接口由 7 条不同颜色的线组成。各条线的意义如下：

绿线：DATA0；白线：DATA1；红线：电源线，DC 5～14V；黑线：地；蓝线：蜂鸣器；棕色线：LLD 控制线；桔色线：LLD 控制线。

项目中主要使用的是两条数据线 DATA0、DATA1 及电源线和地线。

任务 2　电动门系统

知识链接

1）电动门就是通过电动机驱动的各种门，按所使用电动机的类型，可分为直流门和交流门；按门体结构，可分为电动伸缩门、伸缩门、电动折叠门、悬浮门和常规电动门；按“电动类型”，可分为普通型、机电一体化型和智能一体化型。

2）电动门常见的控制方式有以下几种：

①有线控制盒——联线控制。

②无线遥控——常见的 433MHz 无线遥控手柄控制。

③外部系统控制（如电动门自动放行系统）——通过嵌入式控制系统或者计算机控制，例如，计算机自动识别车辆号牌，自动开门。

3）电动门控制器是一种采用数字化技术设计的智能型多功能手动、无线遥控两用电动门控制器。电动门控制器具有良好的智能判定功能和很高的可靠性，是当前电动伸缩门系统中首选的自动控制设备，如图 5-47 所示。

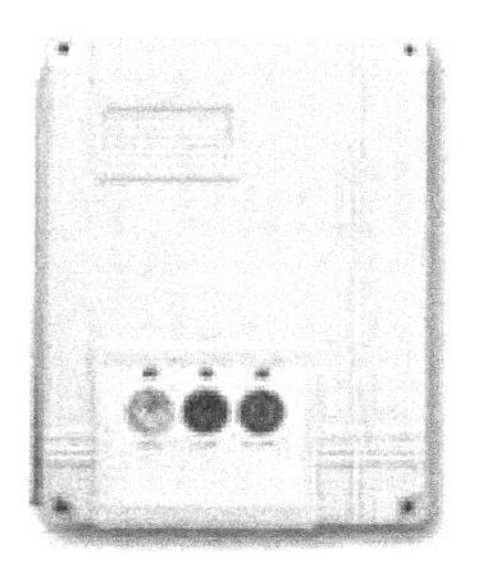

图5-47　电动门控制器

4）电动门系统应根据使用要求来配备与电动门控制器相连的外围辅助控制装置（如开门信号源、门禁系统、安全装置、集中控制等）。必须根据建筑物的使用特点、通过人员的组成、楼宇自控的系统要求等合理配备辅助控制装置。

温情提示

电动门的开门信号是触点信号，微波雷达和红外传感器是常用的两种信号源。

上岗实操

如果说对电动门的性能和质量要求最高的是在使用频率极高的大型公共区域，那么对电动门功能要求最高的是对进出人员进行选择的非公共区域。门禁系统是对入门授权的识别。在识别或检测入门授权通过以后，向电动门的控制系统提供开门信号。电动门控制系统的工作流程图如图 5-48 所示。

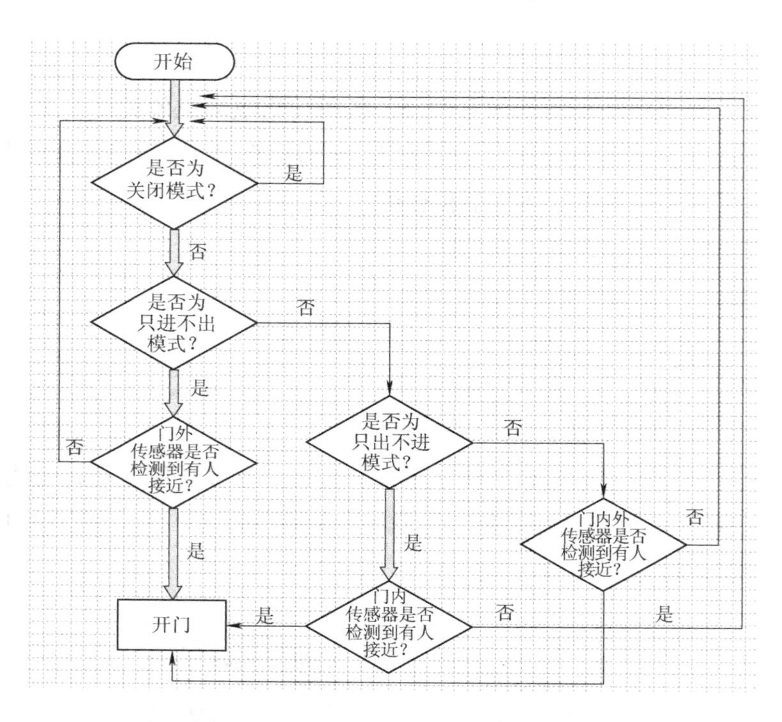

图5-48　电动门控制系统的工作流程图

操作竞赛：将班级按照 5 人一组的形式分成竞赛单位，进行小组间的比赛。

比赛内容：在了解电动门控制系统工作流程的基础上，用 Visio 软件画出流程图。

竞赛要求：全组操作，计时评分，以小组成员绘图正确率和用时的多少决定胜负。

职场互动

互动题目：电动门有哪些功能和特点？

互动方式：小组讨论、教师讲评。

拓展提升

了解电动门控制系统的工作原理。其工作原理如图 5-49 所示。

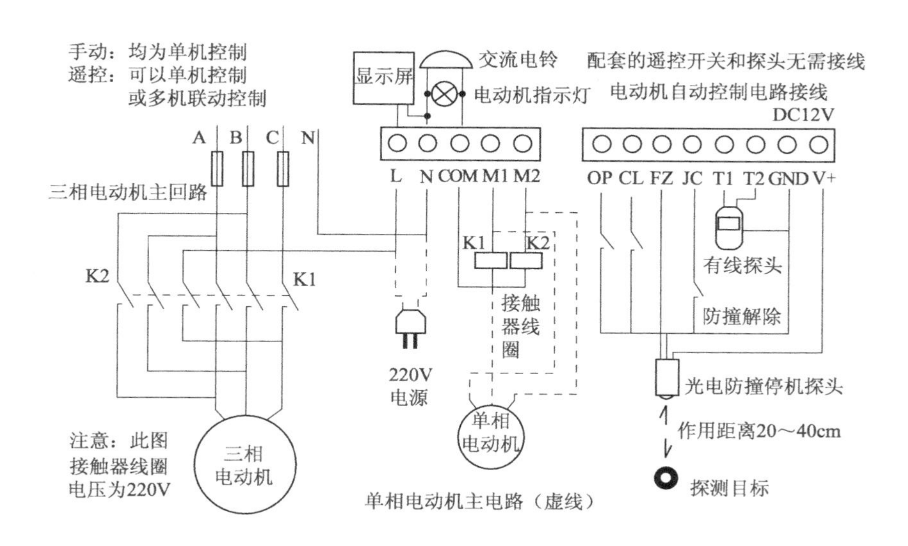

图5-49　电动门控制系统的工作原理

任务 3　门禁控制的实现方式

知识链接

门禁控制系统可对建筑物内外正常的出入通道进行管理，既可控制人员的出入，也可控制人员在楼内及其相关区域的行动，它代替了保安人员、门锁和围墙的作用，可以避免人员的疏忽、钥匙的丢失、被盗和复制。

门禁控制系统可以通过在大楼的入口处、金库门、档案室门、电梯等处安装磁卡识别器或者密码键盘来实现，机要部位可甚至采用人体生物特征识别作为唯一身份标识识别系统，只有被授权的人才能进入，而其他人则不得入内。该系统可以将每天进入人员的身份、时间及活动记录下来，以备事后分析，只需很少的人在控制中心就可以控制整个大楼内的所有出入口，甚至可以通过手机进行远程控制，既节省了人力，又提高了效率，也增强了安保效果。

①卡片识别：通过读卡或“读卡+密码”方式来识别进出权限，分为磁卡和射频卡两类。

②密码识别：通过检验输入密码是否正确来识别进出权限。

③人体生物特征识别：按人体生物特征的非同性（如指纹、掌纹、虹膜、声音）来辨别人的身份是最安全可靠的方法。它避免了身份证卡的伪造和密码的破译与盗用，是一种难以伪造、假冒、更改的最佳身份识别方法，图 5-50 所示为虹膜识别门禁管理系统。

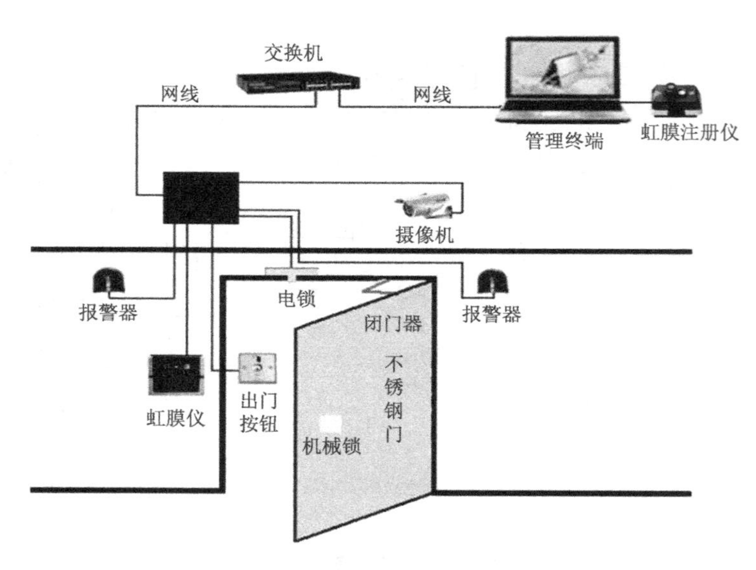

图5-50　虹膜识别门禁管理系统

温情提示

门禁控制系统一般分为卡片门禁控制系统和人体生物特征识别门禁控制系统两大类。

上岗实操

门禁系统可以有卡片识别、密码识别、人体生物特征识别等多种控制方式，甚至可以通过智能手机实现对门禁系统的智能控制。

操作竞赛：将班级按照 5 人一组的形式分成竞赛单位，进行小组间的比赛。

比赛内容：

1）通过查阅资料或百度搜索，了解并比较门禁系统不同控制方式的优、缺点并完成表 5-5 的填写。

表 5-5　智能门锁的控制方式及优、缺点

门禁系统智能方式	优　　点	缺　　点

2）通过南京物联“智能家居控制终端”，实现对门禁系统的指纹控制、密码控制及手机远程控制。

竞赛要求：拿到题后共同协作、计时评分，表格填写完成、操作正确、用时最少者获胜。

职场互动

互动题目：在各种门禁系统控制方式中，哪种方式更安全、可靠？
互动方式：小组讨论、教师讲评。

拓展提升

探析人体生物特征（掌纹、指纹、虹膜、声音）识别技术门禁控制系统的工作原理。

任务 4　门禁控制与智能控制对接

知识链接

1）一个系统如果具有感知环境、不断获得信息以减小不确定性和计划、产生以及执行控制行为的能力，即称为智能控制系统。智能控制技术是在向人脑学习的过程中不断发展起来的，人脑是一个超级智能控制系统，具有实时推理、决策、学习和记忆等功能，能适应各种复杂的控制环境。

2）智能门禁系统是指基于现代电子与信息技术，在建筑物内外的出入口安装智能卡电子自动识别系统，通过持有非接触式卡片来对人（或物）的进出实施放行、拒绝、记录等操作的智能化管理系统，其目的是为了有效控制人员（物品）的出入，并且记录所有进出的详细情况，实现对出入口的安全管理。该系统最基本的功能包含人员发卡、门区设置、进出权限、时段控制、实时监控、记录查询及报表打印等。门禁控制机可以脱机工作，也可以联网管理。

联网型智能门禁控制系统由计算机、通信转换器、读卡器、控制器、卡片、电锁（或红外对射、三辊转闸、自动门）等组成，根据客户需求可加装 TCP / IP 模块解决大型门禁系统的联网工程，如图 5-51 所示。

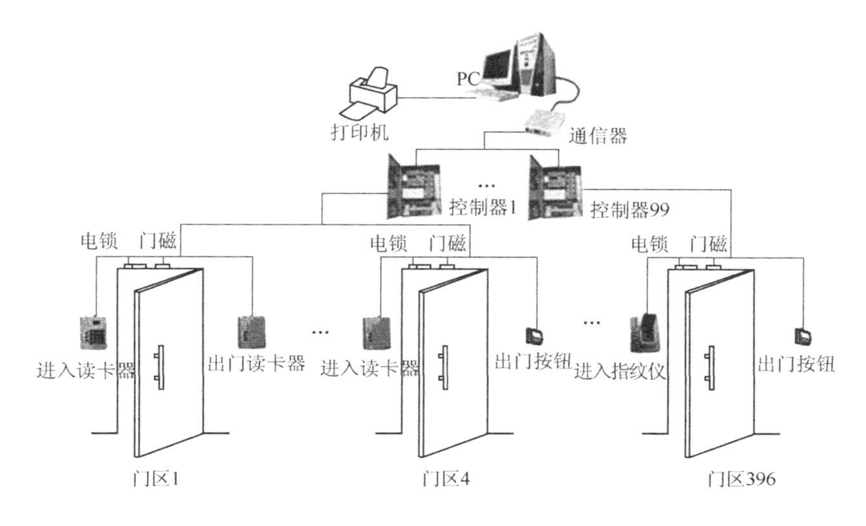

图5-51　多门联网系统结构示意图

温情提示

所有节点的 PANID 唯一，一个网络只有一个 PANID。节点板的供电电压是 3.7V 的 5 号电池一节，安装时注意区分正负极。

上岗实操

操作竞赛：将班级按照 5 人一组的形式分成竞赛单位，进行小组间的比拼。

比拼内容：

1）通过查阅资料或百度搜索，了解并比较门禁系统的智能控制方式。

2）通过南京物联“智能家居控制终端”，实现对门禁系统的智能控制。

竞赛要求：拿到题后共同协作、计时评分，操作正确、用时最少者获胜。

职场互动

互动题目：门禁控制与智能控制对接的方式是什么？

互动方式：小组讨论、教师讲评。

拓展提升

门禁系统智能控制的实现原理如图 5-52 所示。

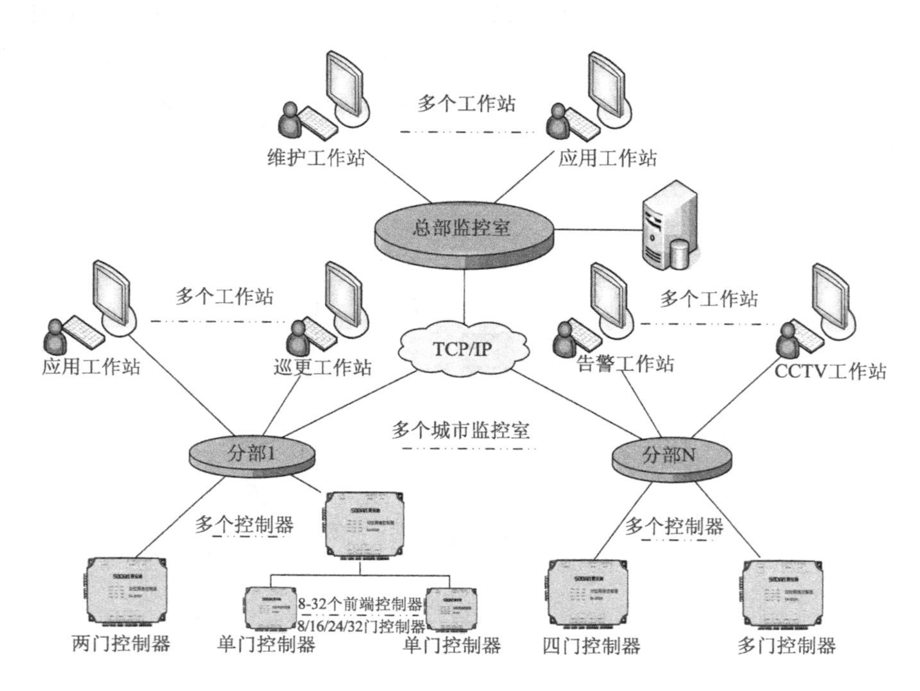

图5-52　智能控制的实现原理

监理验收

本工程从鑫达小区入住业主王明的自身体验开始，以业主提出需求为依据，由智能家居工程技术人员制订符合业主要求的智能家居安防方案，并编写出相关的施工文献，通过双方确认、签订合同，最后由施工方做好安装前的准备。

这一过程是作为一名智能家居安防系统销售人员所要掌握的重要内容，同时也是智能家居装修公司项目经理的工作职责，是智能家居设备营销负责人（领班）或个体创业者必备的“资质”。

监理的重点是项目操作流程的规范程度以及工程建设关键环节的完整程度。

项目验收表

模　块	子　项	评分细则	分　值	得　分
节点板配置		节点板根据节点板配置表设置对应参数及功能	5	
智能家居门禁系统设备安装		节电板外接 5V，连线正确得 1 分，不正确不得分	3	
		20PIN 软排线，连线正确得 1 分，不正确不得分	3	
		门禁手动开关，连线正确得 1 分，不正确不得分	3	
		门铃控制线 BELL1，连线正确得 1 分，不正确不得分	3	
		门铃控制线 BELL2，连线正确得 1 分，不正确不得分	3	
		门铃供电，连线正确得 1 分，不正确不得分	3	
		刷卡门禁 OPEN/SW，连线正确得 1 分，不正确不得分	3	
		刷卡门禁 PUSH/NO，连线正确得 1 分，不正确不得分	3	
		刷卡门禁供电 ，连线正确得 1 分，不正确不得分	3	
		变压器 COM+，连线正确得 1 分，不正确不得分	3	
		变压器 COM-，连线正确得 1 分，不正确不得分	3	
		变压器 12V 输出，连线正确得 1 分，不正确不得分	3	
		电插锁控制线 L+/L-，连线正确得 1 分，不正确不得分	3	
		电插锁供电，连线正确得 1 分，不正确不得分	3	
		布线美观、布线预留合理、线缆绑扎整齐得 1 分	3	
Visio 绘图	拓扑图	使用 Visio 软件完成网络拓扑图的绘制	5	
	接线图	使用 Visio 软件根据提供的设备控件完成样板间门禁系统的设备接线图	15	
软件调试	路由器组网配置	使无线路由器、Web 服务器、平板电脑处于同一网段，有一个 IP 不正确，扣 5 分	15	
	Web 服务器配置	XML 文件配置、Web 服务启动，每个 5 分	10	
	远程控制	正确使用平板电脑，能够在平板电脑中正确控制各子系统	5	
总　分			100	

工程6　智能家居布防与监控

职场环境

智能家居安装调试的职场环境是由具有标志性的智能家居情景仿真体验馆（主体）、智能家居安装维护（辅助）和网络综合布线职业技能赛赛场（辅助）三个实训场馆所构成的。

本工程是在智能家居情景仿真体验馆中实施的。具有“体验与实训一体”特色的实训场馆由三部分组成：

理论（初级）：该部分由15工位3组台式计算机组成。学生通过智能家居设备安装调试仿真学习测试合格后，排队进入中级实操区。

实践（中级）：该部分内含3组智能家居样板操作间，其中设有12件家居常用电器及配套控制设备，台式计算机和平板电脑各一台，附加一个设备安装调试用的工具箱等。按照智能家居设备安装调试职业竞赛规程要求进行严格训练，考核合格后方能进入到高级实训区。

真实环境（高级）：该部分为实际客厅格局及常用家居，配有5套三类国内智能家居完整设备。学生按照“用户”要求，自行设计、选择产品、安装调试，考核合格后可以获得智能家居安装调试工合格证书。

本工程是在智能家居情景仿真体验馆的客厅实训区开始体验的。

工程目标

1）正确识读智能家居设备，能够进行智能家居应用系统进行简单集成测试，具有智能家居工程现场施工及管理能力。

2）具备良好的工作品格和严谨的行为规范。具有较好的语言表达能力：能针对不同场合，恰当地使用语言与他人交流和沟通；能正确地撰写比较规范的施工文献。

3）加强法律意识和责任意识。制订施工合同，并严格按照合同办事。

4）树立团队精神、协作精神，养成良好的心理素质和克服困难的能力以及坚韧不拔的毅力。

项目1　智能家居安防设备及种类

项目描述

家庭安防系统包括的内容有视频监控、对讲系统、门禁一卡通、紧急求助、烟雾检测报警、燃气泄漏报警、碎玻探测报警、红外双鉴探测报警等。客户“小仲”深刻感受到家居智能化给生活带来的舒适、安全、高效和节能。恰逢自己的新房装修，“小仲”要让自己新房的家居设备也能实现智能化，并决定先从安防系统开始实施。于是，他来到智能家居公司了解智能家居安防设备产品，公司的导购“大志”为其做了详细的介绍。

任务 1　红外典型探测系统

知识链接

人体移动传感器介绍及应用

1）人体移动传感器（见图 6-1）基于多普勒技术原理，采用微波专用微处理器、平面型感应天线、进口元器件，不但检测灵敏度高，探测范围宽，而且工作非常可靠，一般没有误报，能在-15～60℃的温度范围内稳定工作，是以往红外线、超声波、热释电元件组成的报警电路以及常规微波电路所无法比拟的，是目前用于安全防范和自动监控的最佳产品。

2）人体移动传感器在灯光控制中的优势如下：

①舒适：无需在黑暗中摸索灯光开关。

②节能：无人或照度充足时自动关闭。

③安全：无需在黑暗中行走。

④安防：防盗。

⑤清洁：不需要手动开启。

3）人体移动传感器产品的特点如下：

①整合红外与超声波探测技术。

②红外遥控器使得编程更加简单。

③双负载控制。

④可观的节能效果。

⑤适合不同负载类型（白炽灯、卤素灯、低压卤素灯以及荧光灯）。

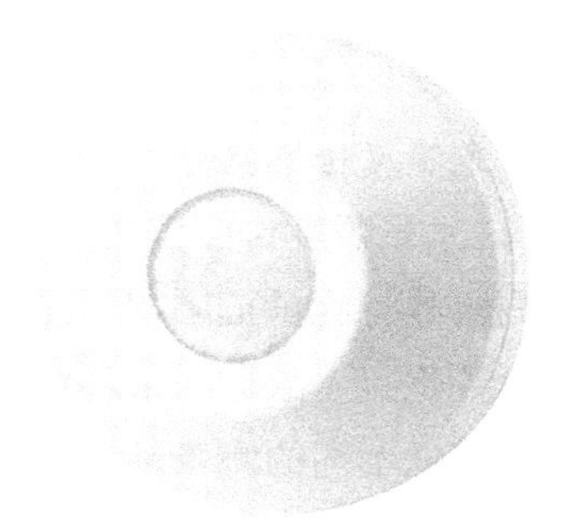

图6-1　人体移动传感器

温情提示

人体移动传感器在银行取款机触发监控录像、航空、航天技术、保险柜以及工业生产中得到广泛应用，在日常生活中，如宾馆、饭店、车库的自动门以及自动热风机上也有应用。在安全防盗方面，如资料档案处、财会部门、金融机构、博物馆、金库等重地，通常都装有由各种人体移动传感器组成的防盗装置。在测量技术中，如长度、位置的测量；在控制技术中，如位移、速度、加速度的测量和控制，也都用到了大量的移动开关。

上岗实操

人体移动传感器适用于办公室、会议室/报告厅、休息室、储藏室、走廊/过道、仓库/楼梯等场合。

职场互动

互动方式：小组讨论，教师讲评。

拓展提升

人体移动传感器非常适合在仓库、商场、博物馆或者金融机构等场合作人体或者物体移动检测传感头使用，具有安装隐蔽、监控范围大、系统成本低的优点。

人体移动传感器是以微波多普勒原理为基础，以平面型天线作感应系统，以微处理器作控制的一种感应器。人体移动传感器是以 10.525GHz 微波频率发射、接收，整机关键元器件均为进口器件，方案设计、选择器件均确保了产品可靠性，并采用非接触探测，性能稳定、寿命长，不受温度、湿度、噪声、气流、尘埃、光线等影响，可用于恶劣环境。此外，人体移动传感器还具有抗射频干扰能力强、穿透能力强、体积小便于灵活安装等优点。

知识链接

光照度传感器介绍及应用

1）光照度传感器采用对弱光也有很高灵敏度的硅蓝光伏探测器作为传感器，因硅蓝光探测器具有测量范围宽、便于使用、线性度好、安装方便、防水性能好、结构美观、传输距离远等优点，故适用于各种需要光感测量的环境，尤其适用于农业大棚、城市照明等场所，并能根据不同的测量环境配置不同的量程范围。

2）模拟电路型光敏传感器相比来说较简单，其成本较低，精度及稳定性一般；而数字电路型光敏传感器的功能复杂、稳定性高、扩展性强，主要用于单片机和各种集成电路上。

3）光敏传感器的参数见表 6-1。

表 6-1　光敏传感器的参数

供电电压	DC 12～32V
感光体	带滤光片的硅蓝光伏探测器
波长测量范围	380～730nm
准确度	±7%
重复测试	±5%

（续）

温度特性	±0.5%/℃
测量范围	0～200 000lx
输出形式	二线制 4～20mA 电流输出 三线制 0～5V 电压输出 液晶显示输出 232/485 网络输出(需加信号转换器)
1 个单位的照度大约为	1 个烛光在 1m 距离的光亮度
夏日晴天强光下照度为	（3～30）万 lx
阴天光照度为	1 万 lx
日出、日落光照强度为	300～400lx
室内日光灯照度为	30～50lx
夜里	0.3～0.03lx（明亮月光下） 0.003～0.0007lx（阴暗的夜晚）
使用电源	接收机 AC 220V

温情提示

光敏传感器的使用环境：0～40℃、0%RH～70%RH（带液晶）；0～70℃、0%RH～70%RH（不带液晶）

上岗实操

光敏传感器（见图 6-2）要安装在四周空旷以及感应面以上没有什么障碍物的地方。安装时，辐射表电缆插头要正对北方，调整好水平位置后将光敏传感器牢牢固定，再将总辐射表输出电缆与记录器相连接，这样就可以进行观测了。最好将电缆牢牢固定在安装架上，以减少断裂或防止在有风天发生间歇中断现象。

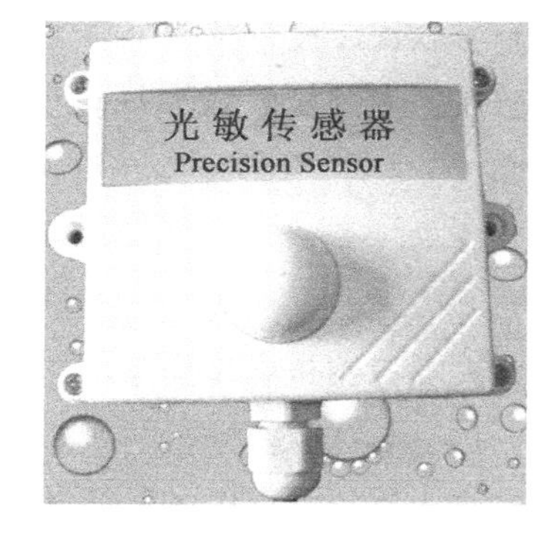

图6-2　光敏传感器

职场互动

互动方式：小组讨论，教师讲评。

拓展提升

1）一定要使光敏传感器的玻璃罩保持清洁，最好经常用软布或毛皮擦拭。

2）不可拆卸光敏传感器的玻璃罩或使之松动，否则很有可能影响传感器的测量精度。

3）应定期更换光敏传感器的干燥剂，以杜绝玻璃罩内结水的现象产生。

任务 2　烟雾报警系统

知识链接

1）烟雾报警器，又称火灾烟雾报警器、烟雾传感器、烟雾感应器等。一般将独立的、实物产品电池供电或交流电供电电池为备电，现成报警时能发出声光指示的烟雾报警器，称为独立式烟雾报警器。系统总线由总线供电，总线上可以连接有多个，与火灾报警控制器联网、通信组成一个报警系统，报警时现场无声音，主机有声光提示，这类烟感报警装置一般称为“烟感探测器”。烟感探测器分带地址编码的和不带地址编码的。

2）烟雾报警器由两部分组成：一是一台用于检测烟雾的感应传感器；二是一只声音非常响亮的电子扬声器，一旦发生危险可以及时提醒人们。而要维持烟雾报警器的正常运行，只需一块 9V 的电池就可以了。目前世界上使用得最为普遍的烟雾报警器当属光电式烟雾报警器和电离式烟雾报警器。

3）烟雾报警器会 24h 进行监测，一旦监测出有烟雾产生，即会给家庭成员的手机或者平板电脑上发送一条报警信息。而当周围的温度上升到 60° 以上时，烟雾报警器同样也会进行报警。

温情提示

烟雾传感器是测量装置和控制系统的首要环节。而烟雾报警器的信号采集由烟雾传感器负责。烟雾传感器能够将气体的种类及其浓度有关的信息转换为电信号，根据这些电信号的强弱就可以获得与待测气体在环境中存在情况有关的信息，从而达到检测、监控、报警的功能。可以说，没有精确可靠的传感器，就没有精确可靠的自动检测、控制和报警系统。烟雾传感器作为烟雾报警器中不可或缺的核心器件，决定了所采集的烟雾浓度信号的准确性和可靠性。

知识链接

火灾探测传感器介绍

1）火灾的探测是以探测物质燃烧过程中产生的各种物理现象为机理，来实现早期发现火灾这一目的。火灾的早期发现是充分利用灭火措施、减少火灾损失、保护生命财产的重要保证。世界各国对于火灾自动报警技术的研究，都致力于火灾探测手段的研究和试验，试图发现新的早期探测方法，开拓火灾自动报警技术的新领域。

2）火灾探测系统，即常说的火灾自动侦测预警系统，基于火灾发生后火光、烟雾、热能的变化，用电子器件捕捉，然后反馈给值班人员，并发出警报，告诉人们发生了火灾。目前市场有可视和不可视的火灾探测系统。

3）火灾探测器是消防火灾自动报警系统中，用于对现场进行探查，发现火灾的设备。

火灾探测器是系统的“感觉器官”，它的作用是探查环境中是否有火灾的发生。一旦有了火灾，火灾探测器就将火灾的特征物理量，如温度、烟雾、气体和辐射光强等转换成电信号，并立即向火灾报警控制器发送报警信号。

温情提示

火灾探测报警时间的提前、火灾探测报警可靠性的提高、特殊场所火灾的探测报警、火灾探测报警系统的网络化、消防联动控制的智能化、消防通信网络技术与计算机接警指挥管理等。

职场互动

互动题目：火灾探测器功能的更新。

互动方式：小组竞赛，小组互评，教师讲评。

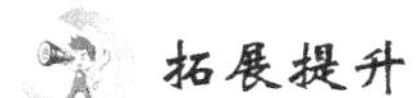

拓展提升

仿真技术作为一门新兴的应用技术已在许多重要领域中发挥了作用。灭火作战指挥仿真培训和用仿真技术研究、分析、制订灭火作战预案，对于培训具有现代化灭火作战素质的指战员、提高灭火效率具有极为重要的意义。目前，适合消防领域的仿真系统在世界范围内还是空白，我国应结合国情集中相应的人力、物力和财力开展此类研究。

知识链接

可燃气泄漏探测器与机械手

燃气泄漏探测器就是探测燃气浓度的探测器（见图 6-3），又名“燃气报警器”“煤气报警器”“燃气探测器”“可燃气体探测器”等。其核心原部件为气敏传感器，安装在可能发生燃气泄漏的场所，当燃气在空气中的浓度超过设定值探测器就会被触发报警，并对外发出声光报警信号，如果连接报警主机和接警中心，则可联网报警，同时可以自动启动排风设备、关闭燃气管道阀门等，保障生命和财产的安全。它与机械手是配套的产品，两者相连，可避免因为煤气、天然气等家用可燃气泄漏造成的火灾，全面保障家庭的人身财产安全。

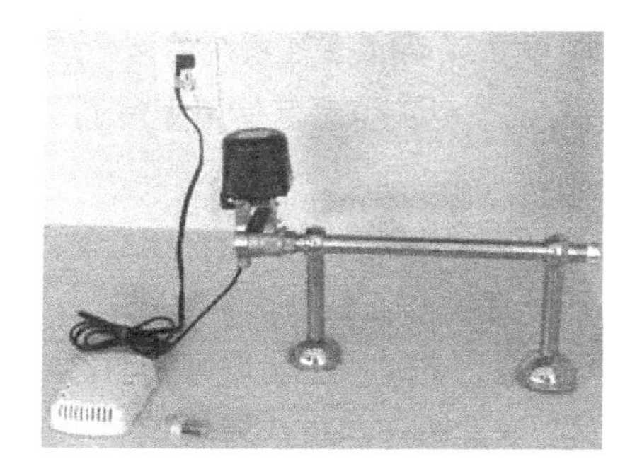

图6-3　可燃气泄漏探测器与机械手

温情提示

燃气就是可燃气体，常见的燃气包括液化石油气、人工煤气和天然气。

上岗实操

一旦检测到可燃气泄漏后，可燃气泄漏探测器会做出以下反应：

1）立即给手机等移动设备发送一条报警信息。

2）本地的声光报警。

3）控制机械手掐断管道总阀。

作为一款重要的安防产品，即使在掉线状态或者没有网络的状况下，可燃气泄漏探测器还是可以工作，除不能给手机等移动设备发送报警信息以外，本地的声光报警与切断总阀完全没有问题，故可全面保障用户家庭的安全，避免因可燃气泄漏引发的火灾。

职场互动

互动题目方式：小组互评，教师讲评。

拓展提升

可燃气的作用显而易见，可燃气泄漏发生的概率虽然不高，但只要发生一次，足以毁灭整个家庭。可燃气泄漏探测器可以将灾害扼止在源头，防患于未然。

知识链接

甲醛传感器及智能接入

1）甲醛传感器（见图 6-4）是基于 ZigBee 技术构建的物联网传感器，用于监测空气中的甲醛浓度，并将信号传送到云端或指定设备（手机、平板电脑、PC 等），同时还可以根据监测结果与其他控制设备联动（排气系统等）。

2）甲醛传感器使用无线通信，安装即可随时随地控制使用。

3）甲醛传感器能与任何基于 ZigBee HA 标准构建的智能家居系统兼容。

图6-4　甲醛探测器

4）甲醛传感器可时刻监控环境中甲醛浓度。

5）本产品可广泛应用于养殖业、畜牧业、农业、石油业、化工业以及环保业。甲醛传感器具有无线传输、体积小、重量轻等优点，有广泛的适用性，同时满足室内、野外等各种环境。

温情提示

燃气甲醛主要是以气态形式存在，所以对甲醛的检测主要是检测甲醛气体。

上岗实操

甲醛传感器包括甲醛氧化物气体传感器、甲醛气体分子筛传感器、甲醛声表面波气体传感器、可视化荧光甲醛传感器及甲醛气体电子鼻等。

职场互动

互动题目方式：小组互评，教师讲评。

拓展提升

甲醛对人体是有损害的，因而要检查所在区域的空气中甲醛含量，就需要用到甲醛检测器。甲醛浓度不同，传感器获得的电位信号也不同，对此信号进行处理，就能测出甲醛浓度。

知识链接

空气温湿度传感器介绍及应用

1）温度是度量物体冷热的物理量，是国际单位制中 7 个基本物理量之一。在生产和科学研究中，许多物理现象和化学过程都是在一定的温度下进行的，人们的生活也和温度密切相关。

2）湿度与生活有着密切的关系，但用数量来进行表示较为困难。

日常生活中最常用的表示湿度的物理量是空气的相对湿度，用%RH 表示。在物理量的导出上，相对湿度与温度有着密切的关系。一定体积的密闭气体，温度越高，其相对湿度越低；温度越低，其相对湿度越高。其中涉及复杂的热力工程学知识。

3）温度和湿度的关系：由于湿度是温度的函数，温度的变化决定性地影响着湿度的测量结果。无论使用哪种方法，精确地测量和控制温度是第一位的。须知即使是一个隔热良好的恒温恒湿箱，其工作室内的温度也存在一定的梯度，所以此空间内的湿度也难以完全均匀一致。由于原理和方法差异较大，各种测量方法之间难以直接校准和认定，大多只能用间接办法比对，因此在两种测湿方法之间相互校对全湿程（相对湿度 0~100%RH）的测量结果，或者要在所有温度范围内校准各点的测量结果，都是十分困难的事。例如，通风干湿球湿度计要求有规定风速的流动空气，而饱和盐法则要求严格密封，两者无法比对。最好的办法还是按国家对湿度计量器具检定系统（标准）规定的传递方式和检定规程去逐级认定。

温情提示

有关湿度的一些定义：相对湿度、绝对湿度、饱和湿度及露点。

上岗实操

图6-5　空气温湿度传感器

空气温湿度传感器如图 6-5 所示。

食品行业：温湿度对于食品储存来说至关重要，温湿度的变化可能导致食物变质，引发食品安全问题，因此温湿度的监控有利于相关人员进行及时的控制。

档案管理：纸制品对于温湿度极为敏感，不当的保存会严重降低档案保存年限。利用如 LTM8901C+LTM8662+LTM8520 即可组成环境监控系统，配上排风机、除湿器、加热器，即可保持稳定的温度，避免虫害、潮湿等问题。

温室大棚：植物的生长对于温湿度要求极为严格，在不当的温湿度下，植物会停止生长、甚至死亡。利用 LTM8901C+LTM85202，配合气体传感器、光敏传感器等可组成一个数字化大棚温湿度监控系统，控制农业大棚内的相关参数，从而使大棚的效率达到极致。

动物养殖：各种动物在不同的温度下会表现出不同的生长状态，高质高产的目标要依靠适宜的环境来保障。

药品储存：根据国家相关要求，药品保存必须按照相应的温湿度进行控制。根据最新的 GMP 标准（药品生产管理规范），对于一般药品的温度存储范围为 0～30℃。

烟草行业：烟草原料在发酵过程中需要控制好温湿度，在现场环境方便的情况下可利用 LTM8590 等无线温湿度传感器监控温湿度，在环境复杂的现场内，可利用 RS-485 等数字量传输信号的 LTM8901C 监测、控制烟包的温湿度，避免发生虫害。如果操作不当，则会造成原料的大量损失。

工控行业：主要用于暖通空调、机房监控等。楼宇中的环境控制通常是温度控制，对于用控制湿度达到最佳舒适环境的关注日益增多。

职场互动

互动方式：小组讨论，教师讲评。

拓展提升

风道管温湿度传感器一般采用原装进口的温湿度传感模块，通过高性能单片机的信号处理，可以输出各种模拟信号。其应用广泛，甚至超过一般壁挂式温湿度传感器。

风道管温湿度传感器采用灵活的管道式安装，使用方便，输出标准模拟信号，直接应用于各种控制机构和控制系统。整机性能更优越，长期稳定性更出色。这种温湿度传感器一般温度范围是-40～120℃，而湿度范围为 0～100%RH。风道管温湿度传感器的输出信号多样，一般有 4～20mA、0～5V、0～10V 等常见模拟信号，有的还带有 485 数字信号输出，如果客户需要，那么还可以配以显示功能，这也是这种传感器使用范围很广的原因之一。

风道管温湿度传感器广泛应用于楼宇自动化、气候与暖通信号采集、博物馆和宾馆的气候站、大棚温室以及医药行业等。这种传感器产品一般质保期为 1 年，使用一定年限后，产品的测量精度会产生一定的漂移。为了保证测量精度，客户应在使用该产品 1~2 年后对其进行精度校正或者返厂精度校正。

知识链接

PM2.5 传感器介绍及应用

1）PM2.5 传感器（见图 6-6）也叫粉尘传感器、灰尘传感器，可用于检测周围空气中的粉尘浓度，即 PM2.5 值。在空气动力学中，通常把直径小于 10μm 能进入肺泡区的粉尘称为呼吸性粉尘。直径在 10μm 以上的尘粒大部分通过撞击沉积，在人体吸入时大部分沉积在鼻咽部，直径在 10μm 以下的粉尘可进入呼吸道深处，直径在 5μm 以下的粉尘则会在肺泡内沉积。

2）PM2.5 是指大气中直径小于或等于 2.5μm 的颗粒物，也称为可入肺颗粒物。PM2.5 可进入肺部、血液，如果带有病菌，则会对人体（包括对呼吸道系统，心血管系统甚至生殖系统）有很大的危害。

温情提示

虽然 PM2.5 只是地球大气成分中含量很少的组分，但它对空气质量和能见度等有着重要的影响。PM2.5 粒径小，含有大量的有毒、有害物质，且在大气中的停留时间长、扩散距离远，因而对人体健康和大气环境质量的影响更大。

上岗实操

图6-6　PM2.5传感器

PM2.5 传感器的工作原理是根据光的散射原理开发的，微粒和分子在光的照射下会产生光的散射现象，同时还吸收部分照射光的能量。当一束平行单色光入射到被测颗粒场时，会受到颗粒周围散射和吸收的影响，光强将被衰减。如此一来便可求得入射光通过待测浓度场的相对衰减率。而相对衰减率的大小基本上能线性反应待测场灰尘的相对浓度。光强的大小和经光电转换的电信号强弱成正比，通过测得电信号就可以求得相对衰减率，进而就可以测定待测场里灰尘的浓度。

PM2.5 传感器可用于感应空气中的尘埃粒子，其内部对角安放着红外发光二极管和光敏晶体管，它们的光轴相交，当带灰尘的气流通过光轴相交的交叉区域时，粉尘对红外光反射，反射的光强与灰尘浓度成正比。光敏晶体管使 PM2.5 传感器能够探测到空气中尘埃反射光，即使非常细小的颗粒（如烟草烟雾颗粒）也能够被检测到，红外发光二极管发射出的光线遇到粉尘产生反射光，接收传感器检测到反射光的光强，输出信号，根据输出信号光强的大小判断粉尘的浓度，通过输出两个不同的脉冲宽度调制（Pulse Width Modulation，PWM）信号区分不同灰尘颗粒物的浓度。

职场互动

互动方式：小组讨论，教师讲评。

拓展提升

PM2.5 传感器的应用领域有空气净化器、空调器、空气质量检测仪以及特殊环境粉尘检测。

任务 3　视频监控系统

知识链接

1）视频监控系统是由摄像、传输、控制、显示及记录登记 5 大部分组成。摄像机通过同轴视频电缆将视频图像传输到控制主机，控制主机再将视频信号分配到各监视器及录像设备，同时可将需要传输的语音信号同步录入录像机内。通过控制主机，操作人员可发出指令，对云台的上、下、左、右的动作进行控制及对镜头进行调焦变倍操作，并可通过控制主机实现在多路摄像机及云台之间的切换。利用特殊的录像处理模式，可对图像进行录入、回放、处理等操作，使录像效果达到最佳。

2）工作原理编辑监控是各行业重点部门或重要场所进行实时监控的物理基础，管理部门可通过它获得有效数据、图像视频监控系统原理图或声音信息，对突发性异常事件的过程进行及时监视和记录，用以提供高效、及时的指挥和高度、布置警力、处理案件等。随着计算机应用的迅速发展和推广，全世界掀起了一股强大的数字化浪潮，各种设备数字化已成为安全防护的首选。

温情提示

视频监控系统创新性地实现了视频监控与会议的整合联动，能够灵活有效地对远程设备进行管理。通过对远程监控对象的录制、回放、联动报警、监控策略制订、应急指挥等应用，达到监控与通信的双重功能。

其最大特色是支持从智能手机/平板电脑等移动终端查看视频画面，支持将监控画面调入视频会议，实现应急指挥、远程调度。

知识链接

风雨传感器介绍及应用

1. 风雨传感器的性能和技术参数

1）风雨传感器为 3 叶风标式监测，准确可靠，可设定 1～4 级风速值。范围：3～20km/h。

2）风雨传感器为表面式检测，反应迅速，可设定范围：1～5mm/h。

3）风标体由抗撞击的聚酰胺材料制造。

4）雨测面附为热镀金探测面，外层树脂包裹。

5）感应器内置自动复位延迟装置。

6）抗风雨高分子外壳。

7）安装方便，可固定于墙/桅杆上和屋顶等处，可立/卧安装。

8）使用电源：接收机 AC 220V。

9）输出 2 线无源闭合触点，容量：5A。

10）可直接控制各种电动开窗机或其他电动设备。

11）系统构成：感应探头+信号处理器

2. 接线端子（4 根线）

1）端子 N 和 L 接：AC220V 电源。

2）端子 L1 和 L2 无源闭合信号触点。

3. 风雨感量的调节：

1）风感调节：用小十字螺钉旋具调节“Wind”旋钮，顺时针旋转，风速减小；逆时针旋转，风速增大，对应关系见表 6-2。

表 6-2　风力窗口与风速对应关系

风力窗口	风　速
一级 5～6	3.0～8.35km/h
二级 6～7	8.35～12.5km/h
三级 7～8	12.5～16.65km/h
四级 8～0	16.65～20.8km/h

2）雨感调节：用小十字螺钉旋具调节“Wind”旋钮，顺时针旋转，雨量减小；逆时针旋转，雨量增大，对应雨量范围：1～5mm/h。

注意：调节好后，用 PVC 薄膜贴片密封：贴住风/雨/的调节窗口。当雨量达到设定值时，接收机输出触点闭合信号。

 温情提示

注意：调节好后，用 PVC 薄膜贴片密封：贴住风/雨/光的调节窗口。

当风速达到设定值时，接收机输出触点闭合信号。

 上岗实操

风雨传感器（见图 6-7）的安装

1）把风雨传感器的探头置于屋顶安装。

2）把接收机安装在室内的干燥墙壁位置。

注意：风雨感应探头和接收机之间的距离不易太大，以随机自带的线长度为易。

图6-7　风雨传感器

外形尺寸：

1）室外探头底座尺寸：120mm×40mm×50mm；整体立/卧高度：180mm。

2）室内接收机尺寸：142mm×98mm×48mm。

 职场互动

互动方式：小组讨论，教师讲评。

 拓展提升

风雨传感器的输入电压为 12V，无线风雨感应器配有 220V 转 12V 的适配器。无线风雨感应器和电动开窗器的控制开关匹配使用，即能实现刮风下雨自动关窗。

项目 2　红外人体探测及报警

任务 1　人体红外探测器的安装

 知识链接

1）人体红外探测器（见图 6-8）是一款安防产品，可安装在大门、窗户的上方或者旁边，当有人接近屋子时，就会给手机、平板电脑等发送报警信息。

2）它的探测广角是 110°，上下 90°，最远探测范围可达 6～8m。既可以用普通的 5 号电池（电池可以使用两年），也可以外接一个 12V 的电源。

3）人体红外线探测器是被动红外探测器。被动红外深测器的优点：本身不发任何类

型辐射，器件功耗很小，隐蔽性较好，价格低廉。被动红外深测器的缺点：容易受各种热源、阳光源干扰；穿透力差，人体的红外辐射容易被遮挡，不易被探测器接收；易受射频辐射的干扰；环境温度和人体温度接近时，探测和灵敏度明显下降，有时会造成短时间失灵。

4）人体红外探测器的工作原理是：人体都有恒定的体温，会发出特定波长 10μm 左右的红外线。被动红外探测器就是靠探测人体发射的波长 10μm 左右的红外线而进行工作的。人体发射的 10μm 左右的红外线通过菲涅尔滤光片增强后聚集到红外感应源上。红外感应源通常采用热释电元件，这种元件在接收到人体红外辐射温度发生变化时就会失去电荷平衡，向外释放电荷，经对后续电路进行检测处理后就能产生报警信号。

上岗实操

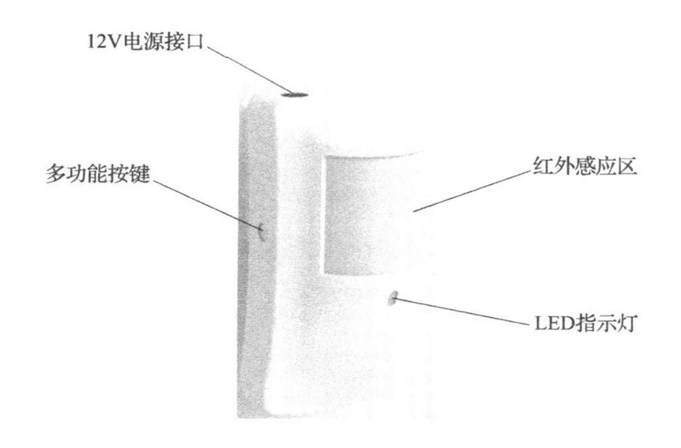

图6-8　人体红外探测器

人体红外探测器的安装如图 6-9～图 6-15 所示。

联网设置如图 6-14 所示。

恢复出厂设置如图 6-15 所示。

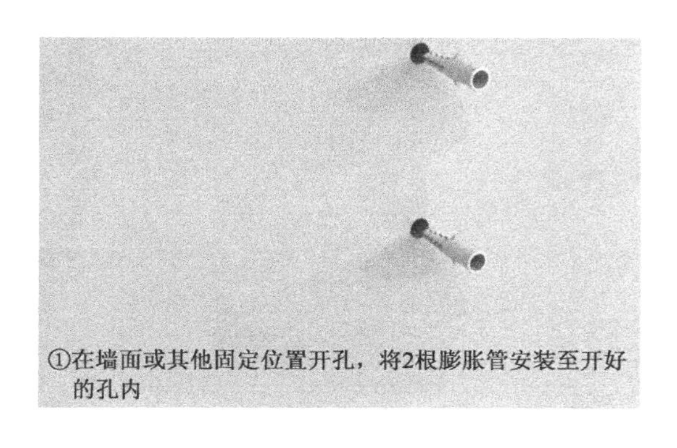

图6-9　开孔并安装膨胀管

图6-10　固定底座

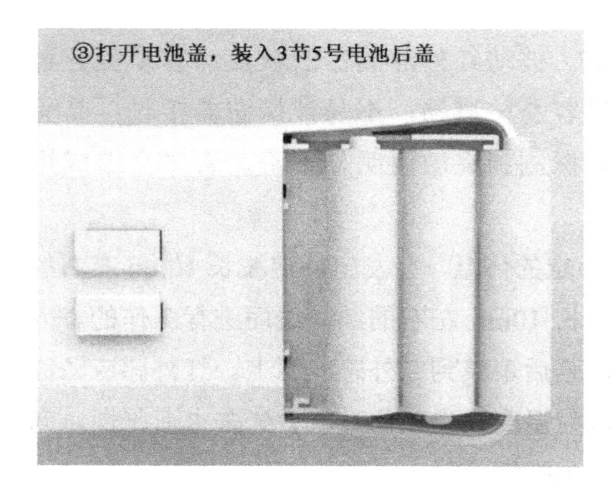

图6-11　安装电池

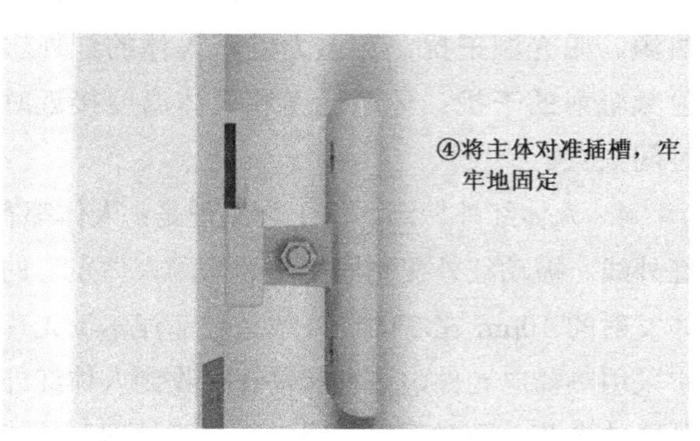

图6-12　固定主体

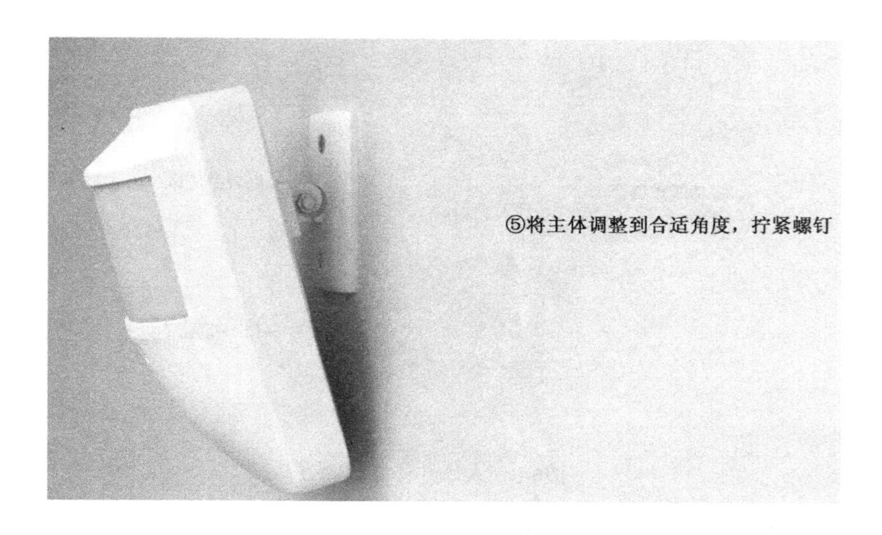

图6-13　角度调整及固定

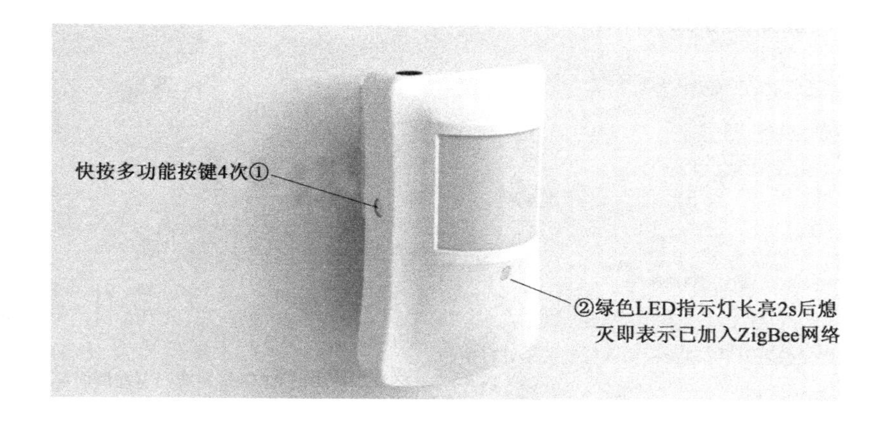

图6-14　联网设置

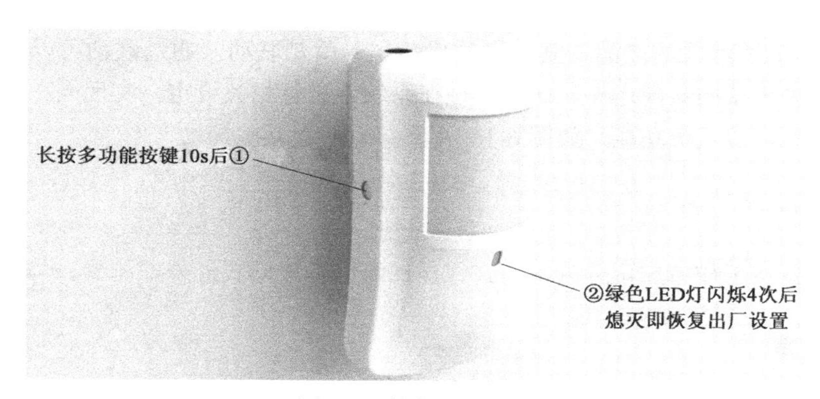

图6-15　恢复出厂设置

职场互动

互动方式：分组练习，教师讲评。

拓展提升

主动光入侵探测器

光以直线传播，因此称为“光线”，如果光的传播路径被阻挡，光线即中断，不能继续传播。主动光入侵探测器就是利用光的直线传播特性进行入侵探测，它由光发射器和光接收器组成，收、发器分置安装，在收发器之间形成一道光警戒线，当入侵者跨越该警戒线时，即阻挡光线，使接收器因失去光照而发出报警信号。

一般情况下，选择可见光光谱之外的红外线作为发射器的光源，使入侵者不能够察觉警戒光线的存在。为了避免自然日光照射的干扰，通常采取以下两种技术措施：

①在接收器的受光窗口上加滤色镜，以过滤其他光线。

②对发射器光线进行幅度（强度）调制。具体做法是：使用红外发光二极管作发射器光源的发光器件，并且使用频率为几 kHz 的调制信号，对发射器光源的供电电源的电压或电流进行调制，使发射器发出的光线强度也按照调制信号的规律变化。在接收器中，采用红外接收二极管接收光信号，并通过具有调谐回路的放大器对信号进行选频放大，这样就可以滤除与调制信号频率不同的其他信号的干扰。由于日光是稳定光线，因此它在接收二极管上产生的信号时自然也就被滤除而不产生响应。

任务 2　报警器的联动

知识链接

1）当住户不在家时，报警器就是一款安防产品；当住户在家时，报警器就是一个感应器。本书所涉及产品在不同的状态下有不同的应用，与传统的只具备单一功能的产品相比，明显要优越许多。

2）对于本书所涉及的产品，其最大的优势之一就是联动，通过联动可以突破单一产品的局限，实现多设备的共同运作。比如通过在系统中进行相关设定，实现人在房间中活动时灯亮起、离开时灯熄灭等功能，如图 6-16 所示。

 温情提示

红外探测器按工作方式可分为主动式红外探测器和被动式红外探测器。

 上岗实操

通过设定，实现人来灯亮，人走 5s 后灯熄灭的效果，如图 6-16 所示。

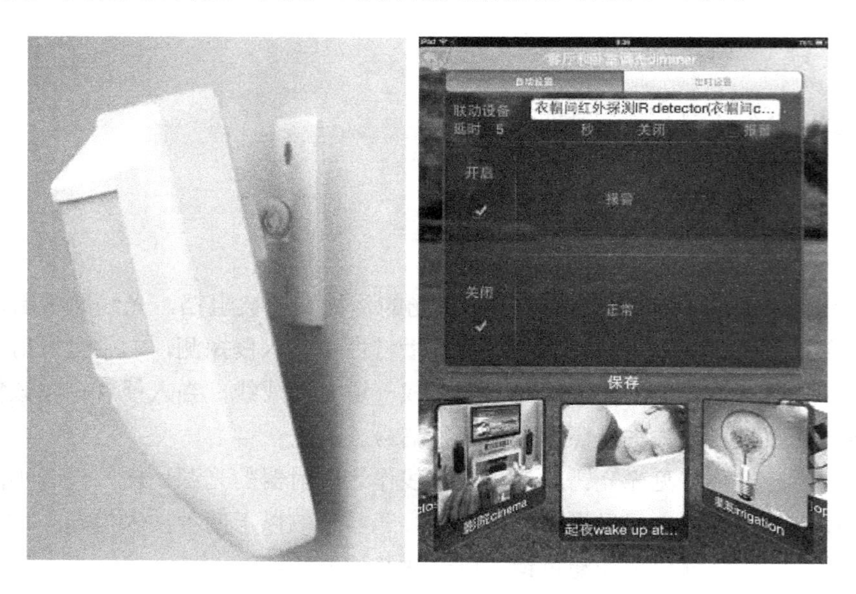

图6-16　人体红外探测器的软件设置

 职场互动

互动方式：分组练习，教师讲评。

 拓展提升

任务 3　智能手机的报警提示

 知识链接

1）上班时，手机收到提示“主人，有人侵入！请报警！”手机视频显示两名男子闯入住宅，门口还有一名男子在左顾右盼。

2）手机防盗是被用户平时忽略但丢失手机后迫切想拥有的技能。一般来说，手机防盗

分为两个类型：一种是加装硬件防盗；另一种是软件防盗。硬件防盗需要加装专用的设备，当手机和专用设备的距离超出一定范围后，会自动触发报警；软件防盗则是通过内置在手机里的软件系统来实现追踪手机位置、触发警报、换卡通知、信息删除等功能。

一般来说，人们经常能用到的手机防盗功能有：远程锁定手机——别人拿到手机也无法解锁；触发手机报警——让手机在被盗的情况下，播放语音提示或者报警声；手机位置跟踪——通过开启 GPS 功能，远程获取手机的位置信息，保留电子证据；

温情提示

关键信息清除功能：若是确认手机找不回来了，则可以将手机的信息自行删除，避免信息泄露造成的损失。

上岗实操

智能手机操作界面如图 6-17 所示。

图6-17 智能手机操作界面

职场互动

互动方式：分组练习，教师讲评、使用真机进行练习。

拓展提升

使用手机防盗功能就一定能防止手机丢失吗？答案自然是“不能”。手机防盗的实用性需要在特定的环境中检验，若是因为自己遗忘手机的位置，就完全可以通过上述的防盗功能找回手机。然而，软件防盗功能工作的前提条件是手机要有电。若是手机没有电，则所有功能均形同虚设。位置追踪需要有 GPS 信号，若是在信号不好的地方，则这个功能就无法使用。

若是用手机防盗的功能和专业的盗贼做实用性对比，则手机使用者的安全意识要大于防盗功能的作用。

职场互动

互动方式：分组练习，教师讲评。

项目 3　烟雾报警及消防联动

任务 1　烟雾报警器的安装

知识链接

作为一款重要的安防产品，烟雾报警器即使在掉线状态或者没有网络的状况下，还是可以工作，除了不能给手机等移动设备发送报警信息以外，本地报警与切断总阀完全没有问题，可全面保障用户家庭的安全，避免由可燃气泄漏引发的火灾。

上岗实操

1）烟雾探测器（见 6-18）分成普通式和吸顶式两种，以便用户根据不同的需求选择安装。

图6-18　烟雾探测器

2）烟雾探测器使用的是 12V 电源，其功能键即位于产品主体上的按键，在网络允许加入的情况下，快速按 4 下多功能按键，即可完成入网的工作，如图 6-19 所示。

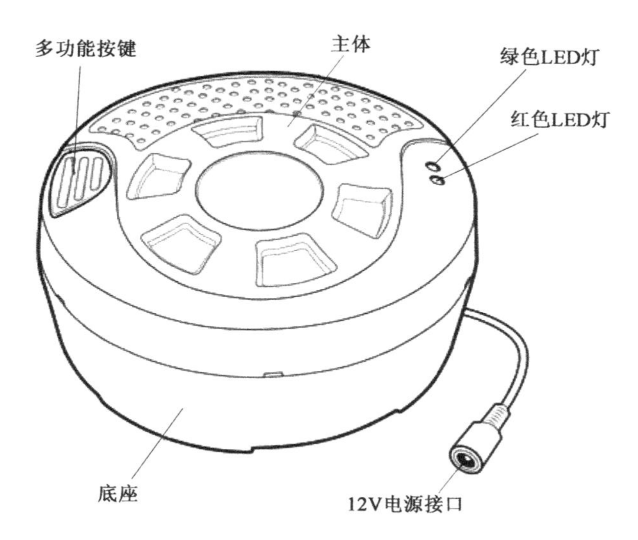

图6-19　烟雾探测器的使用

3）如图 6-20 所示，吸顶式烟雾探测器可以将探测部分卸下，图示箭头部分分别为解锁和上锁的位置，可以根据需要旋转到相应位置即可。圈所示的位置为入网功能键，如果是使用电池的，则入网是按 4 下。如果是使用外接电源，则入网是按 8 下。

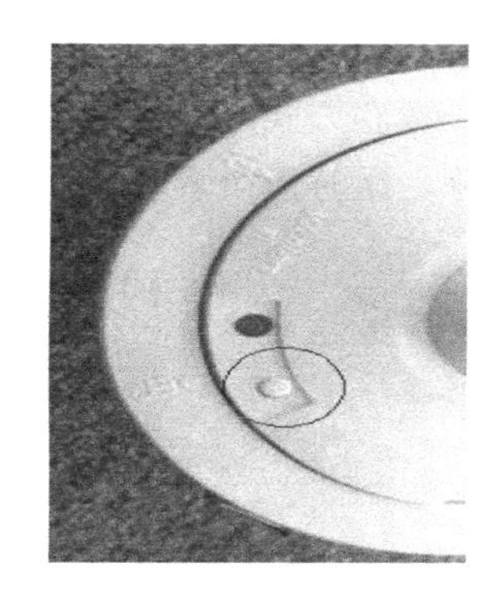

图6-20　烟雾探测器的使用

4）卸下后，可以分成吸顶的底座和探测器两个部分。正常安装情况下，底座是固定在天花板上的，这样便于更换电池。

5）电池仓就在底座上，可以按照如图 6-21 所示的样子打开，其中可放置 3 节 5 号电池。右侧圈内的是供电选择开关（见图 6-22），可以根据实际情况选择使用直流电或者交流电供电。直流电的入网方式为按多功能按键 4 下。

6）底座的图示位置（见图 6-23）可以直接外接交流电。交流电的入网方式为按多功能按键 8 下。

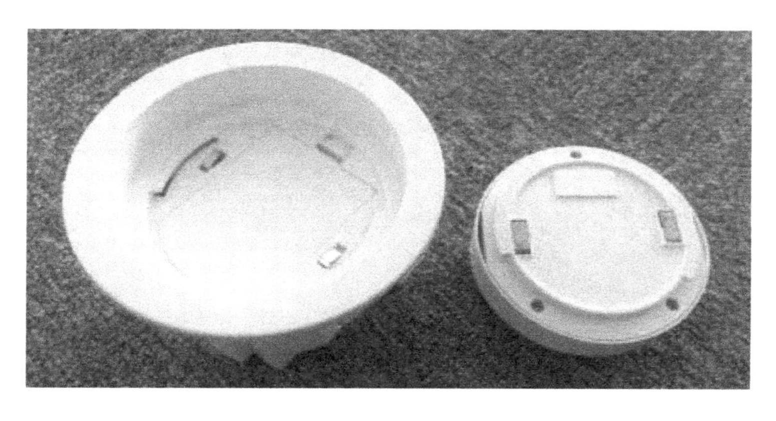

图6-21　烟雾探测器底座

图6-22　供电选择开关

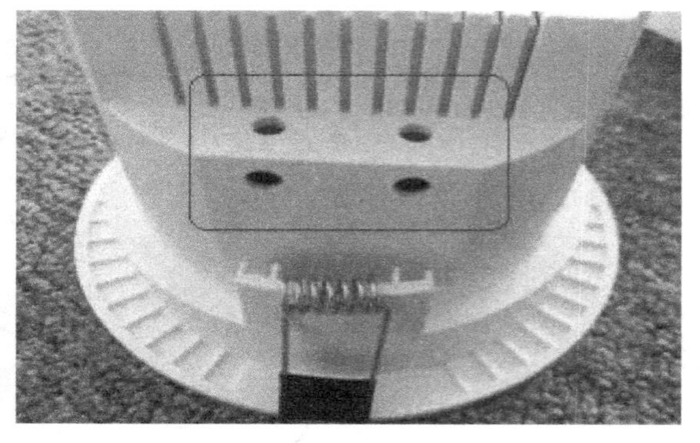

图6-23　外接交流电处

操作竞赛：将班级按照 5 人一组的形式分成竞赛单位，每组挑选出动手能力较强的同学进行小组间的比赛（见图 6-24）。

比赛内容：

1）安装烟雾报警器，并对室内进行布防与撤防设定。

2）利用智能家居终端控制应用软件，对客厅烟感及客厅新风系统进行设定。

竞赛方式：队员随机选题，拿到题后一个学生读题、一个学生做、其他学生提示，计时评分，用时最少者获胜。

在软件中可以从“功能→安全防护”中找到，使用手机等可以远程进行设防与撤防的操作。

图6-24　烟雾探测器软件设置

任务 2　阀门的智能控制

上岗实操

一旦检测到可燃气泄漏，可燃气泄漏探测器会做出以下反应：

1）立即给手机等移动设备发送一条报警信息。

2）本地的声光报警。

3）控制机械手掐断管道总阀。

任务 3　与消防设备的联动

上岗实操

在场景中，烟雾探测器也可以与其他设备联动，既可以在发生火灾时，联动声光报警器及时通知周围的人，也可以在平时生活中联动新风系统、空调器等，随时保证室内空气清新，如图 6-25 所示。

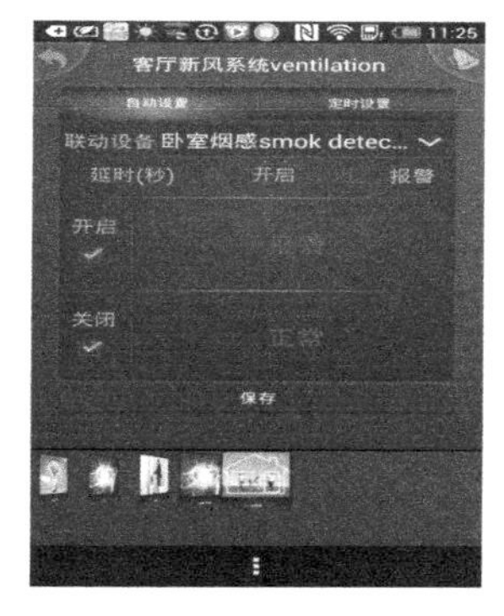

图6-25　与消防设备的联动

职场互动

互动题目：

1）畅想智能联动烟雾报警系统的控制方式。

2）如何将传统的烟雾报警器改造成智能联动烟雾报警系统？

互动方式：小组竞赛，小组互评，教师讲评。

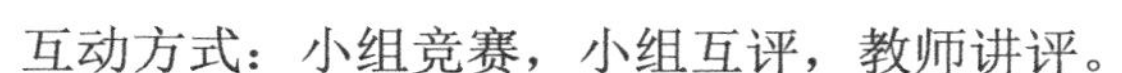

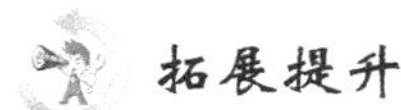

拓展提升

从内在原理来说，烟雾报警器就是通过监测烟雾的浓度来实现火灾防范的，其内部采用离子式烟雾传感，是一种技术先进、工作稳定可靠的传感器，被广泛运用于各种消防报警系统中，且性能远优于气敏电阻类的火灾报警器。它在内外电离室里面有放射源镅 241，电离产生的正、负离子，在电场的作用下各自向正负电极移动。在正常情况下，内外电离室的电流和电压都是稳定的。一旦有烟雾窜入外电离室，干扰了带电粒子的正常运动，电流和电压就会有所改变，从而破坏了内外电离室之间的平衡，使无线发射器发出无线报警信号，并通知远方的接收主机，将报警信息传递出去。

项目 4　视频监控及语音系统

任务 1　视频监控在线设置

上岗实操

硬件设置如图 6-26 和图 6-17 所示。

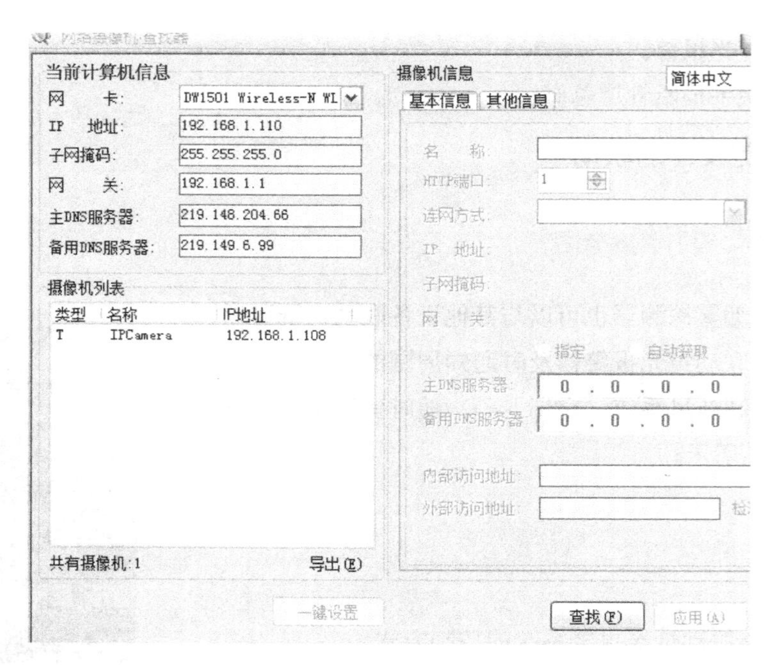

图6-26　摄像机设置IP

1）初次使用摄像机时，需要用网线连接路由器和摄像机，以保证摄像机和调试用计算机在同一路由器下。设置的目的是将摄像机联入所在区域的无线网络，保证其能在无线状态下工作。

2）接通摄像机电源（由于摄像机是 5V 电源，不能在远处变压后送电，因此需要就近取电），摄像机转动自检完毕后，在计算机端双击摄像机查找器软件，出现如图 6-26 所示的界面：

“摄像机列表”选项组显示的便是目标摄像机的 IP 地址。

3）双击该 IP 地址，出现如图 6-27 所示的界面：

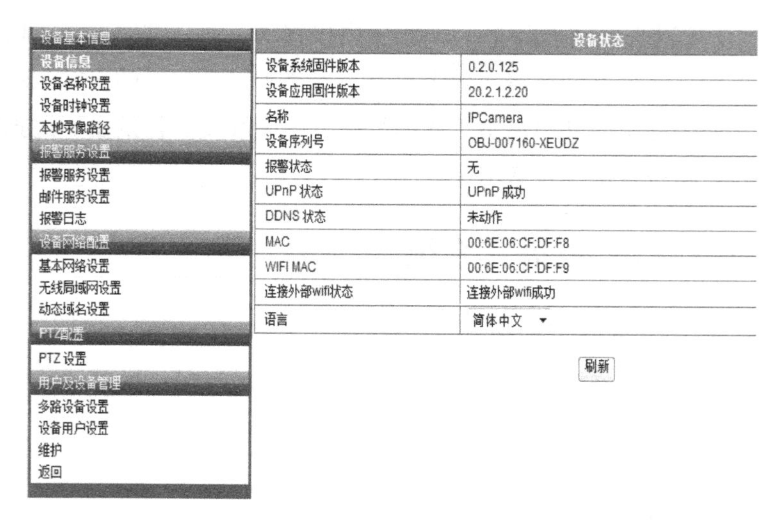

图6-27　摄像机的基本信息

任务 2　视频监控器的无线调控

上岗实操

选择图 6-27 所示界面中左侧的“无线局域网设置”，进入如图 6-28 所示的界面，单击“搜索”按钮，会显示所在区域附近所有 WI-FI 的名称，双击自己的 WI-FI 名称，使之出现在 SSID 文本框中，在“共享密钥”文本框中输入网络密码，单击“设置”按钮即可完成设置。

设备基本信息
设备信息
设备名称设置
设备时钟设置
本地录像路径
报警服务设置
报警服务设置
邮件服务设置
报警日志
设备网络配置
基本网络设置
无线局域网设置
动态域名设置
PTZ配置
PTZ 设置
用户及设备管理
多路设备设置
设备用户设置
维护
返回

无线局域网设置	
无线网络列表	ID　SSID　MAC 搜索
使用无线局域网	✓
SSID	RingOO
网络类型	Infra
验证模式	WPA2-PSK Personal (AES)
共享密钥	4schiavon

设置　刷新

图6-28　无线局域网设置

任务 3　视频信息存储及调用

知识链接

二代云摄像机自身不具备存储功能，若有需要，则应在同一路由器下保持打开这台设置用的计算机，指定一个路径，即可将视频保存在硬盘中。选择“本地录像路径”，然后在相应的界面中可以设置保存路径、预留空间大小、是否覆盖录像等，输入完成后，单击“设置”按钮，如图 6-29 所示。

上岗实操

退出界面并重启摄像机，然后拔掉网线，重新进入查找器，进行前述第 2～3 步操作，摄像机画面应出现在如图 6-28 所示的画面中。至此，摄像机硬件设置完毕。

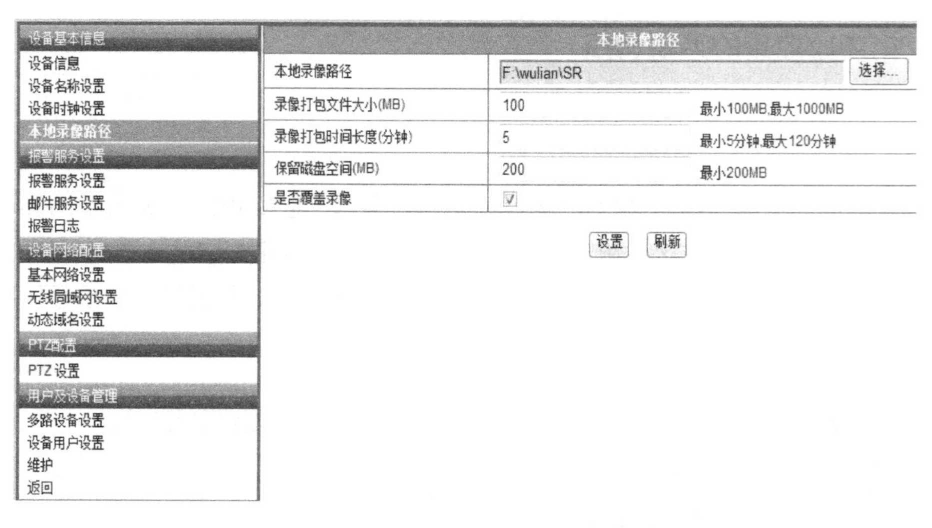

图6-29　本地录像路径

任务 4　智能手机管控及对话

上岗实操

1）进入软件主界面，长按“监控”，出现如图 6-30 所示的界面，选择下面第三个图标自定义摄像机。

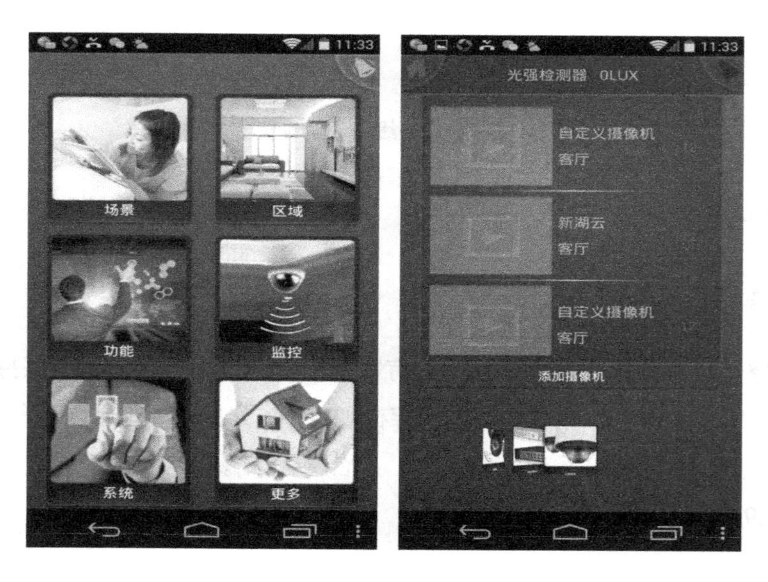

图6-30　摄像机设置软件1

2）单击“添加摄像机”按钮，进入如图 6-31 所示的界面，选择“云二代”，并单击“扫描”按钮。

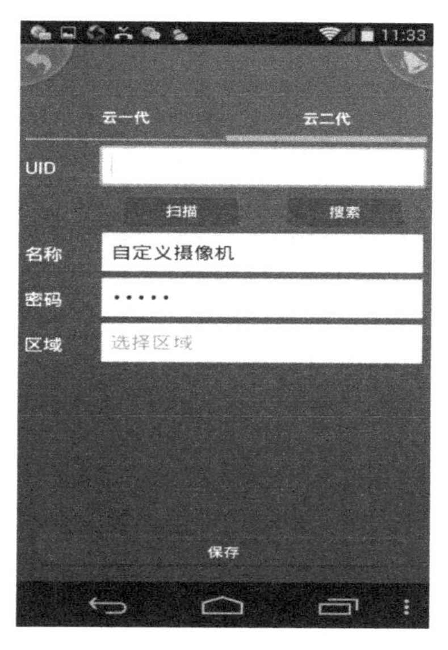

图6-31　摄像机设置软件2

3）如图 6-32 所示，用手机扫描摄像机底部的二维码，扫描成功后，UID 串码会出现在 UID 一栏中，或者把 UID 串码直接输入 UID 一栏；然后在“名称”文本框中设置摄像机的名称。由于摄像机的默认密码是 12345，如果需要更改密码，可在软件内可改密码的相应功能区进行改动（这里需要手动输入新密码）；最后在“区域”一栏选择一个区域，并单击“保存”按钮。

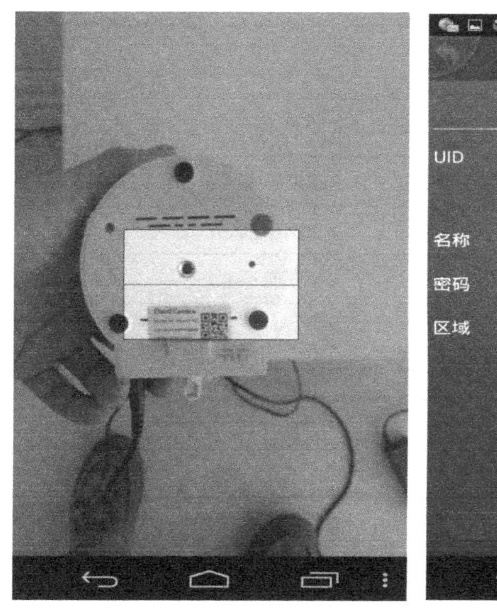

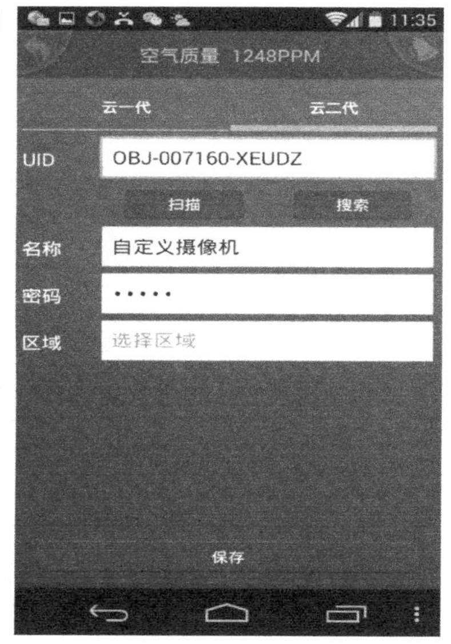

图6-32　摄像机设置

4）退出回主界面重新进入，长按“监控”，返回步骤 1，轻按设备图标，可以删除或为摄像机更名。

5）重新从主界面进入，逐步按设备图标，可以进入监控画面，体验各按键功能。

职场互动

操作竞赛：将班级按照 5 人一组的形式分成竞赛单位，每组挑选出动手能力较强的同学进行小组间的比赛。

比赛内容：

1）通过触控面板，对摄像头控制进行设定。

2）利用智能家居终端控制应用软件，对摄像机进行设定。

监理验收

本工程从智能家居典型案例的亲自体验开始，以业主角色扮演的方式提出“需求”，为智能家居工程技术人员选择匹配的智能家居产品提供依据，再由装修公司与智能家居工程技术人员配合制订出符合业主要求的智能家居整体方案及编写出相关的系列施工文献，经过与业主沟通、修改、补充后签订施工合同，由施工方做好施工前的准备，组建一支符合施工资质的工程队伍。

项目验收表

模　块	子　项	评分细则	分　值	得　分
节点板配置		根据节点板配置表设置对应参数及功能，正确得 0.5 分，不正确不得分	6	
	报警灯	节电板外接 5V，连线正确得 1 分，不正确不得分	1	
		20PIN 软排线，连线正确得 1 分，不正确不得分	1	
		继电器板 12 供电，连线正确得 1 分，不正确不得分	1	
		报警灯红线，连线正确得 1 分，不正确不得分	1	
		报警灯黑线，连线正确得 1 分，不正确不得分	1	
		布线美观分，布线预留合理、线缆绑扎整齐得 1 分	1	
	门禁系统	节电板外接 5V，连线正确得 1 分，不正确不得分	1	
		20PIN 软排线，连线正确得 1 分，不正确不得分	1	
		门禁手动开关，连线正确得 1 分，不正确不得分	1	
		门铃控制线 BELL1，连线正确得 1 分，不正确不得分	1	
		门铃控制线 BELL2，连线正确得 1 分，不正确不得分	1	
		门铃供电，连线正确得 1 分，不正确不得分	1	
		刷卡门禁 OPEN/SW，连线正确得 1 分，不正确不得分	1	

（续）

模　块	子　项	评分细则	分　值	得　分
	门禁系统	刷卡门禁 PUSH/NO，连线正确得 1 分，不正确不得分	1	
		刷卡门禁供电，连线正确得 1 分，不正确不得分	1	
		变压器 COM+，连线正确得 1 分，不正确不得分	1	
	烟雾报警	烟雾探测器外接 12V，连线正确得 1 分，不正确不得分	1	
		烟雾探测器控制线 1，连线正确得 1 分，不正确不得分	1	
		烟雾探测器控制线 2，连线正确得 1 分，不正确不得分	1	
		布线美观，布线预留合理、线缆绑扎整齐得 1 分	1	
	光敏传感器	传感节点板安装，连线正确得 1 分，不正确不得分	1	
	温度传感器	传感节点板安装，连线正确得 1 分，不正确不得分	1	
	湿度传感器	传感节点板安装，连线正确得 1 分，不正确不得分	1	

工程7 智能家居样板操作间维护

智能家居安装调试的职场环境是由具有标志性的智能家居情景仿真体验馆（主体）、智能家居安装维护（辅助）和网络综合布线职业技能赛赛场（辅助）三个实训场馆所构成的。

本工程是在智能家居情景仿真体验馆中实施的。有“体验与实训一体”特色的实训场馆由三部分组成：

1）学习测试岛（初级）。该部分由 15 工位 3 组台式计算机组成。学生通过智能家居设备安装调试仿真学习测试合格后，排队进入样板操作间。

2）样板操作间（中级）。该部分有 3 组智能家居样板操作间，其中设有 12 件家居常用电器及配套控制设备，台式计算机和平板电脑各一台，附加一个设备安装调试用的工具箱等。按照智能家居设备安装调试职业竞赛规程要求进行严格训练，考核合格后方能进入客厅实训区。

3）客厅实训区（高级）：实际客厅格局及常用家居，配有 5 套三类国内智能家居完整设备。学生按照“用户”要求，自行设计、选择产品、安装调试，考核合格后可以获得智能家居安装调试工合格证书。

本工程是在智能家居情景仿真体验馆的客厅实训区开始体验的。

工程概述

想要更好地学习理解智能家居的相关知识，一套直观、易懂、与实际生活紧密相连的练习设备是必不可少的。上海企想信息技术有限公司推出的智能家居样板操作间给正在学习智能家居安装与调试的人提供了一个很好的实训平台。所有相应的元器件采用透明设计，让人们对其内部构造和原理一目了然，同时配有相关工具，让安装变得简单，在反复练习中熟练掌握相关知识和技巧。

上海企想信息技术有限公司的智能家居系统包括智能环境监测、智能家电控制、灯光控制、窗帘控制、智能安防、远程监控等几个部分，系统结构拓扑图如图 7-1 所示。

工程目标

1）具有基本的职业素养，合理利用资源，熟练使用相关设备，并在实际操作中，进一步理解和掌握相关知识与技能。

2）具备良好的工作品格和严谨的行为规范。具有较好的语言表达能力：能针对不同场合，恰当地使用语言与他人交流和沟通；能正确地撰写比较规范的施工文件。

3）加强法律意识和责任意识。制订好施工合同，并严格按照合同执行操作。

4）树立团队精神、协作精神，养成良好的心理素质和克服困难的能力以及坚韧不拔的毅力。

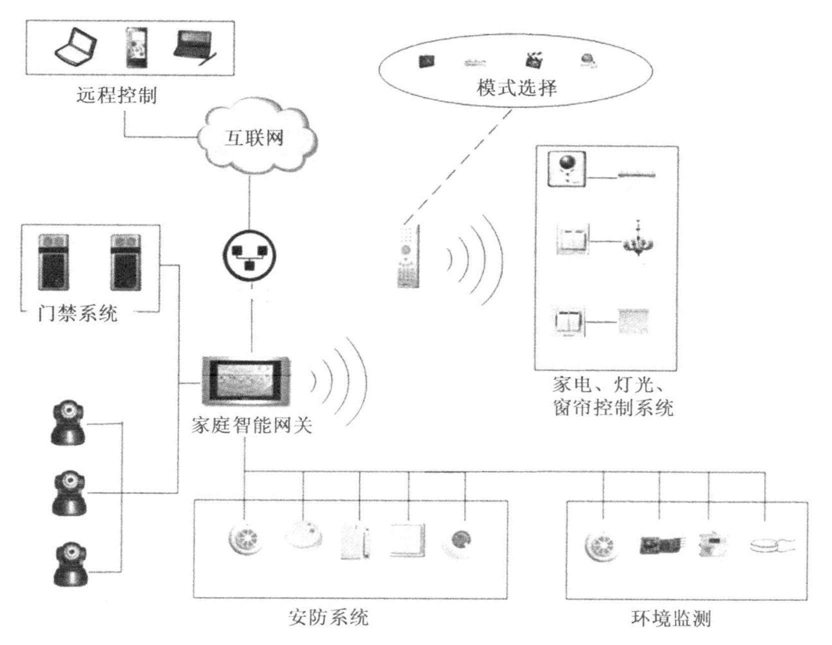

图7-1　上海企想信息技术有限公司智能家居样板间拓扑图

图7-2　上海企想信息技术有限公司智能家居样板间效果图

项目 1　样板操作间环境及配套设备

项目描述

角色设置：施工人员小李和小宁。

项目导引：小李和小宁学习物联网智能家居的专业知识已有一段时间，对智能家居有了一定的了解，也积累了一些相关知识，但还没有进行过相关实际训练，现在可以使用样板间进行实际操作了。

因为样板间的整体安装属于一个小型工程，考虑到施工安全和工作效率问题，要求必须以两人一组的形式进行施工。因为小李和小宁平时就是好朋友，所以主动要求分到同一小组，他们相信这样可以使沟通和配合更加容易，在保质、保量地完成工程的同时，也能够共享资源和经验，学到更多的知识。

在动手之前，熟悉整体环境、了解配套设备和相关注意事项是必不可少的，这样可以在施工中更加有效地完成工作。

活动流程：通过“供电系统及操作须知”“电器设备及配件”“智能家居套件箱”以及“万用表和工具”4 个任务，对上海企想信息技术有限公司智能家居样板操作间的配备和工具进行了解，为下一步的施工做准备。将学生分为两人或多人一组，以组内分工协作，组间对抗竞争的形式完成实训。

任务 1　供电系统及操作须知

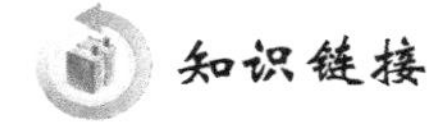

1. 电压

水压是使水发生定向移动形成水流的原因。同理，电压是使自由电荷发生定向移动形成电流的原因。

2. 变压器

变压器（Transformer）是利用电磁感应原理来改变交流电压的装置，主要构件是一次绕组、二次绕组和铁心（磁心）。其主要功能有电压变换、电流变换、阻抗变换、隔离、稳压（磁饱和变压器）等。

3. 安全用电注意事项

①认识了解电源总开关，学会在紧急情况下切断总电源。

②不用手或导电物（如铁丝、钉子、别针等金属制品）去接触、探试电源插座内部。

③不用湿手触摸电器，不用湿布擦拭电器。

④电器使用完毕后应拔掉电源插头；插拔电源插头时不要用力拉拽电线，以防因电线的绝缘层受损造成触电；若电线的绝缘皮剥落，则要及时更换新线或者用绝缘胶布将其包好。

⑤发现有人触电要设法及时关断电源；或者用干燥的木棍等物将触电者与带电的电器分

开，不要用手去直接救人；年龄小的学生遇到这种情况，应求助于成年人，不要自己处理，以防触电。

温情提示

当电压超过 36V 时，人体一旦接触就会造成伤害，所以在施工中要小心、谨慎，提高安全意识。

上岗实操

供电系统是工程的基础，因智能家居样板操作间中涉及多样设备和元器件，且它们的工作电压都不相同，使用要求供电系统要可以输出不同的电压，给项目提供支持。本套设备的总电源控制箱位于操作间的右侧，如图 7-3 所示。

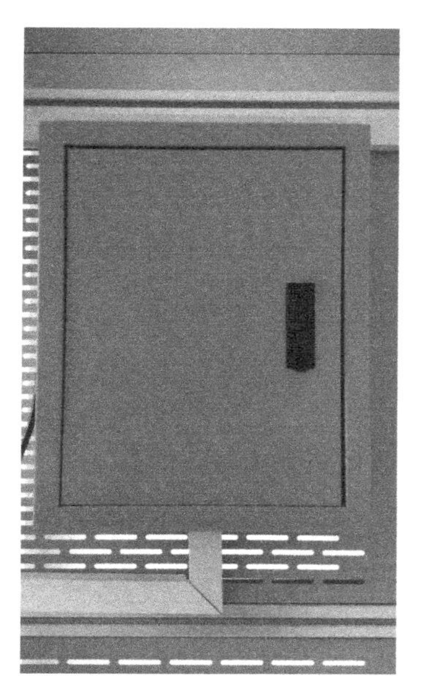

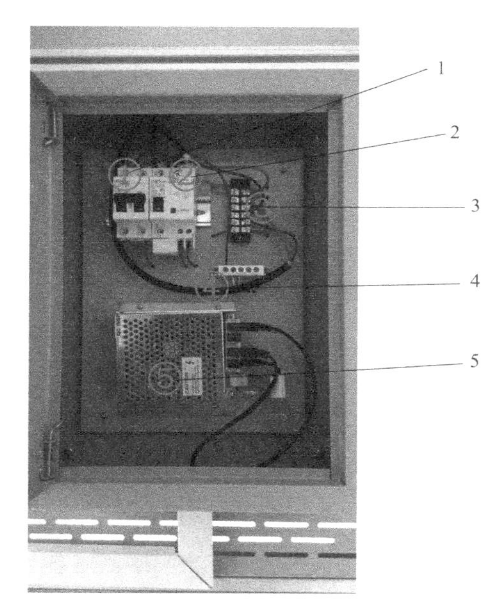

图7-3　智能家居样板间的配电箱

1—空气开关　2—漏电保护器　3—220V 接电排　4—公共接地排　5—变压器

①空气开关：负责整套设备的供电与断电。

②漏电保护器：当操作间电路发生漏电或短路时第一时间断开连接，保护人员和设备的安全。

③220V 接电排：需要注意的是，供电时各金属节点都是带电的，虽已用挡板隔开，但同样存在安全隐患，施工中要避免接触。

④公共接地排：将多余电流导向大地，保证安全。

⑤变压器：将 220V 交流电通过变压器转为 5V 和 12V 的直流电，提供给相关设备使用。

整个供电系统由外接电源接入 220V 交流电，经过空气开关和漏电保护器，连接到接线排，一部分接入样板间中的插座（电视机、DVD 播放器、门禁电源控制器、空调器、窗帘及排风扇）；一部分通过变压器输出 5V 和 12V 的直流电，接到样板间各处以供使用（电压及正负极须用万用表自行测量），如图 7-4 所示。

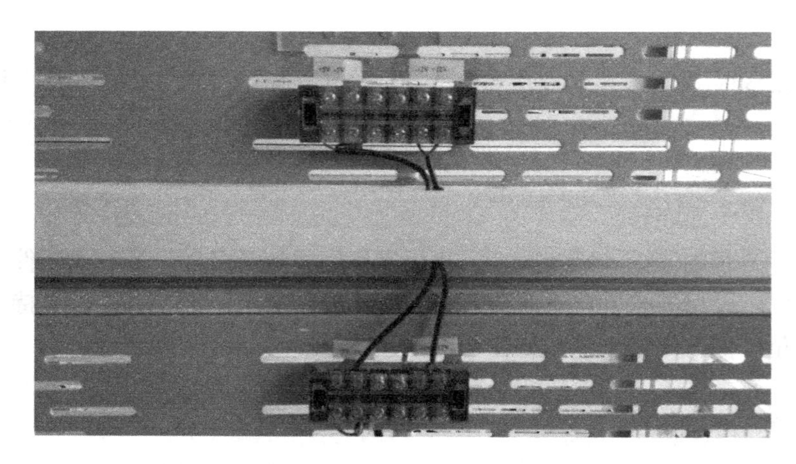

图7-4　智能家居样板间外接5V、12V直流电源

职场互动

互动题目：进行接线大赛，按照要求将电线接入相应位置，要求准确、电线不露毛刺。

互动方式：小组竞赛，小组互评，教师讲评。

拓展提升

熟悉导线的种类，并清楚连接相关设备需要选择的导线类型。

熟悉剥线钳（见图 7-5）的使用，练习剥线和接线。

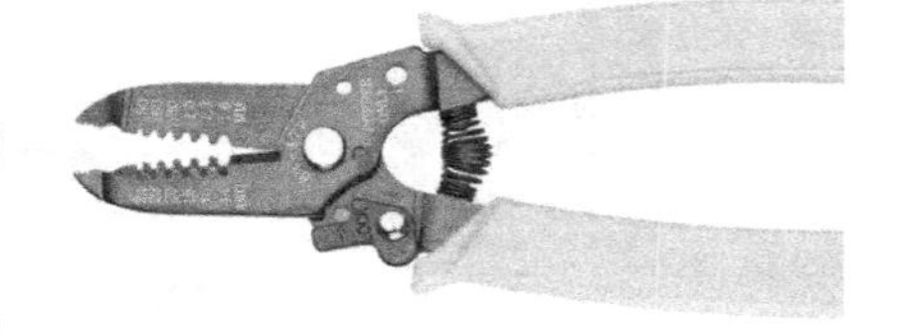

图7-5　剥线钳

任务 2　电器设备及配件

知识链接

1. 额定电压

额定电压是电器长时间工作时所适用的最佳电压。高了容易烧坏，低了不能正常工作（灯泡发光不正常，电动机不正常运转）。在额定电压下，电器中的元器件都工作在最佳状态，只有工作在最佳状态时，电器的性能才比较稳定，电器的寿命才得以延长。

2. 继电器

继电器（Relay）是一种电控制器件，是当输入量（激励量）的变化达到规定要求时，在电气输出电路中使被控量发生预定的阶跃变化的一种电器。它具有控制系统（又称输入回路）

和被控制系统（又称输出回路）之间的互动关系，通常应用于自动化的控制电路中。它实际上是用小电流去控制大电流运作的一种“自动开关”，故在电路中起着自动调节、安全保护、转换电路等作用。

温情提示

不同用电器需要不同的电压，如果接入电压远低于额定电压，那么用电器将不能正常工作；如果远高于额定电压，那么用电器将有损坏的可能。

上岗实操

实现智能家居最基础功能的操作就是将日常用到的家用电器通过连接无线传感器或开关，达到无线智能化控制的效果，所以在样板间中配置了多种用电器，如图 7-6 所示。智能家居操作间用电器见表 7-1。

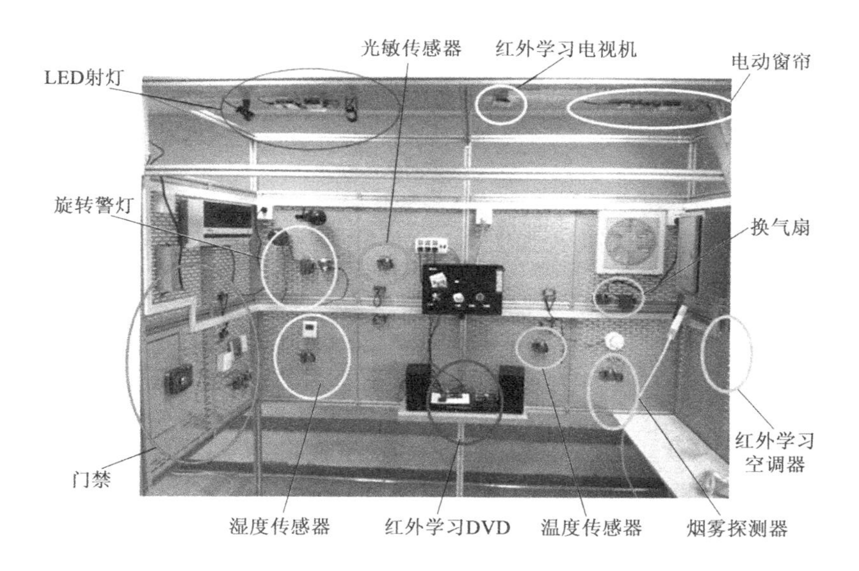

图7-6　智能家居样板间配置的用电器

表 7-1　智能家居操作间用电器

名　　称	安装位置	额定电压
门锁	左侧	12V（通过专用变压器）
门铃	左侧	12V（通过专用变压器）
空调器	左侧	AC220V
LED 射灯	左上方	DC5V
报警器	中间	DC12V
摄像头	中间	AC220V（有专用变压器）

（续）

名　称	安装位置	额定电压
电视机	中间	AC220V
DVD	中间	AC220V
音响	中间	AC220V
烟雾探测器	中间	DC12V
排气扇	中间	AC220V
窗帘电动机	右上方	AC220V

而要连接的元器件主要有温湿度传感器、光敏传感器、四路继电器、五路继电器、节点板、扩展元器件等。

职场互动

互动题目：用电器识别和额定电压抢答竞赛。

互动方式：小组竞赛，小组互评，教师讲评。

拓展提升

通过观察用电器外包装的铭牌，如图 7-7 所示，学会识别用电器的额定电压。

图7-7　用电器外包装的铭牌

任务 3　智能家居套件箱

知识链接

1．MAC 地址

MAC（Medium/Media Access Control）地址用来表示互联网上每一个站点的标识符，采用十六进制数表示，共 6B（48bit）。其中，前 3B 是由 IEEE 的注册管理机构 RA 负责给不同厂家分配的代码（高位 24bit），也称为“编制上唯一的标识符”（Organizationally Unique

Identifier），后 3B（低位 24bit）由各厂家自行指派给生产的适配器接口，称为扩展标识符（唯一性）。

2. 十六进制

十六进制是计算机中数据的一种表示方法。同日常生活中的表示法不同，它由 0～9，A～F 组成，字母不区分大小写。与十进制的对应关系是：0～9 对应 0～9；A～F 对应 10～15。

上岗实操

上海企想信息技术有限公司的整套设备除了样板间框体、梯子和相关用电器之外，还为使用者提供了智能家居套件箱，主要包含设备驱动程序、核心控制软件、核心硬件和一些相关工具，如图 7-8 和图 7-9 所示。

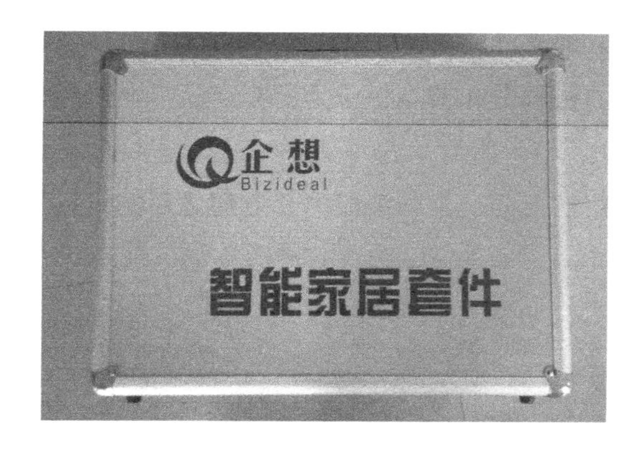

图 7-8　上海企想信息技术有限公司智能家居套件箱外观

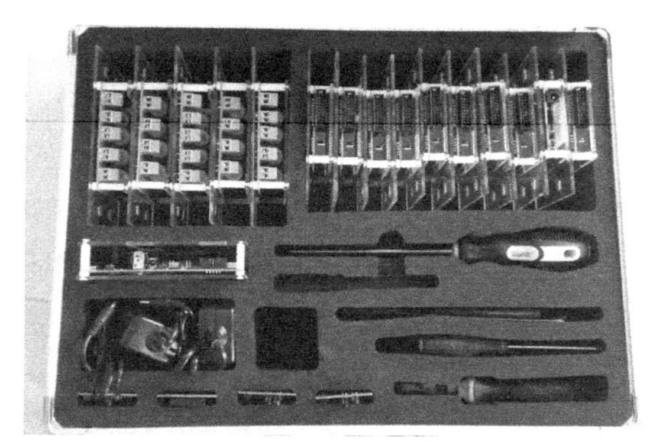

图 7-9　上海企想信息技术有限公司智能家居套件箱

智能家居套件箱设备清单见表 7-2。

表 7-2　智能家居套件箱设备清单

名　称	数　量	说　明
协调器	1 个	负责整个无线网络的连接控制
节点板	12 个	带有无线模块，其中 01、02、03 三个节点板上带有传感器
四路继电器	2 个	
五路继电器	3 个	
扩展元器件	4 个	红外线控制板 3 个、土壤板 1 个
变压器	2 个	分别为 5V 和 12V
3.7V 充电电池	13 节	供协调器和节点板使用
协调器连接线	1 条	用于设置时与计算机的连接
节点板连接线	2 条	用于设置时与计算机的连接

（续）

名　　称	数　　量	说　　明
光盘	1 张	驱动程序和调试程序
一字螺钉旋具	1 把	
十字螺钉旋具	1 把	
剥线刀	1 把	
剥线钳	1 把	
钳子	1 把	
绝缘胶布	1 卷	

每个箱子中的设备都是配套产品，打开智能家居套件箱后，首先应根据设备清单核对箱中的东西是否齐全完好。特别要注意的是，箱中的协调器和节点板应为配套产品，在协调器和节点板上都会标有 4 组 8 位的地址（即 MAC 地址），如图 7-10 所示。每个箱子中的协调器和节点板的 MAC 地址前 6 位是相同的，代表它们在同一个网络段内，方便之后的设置与连接。其中协调器的 MAC 地址最后 2 位为 00，12 个节点板 MAC 地址的最后 2 位分别为 01～0C。

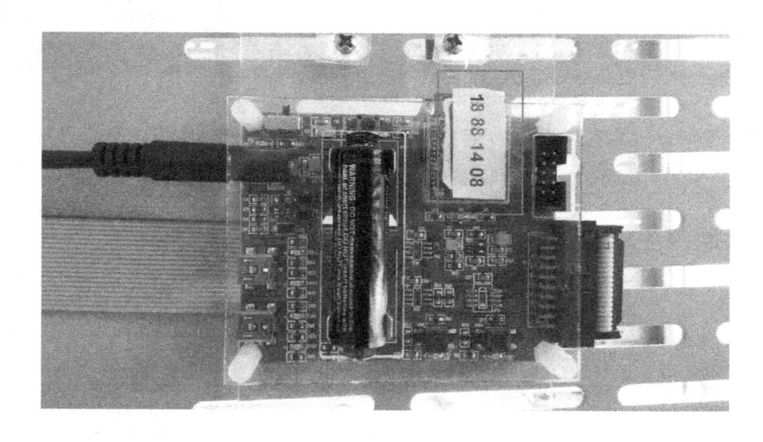

图7-10　节点板的MAC地址

职场互动

互动题目：一个组员报工具名称，另一个组员传递工具，以培养他们合作的默契。

互动方式：小组竞赛，小组互评，教师讲评。

拓展提升

熟悉智能家居套件箱中各种工具的使用方法，反复练习，达到熟练使用的程度。

任务 4　万用表和工具

知识链接

1. 万用表

万用表又称为多用表，是一种多功能、多量程的测量仪表，是电力电子等部门不可或缺的测量仪表，一般用于测量电压、电流和电阻。万用表按显示方式分为指针万用表和数字万用表。一般万用表可测量直流电流、直流电压、交流电流、交流电压、电阻和音频电平等。

2. 使用万用表的注意事项

①在使用万用表之前，应先进行机械调零，即在没有被测电量时，使万用表指针指在零电压或零电流的位置上。

②在使用万用表过程中，不能用手接触表笔的金属部分，这样一方面可以保证测量准确，另一方面也可以保证人身安全。

③在测量某一电量时，不能在测量的同时换档，尤其是在测量高电压或大电流时，更是如此。否则会使万用表毁坏。如需换档，则应先断开表笔，换档后再去测量。

④万用表在使用时必须水平放置，以免造成误差。同时，还要避免外界磁场对万用表的影响。

⑤万用表使用完毕后应将转换开关置于交流电压的最大档。如果长期不使用，还应将万用表内部的电池取出来，以免电池腐蚀表内的其他器件。

温情提示

当测量电阻时，首先要将两表笔短接，通过旋钮进行调零，再进行测量，读数时电阻值的零刻度线在最右侧。

上岗实操

在本项目中需要用到万用表测电流、电压和电阻。当无法确认电源电压时需要测电压，当怀疑用电器外壳带电时可以测电流，利用测电阻的方式可以确认用电器内部线路是否损坏。

万用表上方为读数区（配有不同刻度），下方旋钮用以选取功能和量程，如图 7-11 所示。两只表笔红色接正极，蓝色接负极。

使用步骤如下：

①进行机械调零。

②选择测量的物理量和合适的量程档位。

③用两只表笔接触所需测量的位置，红色接正极，蓝色接负极。

④待指针稳定后，读取读数。

⑤用读数乘以所选择的量程得到最终的测量结果。

其他工具的使用方法如图 7-12～图 7-15 所示。

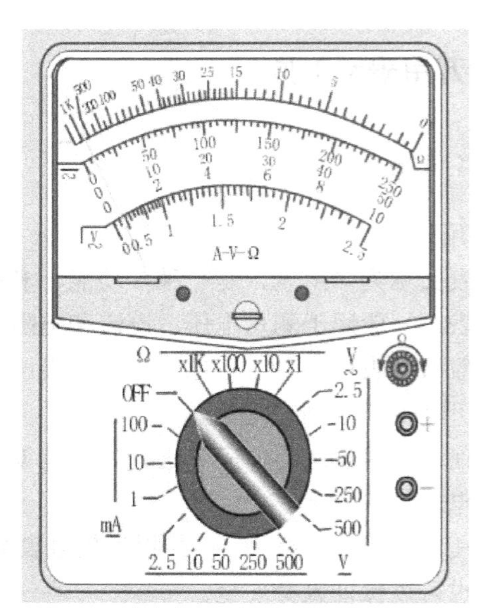

图7-11　万用表

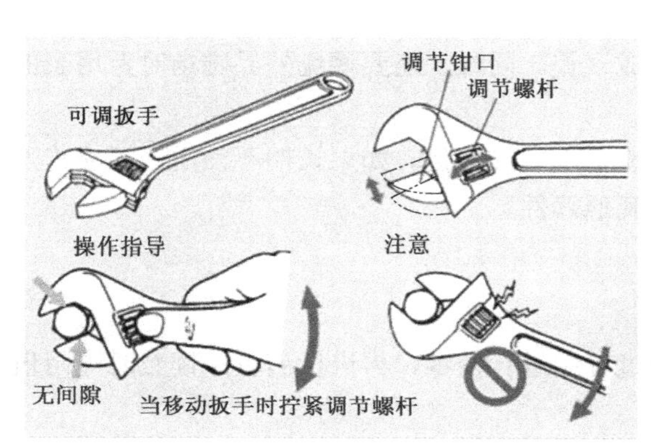

图7-12　扳手使用图解

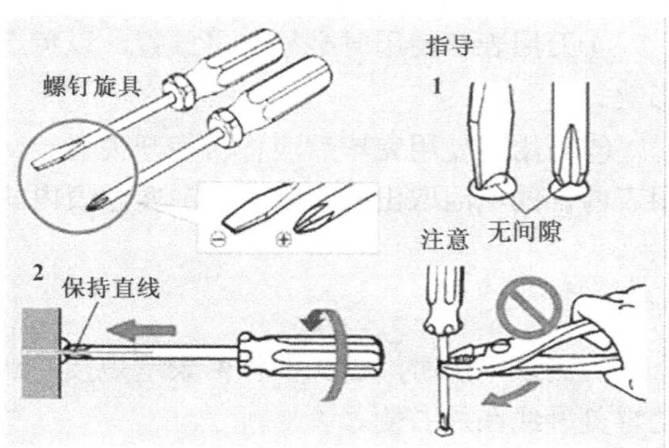

图7-13　螺钉旋具使用图解

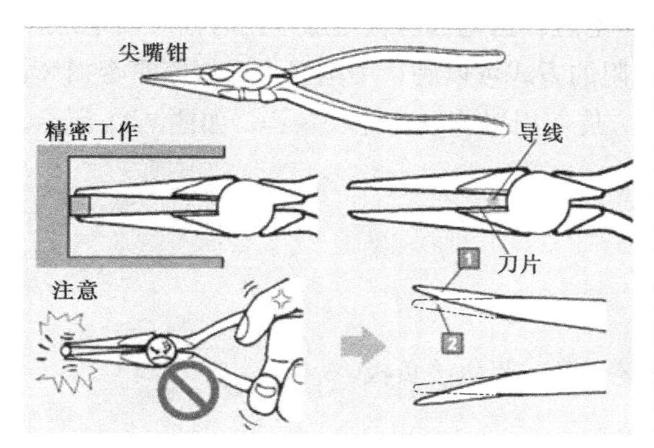

图7-14　尖嘴钳使用图解

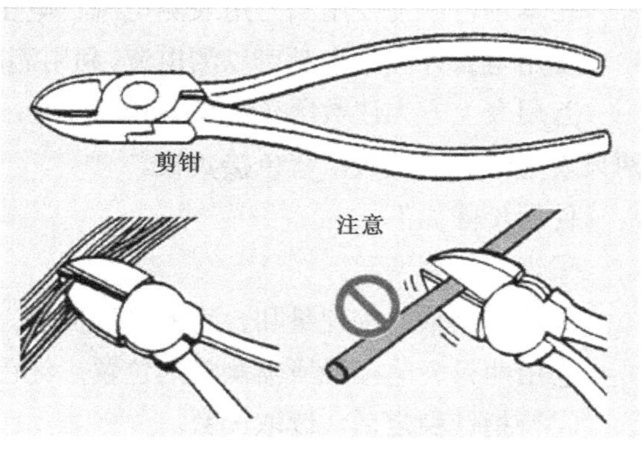

图7-15　剪线钳使用图解

职场互动

互动题目：万用表读数大赛。

互动方式：小组竞赛，小组互评，教师讲评。

拓展提升

万用表除了有指针表之外还有更加方便的数字表，通过所学知识，对数字万用表进行使用。

项目 2　硬件安装检测

项目描述

项目导引：准备工作都已经做完了，小李和小宁终于可以实际动手操作了，看着有些人有些松懈，指导老师老于告诫大家："可别以为这些安装都只是把空调器抬起来、把电视机挂上这类体力活，我们还需要完成加装智能家居的套件、安装 WI-FI、设置网络环境、初始化智能家居套件等多种丰富而有趣的任务。任何一步你不会或者安装错误都会对最终的结果造成很大影响，所以大家必须认真、谨慎地完成各项任务，必须保质保量地完成工程，我会在每天下午对你们所完成的工作进行检查。

活动流程：通过安装 WI-FI 和协调器、智能家居套件初始化、电器设备安装与调试以及智能家居套件安装 4 个任务，对上海企想信息技术有限公司的智能家居样板操作间的硬件部分进行安装和调试。将学生分为 2 人或多人一组，以组内分工协作，组间对抗竞赛的形式完成实训。

项目实施

任务 1　安装 WI-FI 和协调器

知识链接

1. WI-FI

WI-FI 其实就是 IEEE 802.11b 的别称，是由一个名为"无线以太网相容联盟"（Wireless Ethernet Compatibility Alliance，WECA）的组织所发布的业界术语，译为"无线相容认证"。它是一种短程无线传输技术，能够在数百米范围内支持互联网接入的无线电信号。它的最大特点就是方便人们随时、随地接入互联网。而安装 WI-FI，就是借助通过安装无线路由器这种设备来发送 WI-FI 信号。

2. 无线路由器

无线路由器是应用于用户上网、带有无线覆盖功能的路由器，可以视作一个转发器——将有线网络接出的宽带网络信号通过天线转发给附近的无线网络设备（笔记本电脑、平板电脑、支持 WI-FI 的手机等）。现在已经有部分无线路由器的信号范围达到了3000m。

3. 协调器

所有数据的采集和设备的控制需要通过节点板中的传感器进行，再通过无线网络进行发送和执行，这里使用的是一种称为 ZigBee 的短距离、低能耗、自组网的无线网络形式。协调器是整个 ZigBee 网络中的主要控制者，它具有较强大的功能，是整个网络的主要控制者，负责建立新的网络、发送网络信号、管理网络中的节点以及存储网络信息等。

 温情提示

无线路由器的外包装和说明书不要随意丢弃，要保留好，因为在接下来的项目中还需要对它进行设置，需要相关信息。

 上岗实操

连接无线路由器的方法十分简单，如图 7-16 所示。①处为电源，接入变压器连接 220V 交流电；②处为 WAN 口，将外网网线插入此端口；③处为 LAN 口，当还需连入一些有线设备时，用网线将此端口与计算机相连。

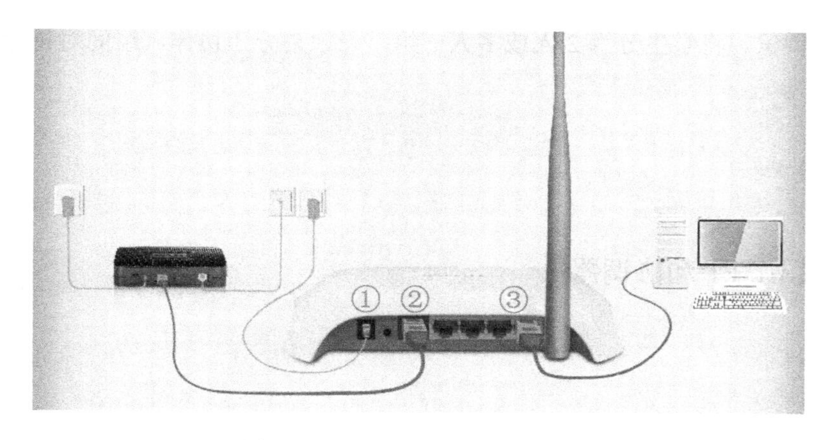

图7-16 无线路由器连接方法图解

①—电源 ②—WAN 口 ③—LAN 口

连接好后，插上路由器的电源，检查指示灯，在路由器运行正常的情况下，电源指示灯（PWR）常亮，系统指示灯（SYS）闪烁，WAN 端口以及 LAN 端口常亮或者闪烁。无线路由器指示灯工作状况见表 7-3。

表 7-3　无线路由器指示灯工作状况

指示灯	名　称	正常状态
	系统状态指示灯	闪烁
	无线状态指示灯	闪烁
	广域网状态指示灯	常亮或闪烁
	局域网状态指示灯	连接计算机的接口对应指示灯常亮或闪烁
	安全连接指示灯	慢闪转为常亮

将协调器通过协调器连接线连接至 PC，如果系统不能识别外部设备则应安装驱动程序，如图 7-17 和图 7-18 所示。

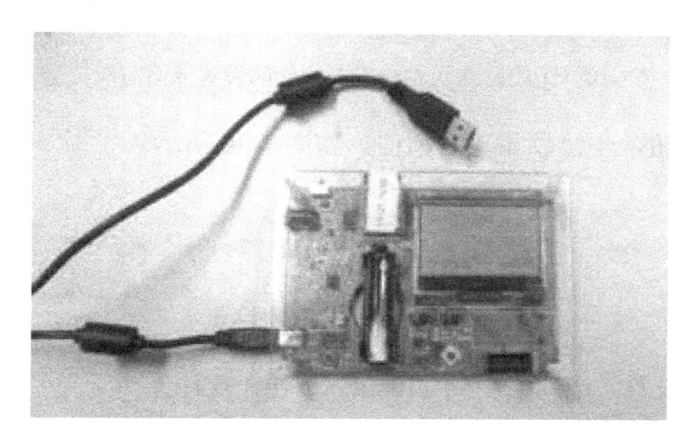

图7-17　将协调器连接至PC

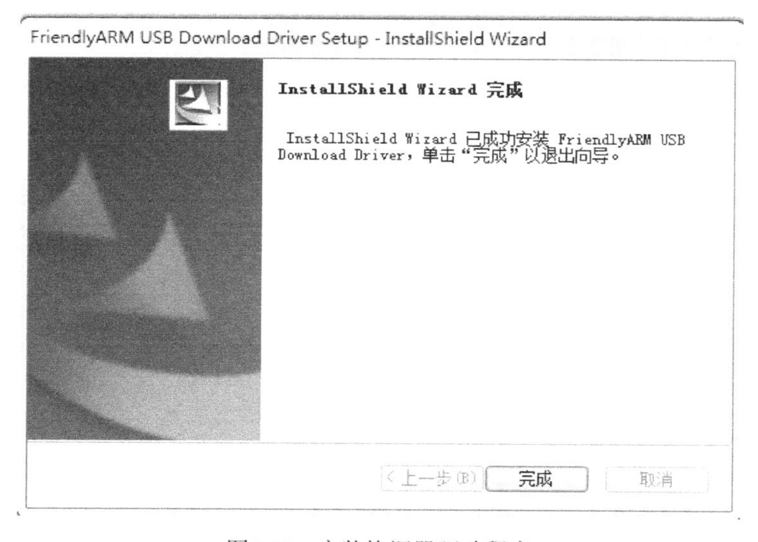

图7-18　安装协调器驱动程序

打开协调器侧面的开关让协调器开始工作，再打开“无线传感网实验平台软件”，在串口号位置选择 PC 设备管理器中显示的该设备的连接端口。

图7-19　无线传感网实验平台软件的设置界面与端口号

单击“Open”按钮，与协调器建立通信，如图 7-20 所示。

图7-20　协调器串口设置

单击“网络参数设置”选项组中的“Read”按钮，软件界面会显示协调器的 MAC 地址、PANID、Channel 等网络参数，可以对其进行修改，并单击“Write”按钮将其保存，如图 7-21 所示。

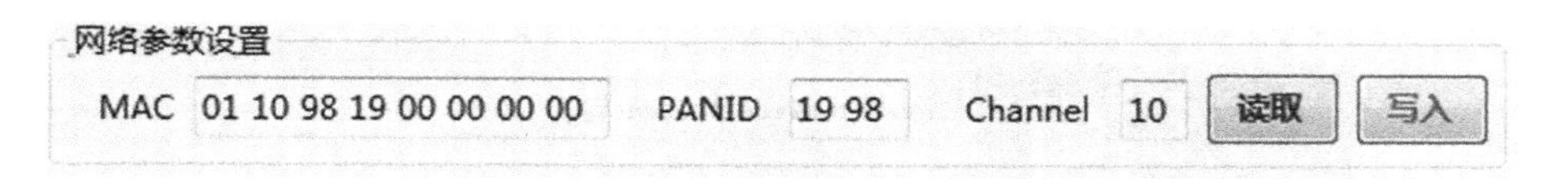

图7-21　协调器网络参数设置

职场互动

互动题目：协调器与无线路由器安装计时大赛。

互动方式：小组竞赛，小组互评，教师讲评。

拓展提升

通过完成本次任务积累的知识和经验，尝试安装节点板的驱动程序。

任务 2　智能家居套件初始化

知识链接

上海企想信息技术有限公司智能家居套件箱中的套件部分主要包含继电器、传感器和节点板，因其他元件不需进行复杂的设置，所以本任务着重进行 12 块节点板的设置。节点板是一个统称，通常指用于连接各种设备的装置。本工程中所使用的节点板带有 ZigBee 网络模块，并需要连接相应线路、传感器等设备。

温情提示

节点板由一节 5 号充电电池（3.7V）供电，在安装电池时要看清正负极标识再进行安装，防止因正负极颠倒而对设备造成损坏。

上岗实操

将节点板通过 USB 线连接至 PC，打开“无线传感网实验平台软件”，切换至“基础配置”选项卡，选择串口号（此处的 COM 口编号要与实际情况一致）串口号在“设备管理器”中查询，如图 7-22 所示。

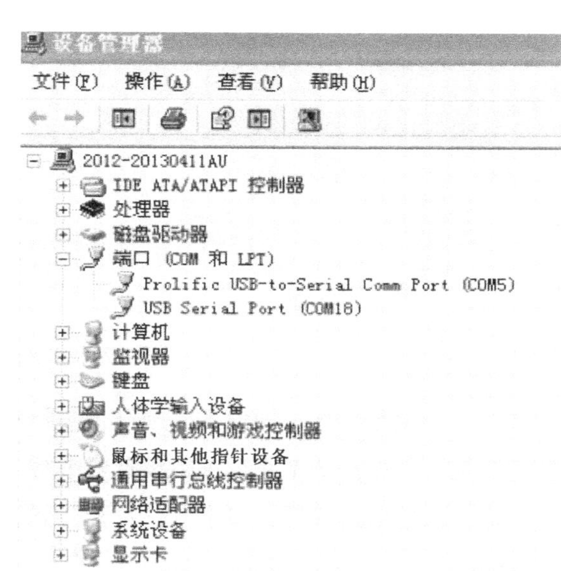

图7-22　将节点板与PC连接及节点板串口号

单击“串口设置”选项组中的“Open”按钮，与节点板建立通信，如图 7-23 所示。单击“网络参数设置”选项组中的“Read”按钮，软件界面会显示协调器的 MAC 地址、PANID、Channel 等网络参数，可以对其进行修改，并单击“Write”按钮将其保存，如图 7-24 所示。

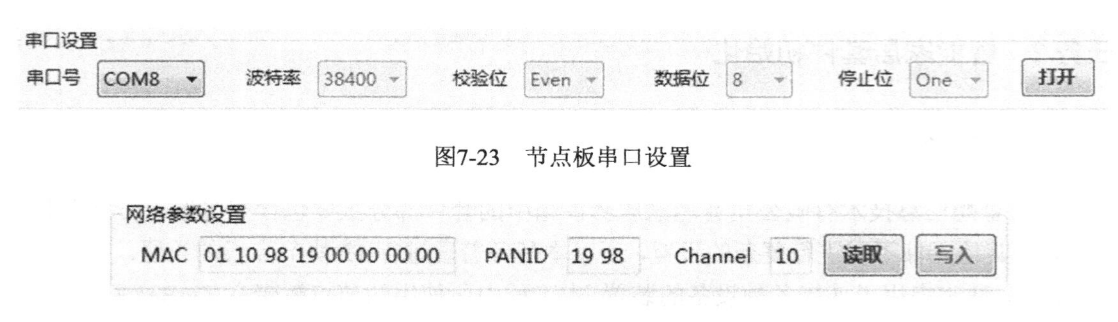

图7-23　节点板串口设置

图7-24　节点板网络参数设备

单击节点板参数设置处的“Read”按钮，软件界面会显示“板号”“板类型”“采样间隔”等参数，可以对其进行相应的修改，并单击“Write”按钮将其保存，如图 7-25 所示。

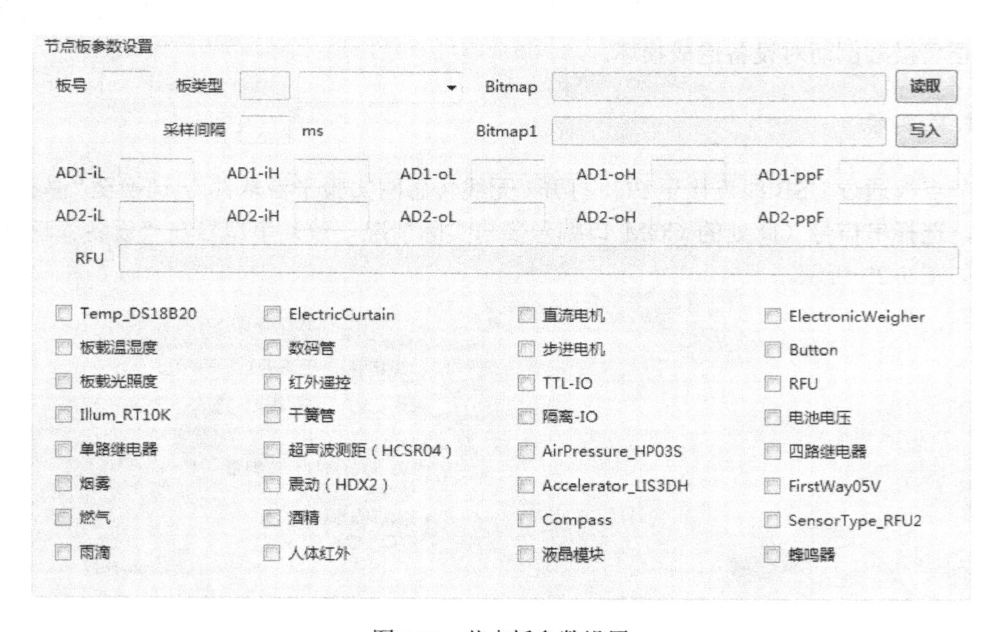

图7-25　节点板参数设置

注意：板类型、配置的设备必须符合实际的连接安装情况，否则无法正常工作。板类型与相应功能要严格按照节点板参数设置表中给出标准的进行设置。

XML 文件配置：使用记事本软件打开“无线传感网实验平台软件”文件夹内的“WirelessSensorNetworkConfig.xml”文件，修改文件中的串口号以及各节点板的 MAC 地址，如图 7-26 所示，保存并退出。

职场互动

互动题目：节点板设置速度大赛？

互动方式：小组竞赛，小组互评，教师讲评。

```
<coordinator name="协调器01"
      port="COM34"   baud="38400"
      mac="00 02 00 00 00 00 00 00" channelid="10"panid="1998"
      interval="3000"
      enabled="true">

  <!--节点板MAC地址必须配置正确-->
  <enddenice name="节点01"
      mac="AA 00 00 00 00 00 00 01"
      short-addr="?"
      ednum="?"
      enabled="true">
```

图7-26　XML文件配置

拓展提升

在学会设置节点板的同时，仔细思考设置的各项参数都是什么意义，是如何让智能家居套件工作起来的。

按照如图 7-27 所示的样子，试着将相关传感器与节点板连接。

图7-27　节点板连接外部设备

任务 3　电器设备安装调试

知识链接

导线通常由铜或铁充当导体，其外层用绝缘材料包裹，用以连接电源与用电器，用电器与控制器等，其作用是传输电流。通常情况下，红色为相线，接正极；蓝色为中性线，接负极；如有第三根线，则为地线（黄绿相间），接地。导线的规范接法如图 7-28 和图 7-29 所示。

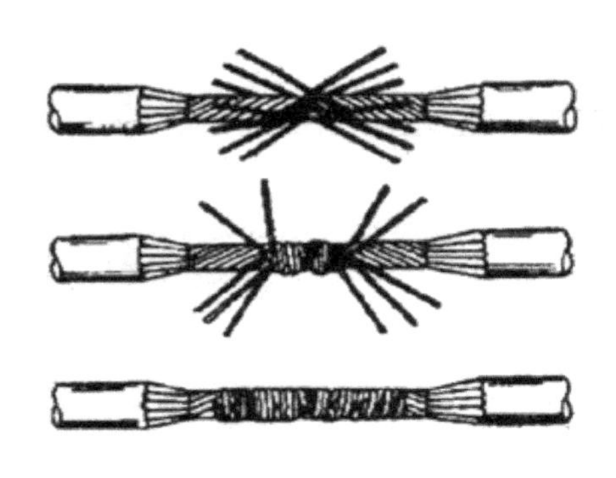

图7-28 两股导线的规范接法

图7-29 三股导线的规范接法

 **温情提示**

安装一些大型电器（如电视机、空调器）时，需要两个人或多个人通力配合。小型电器的安装各有各的方法，按照操作流程进行。

 **上岗实操**

各种电器的安装方法各有不同，下面逐项进行介绍。

1）电视机：需要用支架将电视机固定在样板间墙体上。由于难度较大且容易对设备造成损坏，因此不要求全体施工人员掌握。电视机的安装效果如图 7-30 所示。

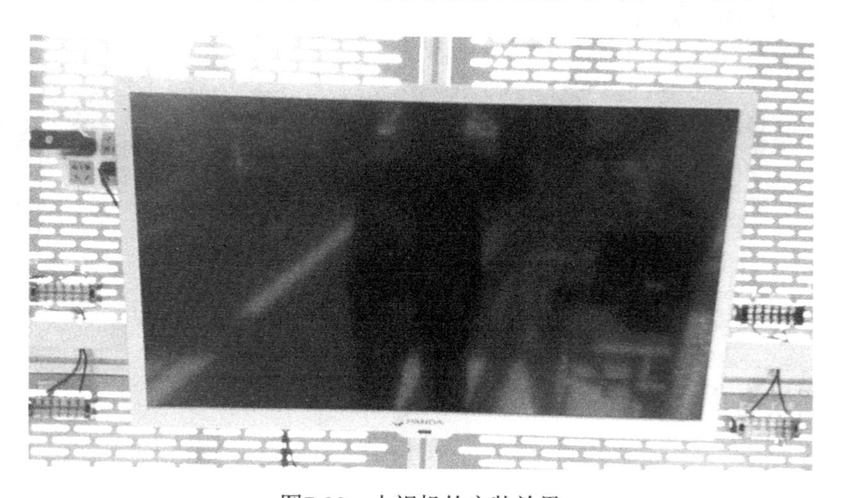

图7-30 电视机的安装效果

2）空调器：由于空调器背面有两个挂钩，安装前应量好位置——在墙体上固定 2 个螺钉，前头留出一部分；由一名组员拖起空调器，另一名组员在背面调整位置，将空调器固定在墙上。因为只是样板间，所以空调器无需安装压缩机，大大降低了难度。空调器的安装效果如图 7-31 所示。

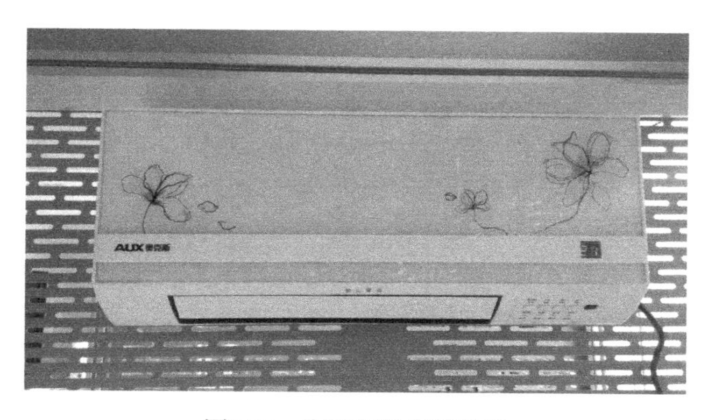

图7-31　空调器的安装效果

3）音响和 DVD 播放器：直接打开包装，将音响和 DVD 播放器放在样板间正中间的台面上，将音频、视频端子线与相关设备连接。音响和 DVD 播放器的安装效果如图 7-32 所示。

图7-32　音响和DVD播放器安装效果

4）摄像头：摄像头底部有一颗螺钉，用这颗螺钉把摄像头固定在墙体的高处，确保摄像头旋转时能监测到整个样板间的状况。摄像头的安装效果如图 7-33 所示。

图7-33　摄像头的安装效果

注意：以上 5 种设备，其自身都带有无线遥控器或无线网络连接，所以可直接安装，电源直接连接插座提供的 220V 交流电。

5）报警器：报警器的安装非常简单，其底部有一块磁铁，磁铁会通过吸引力将报警器固定在墙上，同时应为报警器的导线预留足够长度，为下一步的智能家居套件安装做准备。报警器的安装效果如图 7-34 所示。

6）排气扇：安装排气扇之前，要先将排气扇底部的铁架固定在墙体上，再将排气扇安装在铁架上。排气扇的电源线用钳子剪为两节（长度适中），为下一步的智能家居套件安装做准备。

图7-34　报警器的安装效果

图7-35　排气扇的安装效果

7）烟雾探测器：将烟雾探测器底部顺时针旋转，可将底部拆下，露出螺钉孔，利用螺钉将烟雾探测器底部固定在墙体上，在将其他部分安装上。4 根不同颜色的导线留适当长度，为下一步的智能家居套件安装做准备。

8）LED 射灯：将两个 LED 射灯，通过底部螺钉安装到样板间的上方，每个灯的两根导线留适当长度，为下一步的智能家居套件安装做准备。

9）窗帘：将电动机固定在样板间侧面，接口接一根电话线，将窗帘装入挂钩。

图7-36　烟雾探测器的安装效果

图7-37　LED射灯的安装效果

注意：因为射灯和窗帘都需要安装在样板间的顶端，所以要用到梯子，使用时需注意安全，一名组员登上梯子安装，另一名组员在下面扶梯子，并负责递送安装人员需要的相关安装工具。窗帘的安装效果如图 7-38 所示。

图7-38　窗帘的安装效果

10）门禁系统：之所以将其放在最后，是因为这一部分的安装较为复杂，需要严格按照电路图安装。门禁系统的电器设备包括电插锁、手动开关、刷卡门禁、门铃和变压电源控制器。将各电器设备固定在墙体上，预留适当长度的导线，为下一步智能家居套件的安装做准备。门禁系统的安装效果如图 7-39 所示。

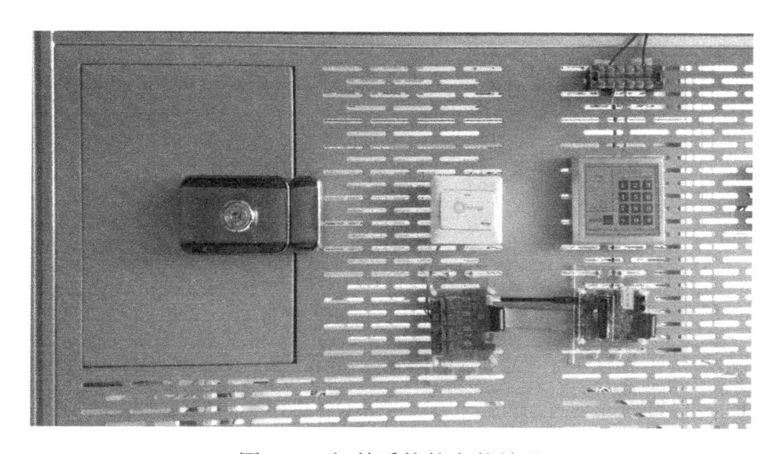

图7-39　门禁系统的安装效果

职场互动

互动题目：电气设备安装大赛。

互动方式：小组竞赛，小组互评，教师讲评。

拓展提升

想要快速、准确地完成本任务是没有捷径可走的，只能通过反复不断地安装练习，并且在练习中总结积累经验，如何设置各设备的位置、组员之间怎样合作能达到效率最大化，这些都只有反复练习才能逐渐提高效率。

任务 4　智能家居套件安装

知识链接

绝缘胶带（Insulated Rubber Tape）专指电工使用的用于防止漏电，起绝缘作用的胶带，又称绝缘胶布或胶布带，由基带和压敏胶层组成。基带一般采用棉布、合成纤维织物和塑料薄膜等制成，压敏胶层由橡胶加增黏树脂等配合剂制成，具有黏性好、绝缘性能优良等特点。绝缘胶带具有良好的绝缘耐压、阻燃、耐候等特性，适用于电线接驳、电气绝缘防护等。当连接完相应线路时，应用绝缘胶布将裸露的导线包缠好，防止漏电或短路，如图 7-40 所示。

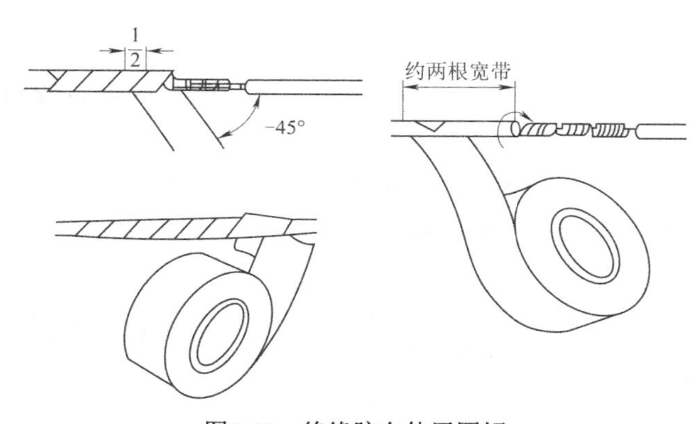

图7-40　绝缘胶布使用图解

温情提示

因为节点板体积较小、外壳较脆弱，所以安装时要用小号的一字螺钉旋具，并且安装时切勿用力过猛，以防损坏设备。

上岗实操

本任务的作用就是给上个任务已安装好的各种能够正常工作的用电器加装智能控制装置，让它们真正“智能”起来。

在之前的任务中已经提到，智能家居套件主要由 12 块节点板（01～0C）、5 个继电器（节点型继电器和电压型继电器）和 4 个传感器扩展元件构成。下面将按节点板的顺序依次进行安装，安装说明见表 7-4。

表 7-4　智能家居套件安装说明

节点板编号	所负责系统	安装说明
01	环境检测系统（光照度）	用 4 颗螺钉将其固定在样板间墙体的适当位置
02	环境检测系统（温度）	用 4 颗螺钉将其固定在样板间墙体的适当位置
03	环境检测系统（湿度）	用 4 颗螺钉将其固定在样板间墙体的适当位置
04	烟雾报警系统	将土壤传感器扩展元件插入 4 号传感器，并与烟雾探测器连接，烟雾探测器的红蓝两条线接 12V 直流电源，另两条天线与土壤板连接，传感器通过导线接入 5V 直流电源
05	灯光控制系统	节点板和电压型继电器用数据线相连，将两个 LED 射灯的相线和中性线分别接入继电器的其中两路，继电器进线端接 12V 直流电源，传感器通过导线接入 5V 直流电源
06	报警器系统	节点板和继电器用数据线相连，将报警器的相线和中性线接入继电器中的一路，继电器进线端接 12V 直流电源，传感器通过导线接入 5V 直流电源
07	电动窗帘系统	按照电动窗帘系统接线图进行接线
08	门禁系统	按照门禁系统接线图进行接线
09	排气扇系统	节点板和继电器用数据线相连，将排气扇的相线和中性线接入继电器中的一路，继电器进线端接 220V 交流电源，传感器通过导线接入 5V 直流电源
0A	电视机控制系统	给节点板加装红外控制板扩展元件，将其固定在墙体上，红外发射器对准电视机
0B	空调系统	给节点板加装红外控制板扩展元件，将其固定在墙体上，红外发射器对准空调器
0C	DVD 播放系统	给节点板加装红外控制板扩展元件，将其固定在墙体上，红外发射器对准 DVD

部分接线较复杂的系统的电路图如图 7-41～图 7-46 所示：

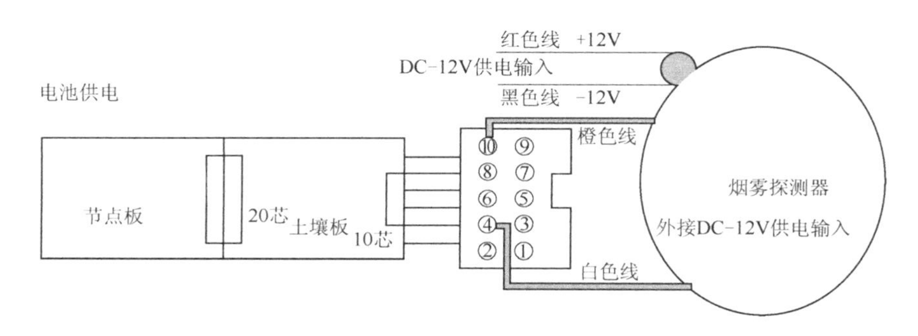

图7-41　烟雾报警系统电路图

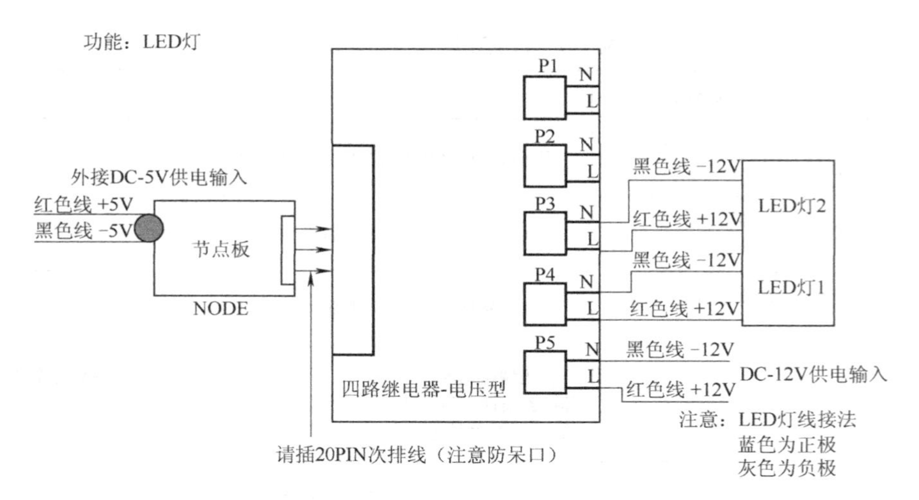

图7-42 LED射灯电路图

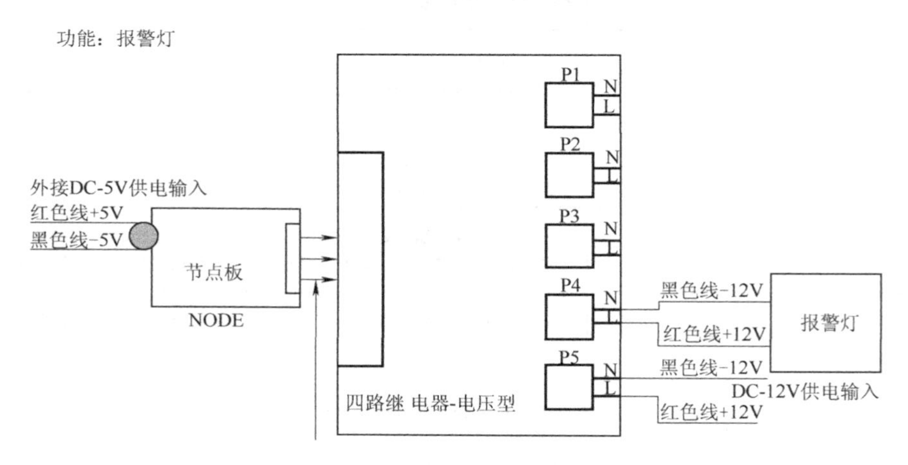

图7-43 报警灯电路图

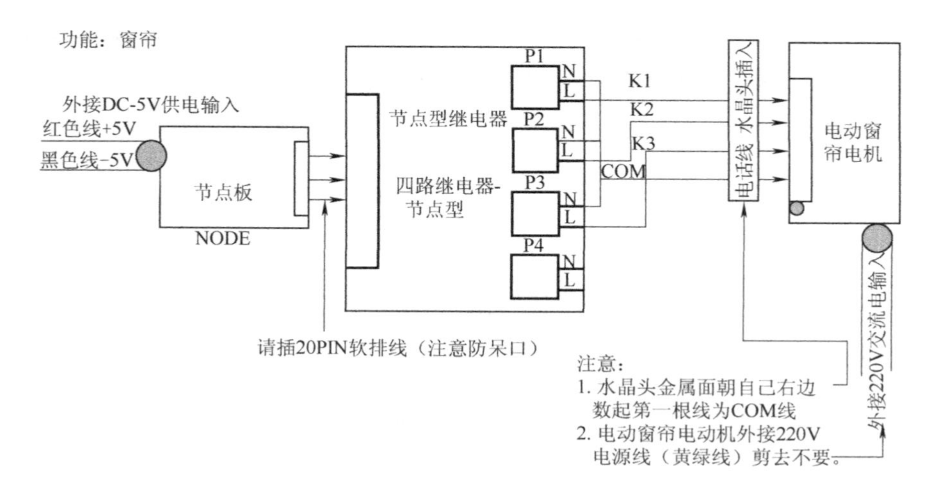

图7-44 窗帘系统电路图

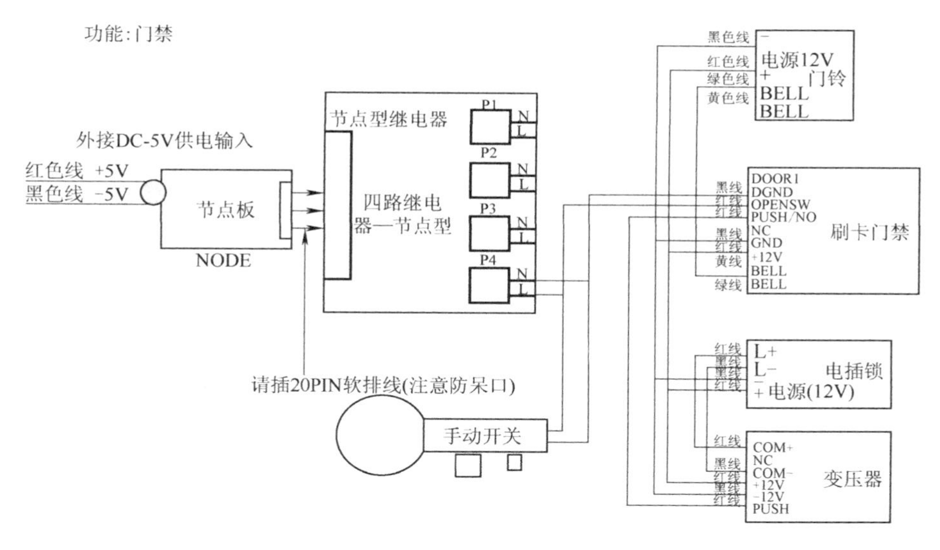

图7-45　门禁系统电路图

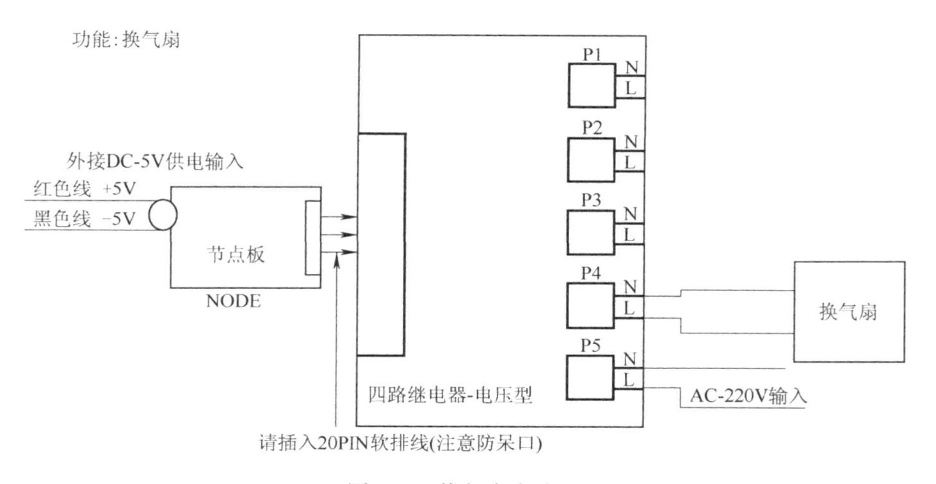

图7-46　换气扇电路图

职场互动

互动题目：本任务的安装规则较多，可先采取提问、各组抢答的形式加深记忆，再进行安装速度的比拼。

互动方式：小组竞赛，小组互评，教师讲评。

拓展提升

第一次接线时，接线处往往会显得杂乱无章。要想让整个样板间看上去美观、有序，合理的布线是必不可少的。通过反复练习，将导线预留适当的长度，在线路集中的地方借助胶管等配件进行整理，以快速、准确地完成工程的硬件安装工作。

项目 3　软件调试运行

项目描述

项目导引：经过反复的拆装练习之后，小李和小宁终于熟练掌握了智能家居样板间家电设备和智能家居空间的安装，达到了布局合理、整体美观有序的效果，而施工的速度也从原来的小半天压缩到 1h 以内就可以完成。但所有设备都不只是安装好就行，还需要按照要求实现相关功能。所以在经过前面多个单元的学习和经验的积累，小李和小宁即将开始进行智能家居软件的调试与运行。软件运行是否顺利是需要一定的知识储备和理论基础的，当然还有很重要的一点，那就是上一个项目中硬件安装的好坏，如果在设置和安装硬件时没有严格按照工程要求来做，那么在这一环节中，是极有可能需要返工的。

活动流程：通过“WI-FI 的设置”“绘制智能家居电路图”“启动协调器”和“运行智能家居软件”4 个任务，来对上海企想信息技术有限公司的智能家居样板操作间的软件部分进行调试与运行。将学生分为 2 人或多人一组，以“组内分工协作、组间对抗竞争”的形式完成实训。

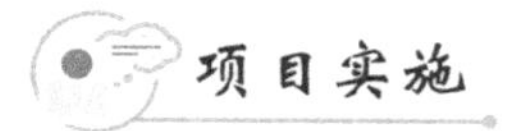

项目实施

任务 1　WI-FI 的设置

知识链接

1. 重置无线路由器

如果所使用的无线路由器是之前被设置过的，那么可以通过在通电情况下，用笔芯按住路由器后侧的“RESET”口 6s 以上，来进行路由器的重置，如图 7-47 所示。

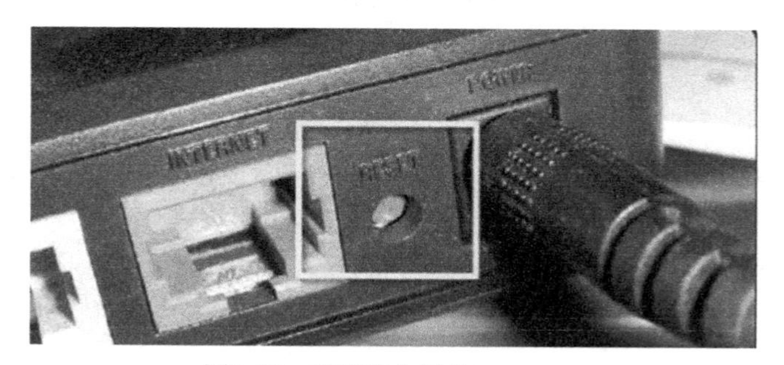

图7-47　无线路由器的RESET口

2. WI-FI 密码的设置要求

一个安全系数较高的密码应该包含大小写字母、数字和特殊字符。此处可根据自身习惯混合多种字符设置一个 8 位以上的密码。

温情提示

WI-FI 密码不宜设置得过得简单，否则容易被其他人盗用甚至入侵，也不要直接使用初始密码，要谨慎设置。

上岗实操

上海企想信息技术有限公司的智能家居样板操作间的控件——节点板和协调器之间主要是通过 ZigBee 这种低能耗、短距离的无线网络传输形式来进行数据和命令的采集、传输和发送。但智能家居不能只局限在家中，加装 WI-FI 的主要目的是为了将家庭内部的 ZigBee 局域网络和外部网络联通，使得无论是在家中还是远在外地，只要手中的手机、平板电脑或 PC 能够访问 Internet，就可以实现对家中的实时监控与控制。

在浏览器地址栏输入“192.168.1.1”按<Enter>键。注意：这个 IP 地址 TP-link 是 192.168.1.1，D-Link 是 192.168.0.1，如图 7-48 所示。根据所使用的品牌有所差异，具体可以在无线路由器的背部标签可见，同时默认用户名和密码也可以看到，如图 7-49 所示。

图7-48　无线路由器外包装

图7-49　登录无线路由器

浏览器会弹出如图 7-50 所示的“设置向导”界面。如果没有自动弹出此界面，则可以单击界面左侧的“设置向导”菜单将其激活。

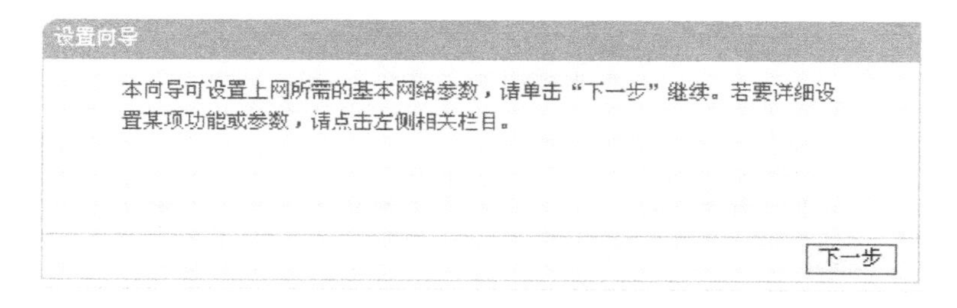

图7-50　无线路由器的设置向导

单击“下一步”按钮，进入“设置向导—上网方式”界面，根据实验室的上网方式进行选择，也可选择让路由器自动识别，如图 7-51 所示。

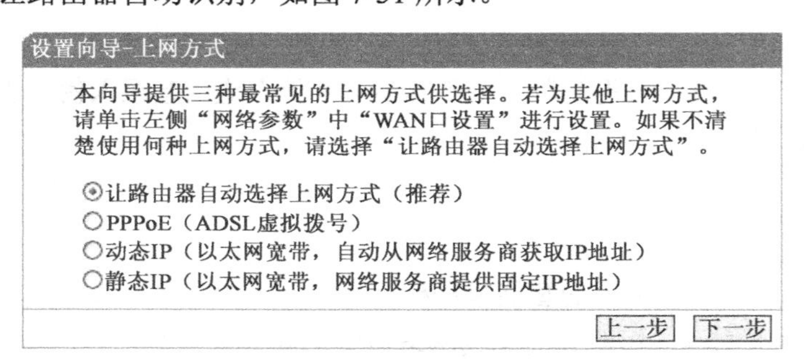

图7-51　设置上网方式

设置完成后，单击“下一步”按钮，进入“设置向导—无线设置”界面。设置名称（SSID）和密码，如图 7-52 所示。

设置向导 - 无线设置

本向导页面设置路由器无线网络的基本参数以及无线安全。

无线状态：开启

SSID：TP-LINK_DE00A0

信道：自动

模式：11bgn mixed

频段带宽：自动

最大发送速率：300Mbps

无线安全选项：

为保障网络安全，强烈推荐开启无线安全，并使用WPA-PSK/WPA2-PSK AES加密方式。

不开启无线安全

WPA-PSK/WPA2-PSK

PSK密码：

（8-63个ACSII码字符或8-64个十六进制字符）

不修改无线安全设置

上一步　下一步

图7-52　无线路由器设置

设置完成后，单击“下一步”按钮，进入“设置向导”界面，如图 7-53 所示。重启后，无线设置生效。

设置向导

设置完成，单击“完成”退出设置向导。

提示：若路由器仍不能正常上网，请点击左侧“网络参数”进入“WAN口设置”栏目，确认是否设置了正确的WAN口连接类型和拨号模式。

上一步　完 成

图7-53　设置完成

在设置完无线路由器的基础功能之后，无线路由器即可正常工作，如需进行进一步设置，可以单击界面左侧的列表，根据要求进行具体项目的设置。

 **职场互动**

互动题目：无线路由器设置速度大赛。

互动方式：小组竞赛，小组互评，教师讲评。

 **拓展提升**

通过对无线路由器的认识，对无线路由器密码进行修改。

任务 2　绘制智能家居电路图

 **知识链接**

Microsoft Office Visio 2010 是一款便于 IT 和商务专业人员就复杂信息、系统和流程进行可视化处理、分析和交流的软件，如图 7-54 所示。使用具有专业外观的 Office Visio 2010 图表，可以促进对系统和流程的了解，深入了解复杂信息并利用这些知识做出更好的业务决策。

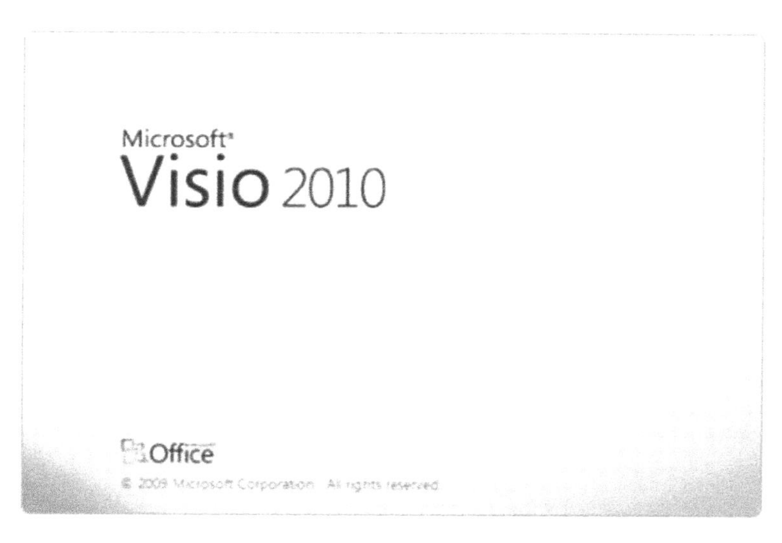

图7-54　Micrsoft Visio 2010

Microsoft Office Visio 帮助用户创建具有专业外观的图表，以便理解、记录和分析信息、数据、系统和过程。

 **温情提示**

在开始安装或完成安装时，要保存相关信息，方便工作有条不紊地进行和日后的维护。

上岗实操

本任务要求大家按照自己安装的样板间硬件完成施工电路图的绘制（要求使用微软的Visio来进行绘制）。

在绘制的过程中不要担心会过于复杂，因为Mircosoft-Visio给使用者提供了非常完善的基础库服务，只要将相关元件拖动到界面中，再用线路进行连接即可，如图7-55所示。单独系统电路图如图7-56所示。

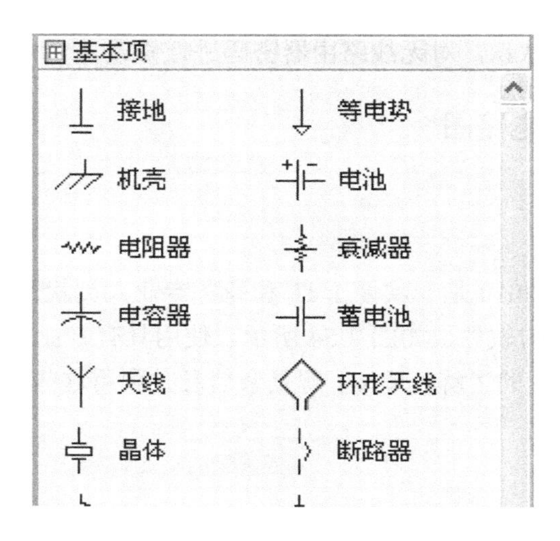

图7-55　Visio元件面板

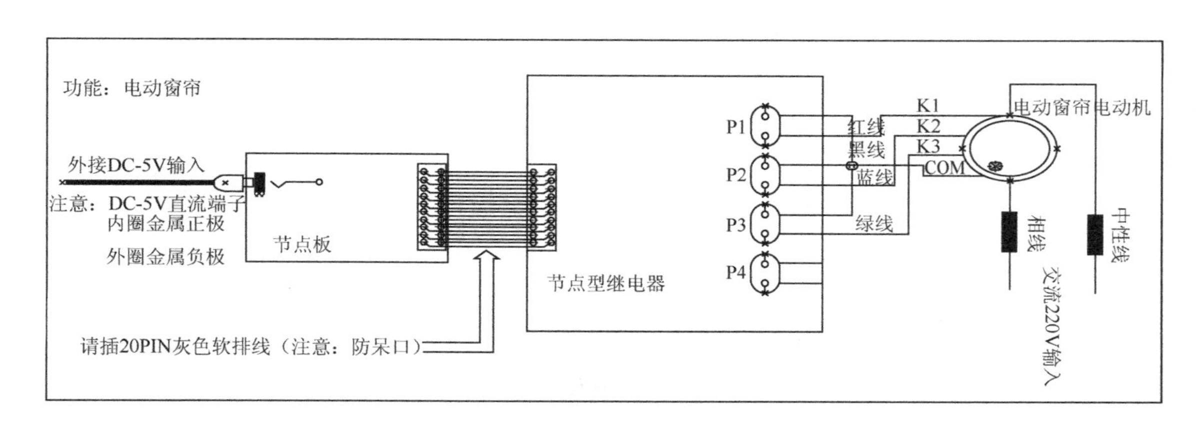

图7-56　单独系统电路图

职场互动

互动题目：以小组为单位分享使用Microsoft Visio的心得。

互动方式：小组竞赛，小组互评，教师讲评。

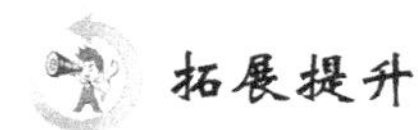

拓展提升

使用 Visio 的其他组件，绘制智能家居样板间拓扑图。

任务 3　启动协调器

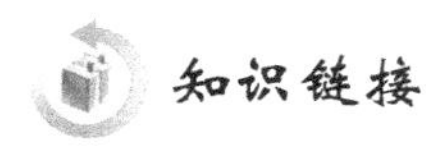

知识链接

用万用表检测断路和短路的方法如下：

在确保线路没有电的情况下，用电阻档（指针表拨到 R×10 档，数字表选择通断档），将两表笔接触要测的两点（或两线），指针表不动则是断路，指针迅速指向零刻度则为短路；对于数字表，断路时数字无变化，也无声音；短路时会发出报警声，或数字为零。

温情提示

协调器和节点板的开关在侧面，打开后为 2 个绿灯常亮、1 个红灯闪烁，如果打开后没有反应则需要更换电池或接上电源线为充电电池充电。

上岗实操

将协调器与计算机连接，并依次打开 12 个节点板上的电源开关，如图 7-57 所示。如果之前的配置正确，则可以在协调器的液晶屏幕上看到对应的空心方块变成实心的，表明协调器与节点之间的无线网络已经连接，如图 7-58 所示。

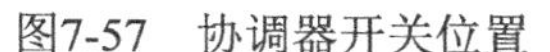
图7-57　协调器开关位置

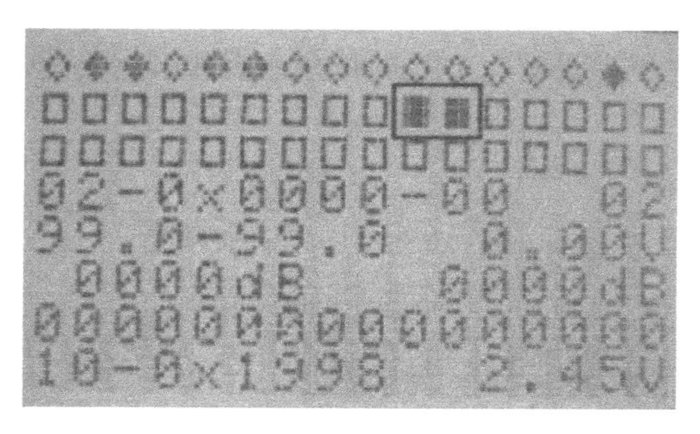

图7-58　协调器显示面板

打开“无线传感网实验平台软件”，单击“启动系统”按钮，切换至“设备状态”选项卡，如果之前的配置正确，可以在软件界面上读取协调器的实时状态，并可以获取各个节点板上传的数据，如图 7-59 所示。

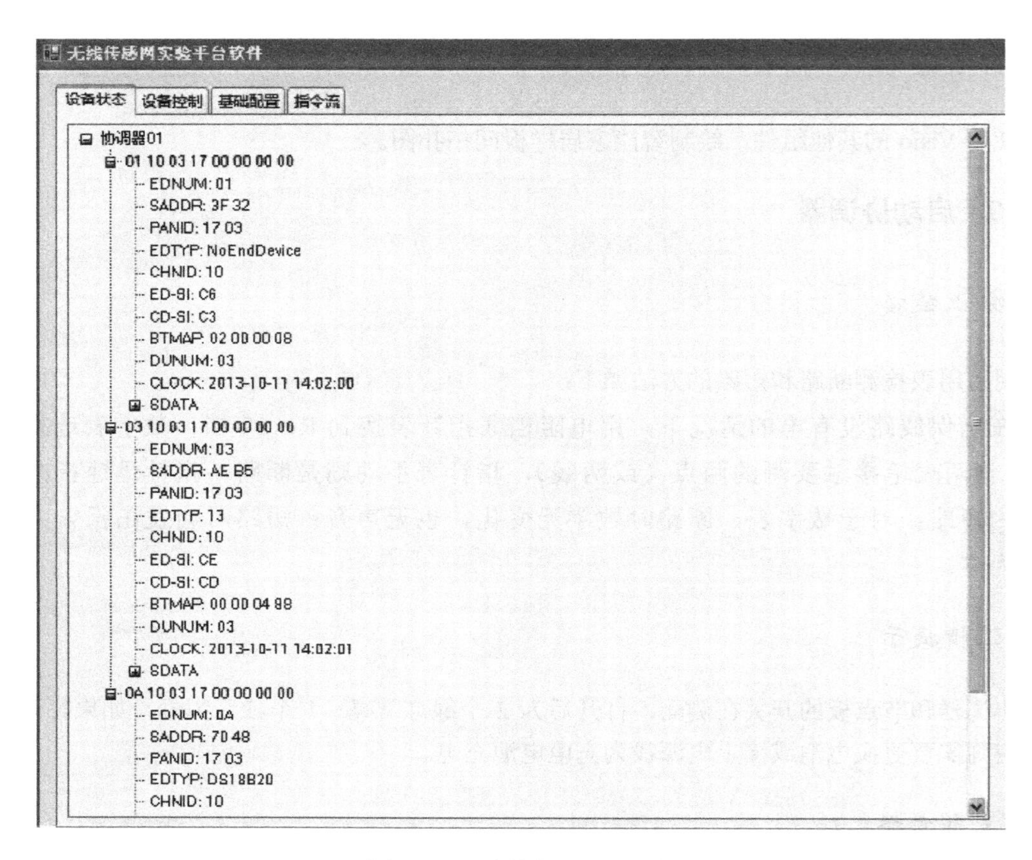

图7-59　已连接的节点板信息

统一检查是否所有节点板都已与协调器连接，如果出现未连接情况，则可以尝试进行以下操作：

1）确认所有节点板电源都已打开（LED射灯和窗帘的节点板在样板间上方容易被忽略）且供电正常，如图7-60所示。如节点板没有打开，则电源如图7-61所示。

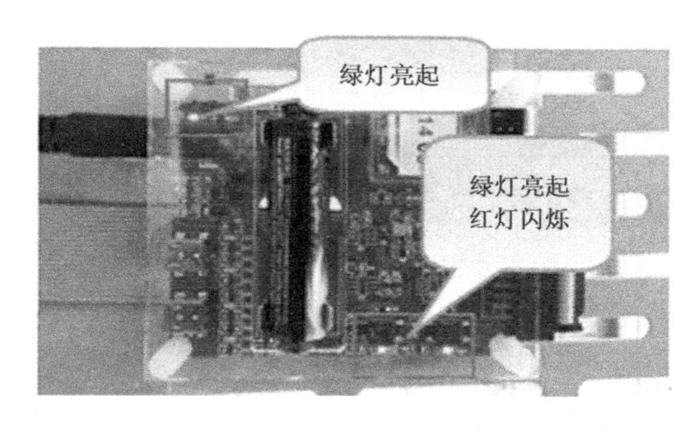

图7-60　节点板电源闭合

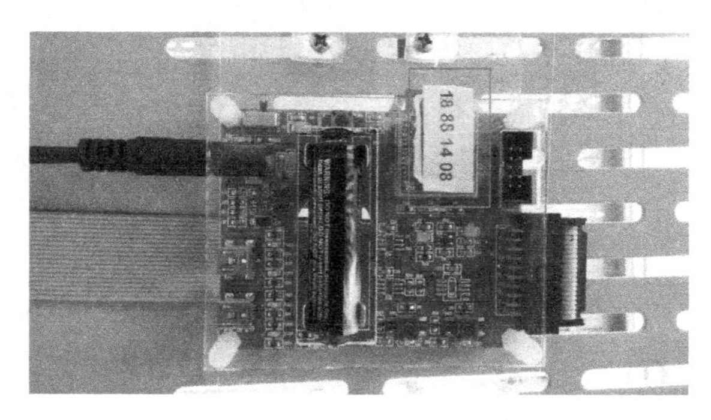

图7-61　节点板电源断开

2）检查线路是否接好，有无断路、短路等问题，包括导线部分、数据线连接部分和节点板电源部分。可通过万用表进行检查。

3）确认设备是否损坏。

4）确认节点板设置的相关选项，编号、频道是否正确，MAC 地址是否在同一段，有无设置成同一地址造成冲突的情况。

5）检查 XML 文档中有无端口号或 MAC 地址设置错误或漏设的地方。

职场互动

互动题目：以小组为单位分享出现的问题，通过讨论得出之前硬、软件安装调试时容易出现的问题，确认安装时的注意事项。

互动方式：小组竞赛，小组互评，教师讲评。

拓展提升

反复练习，并通过练习总结积累经验，缩短操作时间，提高成功率。

任务 4　运行智能家居软件

知识链接

无线传感器网络实训平台软件是上海企想信息技术有限公司设计的用户智能家居实训项目设备的设置、调试和控制的后台软件，分为“设备状态”“设备控制”“基础配置”和“指令流”4 个选项卡，不同的实训操作对应不同的选项卡。本实训项目的软件调试主要通过此软件进行。

温情提示

所有对无线传感器实训平台软件的操作，都可以在“指令流”选项卡中看到具体时间和操作明细。

上岗实操

确定 ZigBee 网络连接正常之后，打开“无线传感网实训平台软件”，单击“启动系统”按钮，等待 12 个传感器全部上线。

切换至“设备控制”选项卡，可以看到 12 个节点的基本信息、信息采集窗口和各种控制按钮，如图 7-62 所示。

无线传感网实训平台软件的控制说明见表 7-5。

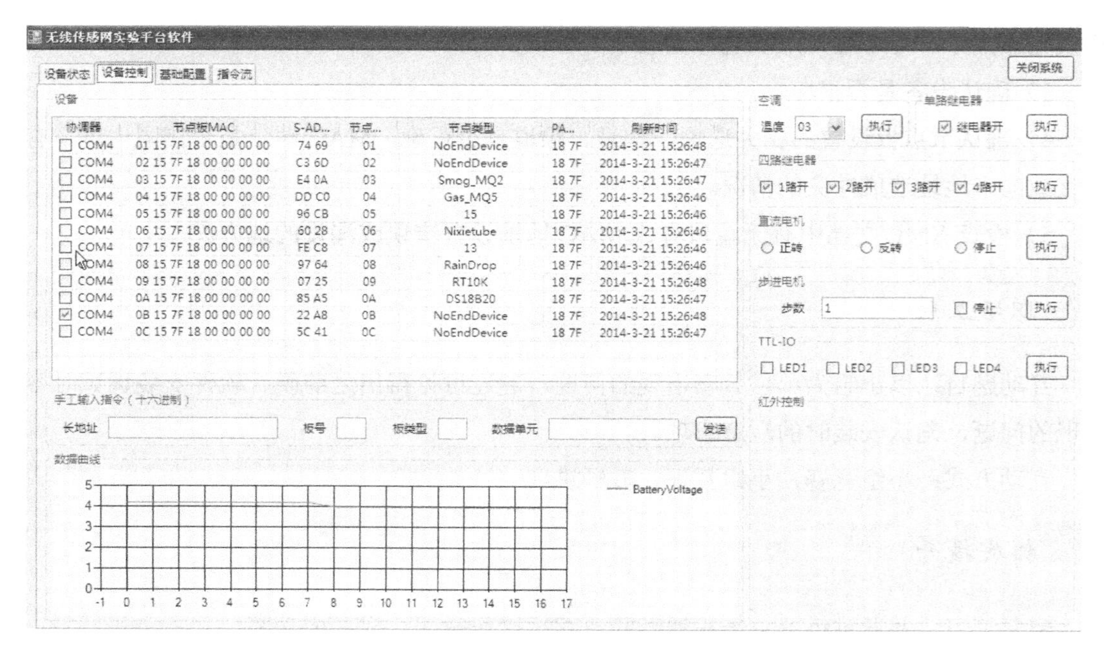

图7-62　无线传感网实训平台软件的“设备控制”选项卡

表 7-5　无线传感网实训平台软件的控制说明

节点板编号	所负责系统	安装说明
01	环境检测系统（光照度）	选中该节点板前方的复选框，传感器开始采集光照度数据，在实训平台左下角以图表的形式进行显示，采集信息的时间间隔可在节点板设置时修改
02	环境检测系统（温度）	选中该节点板前方的复选框，传感器开始采集温度数据，在实训平台左下角以图表的形式进行显示，采集信息的时间间隔可在节点板设置时修改
03	环境检测系统（湿度）	选中该节点板前方的复选框，传感器开始采集湿度数据，在实训平台左下角以图表的形式进行显示，采集信息的时间间隔可在节点板设置时修改
04	烟雾报警系统	选中该节点板前方的复选框，传感器开始空气质量数据，在实训平台左下角以图表的形式进行显示，采集信息的时间间隔可在节点板设置时修改
05	灯光控制系统	选中该节点板前方的复选框，单击右侧继电器控制处的相应继电器的路数，单击“执行”按钮，选中时为线路闭合，反之线路断开，当闭合 LED 灯所接的线路，灯光亮起
06	报警器系统	选中该节点板前方的复选框，单击右侧继电器控制处的相应继电器的路数，单击“执行”按钮，选中时为线路闭合，反之线路断开，当闭合报警灯所接的线路，报警灯开始工作亮起
07	电动窗帘系统	选中该节点板前方的复选框，单击右侧继电器控制处的相应继电器的路数，单击“执行”按钮，选中时为线路闭合，反之线路断开，当启动 1 路是为窗帘关闭、2 路为窗帘打开、3 路为停止，注意：该继电器不得两格以上同时闭合
08	门禁系统	选中该节点板前方的复选框，单击右侧继电器控制处的相应继电器的路数，单击“执行”按钮，选中时为线路闭合，反之线路断开，当闭合电插锁所接的线路，门锁开启

（续）

节点板编号	所负责系统	安装说明
09	排气扇系统	选中该节点板前方的复选框，单击右侧继电器控制处的相应继电器的路数，单击“执行”按钮，选中时为线路闭合，反之线路断开，当闭合排气扇所接的线路，排气扇开始工作
0A	电视机控制系统	选中该节点板前方的复选框，单击右下角红外控制处的电视机控制按钮来实现多电视机的遥控
0B	空调系统	单击该节点板前方的复选框，单击右下角红外控制处的空调器控制按钮来实现对空调器的遥控，也可通过右上角空调器温度设置来控制空调器的温度
0C	DVD 播放系统	单击该节点板前方的复选框，单击右右下角红外控制处的 DVD 控制按钮来实现多 DVD 的遥控

测试全部通过后，单击“关闭系统”按钮，如出现个别节点板工作异常则针对该号设备进行解决。数据采集窗口如图 7-63 所示。

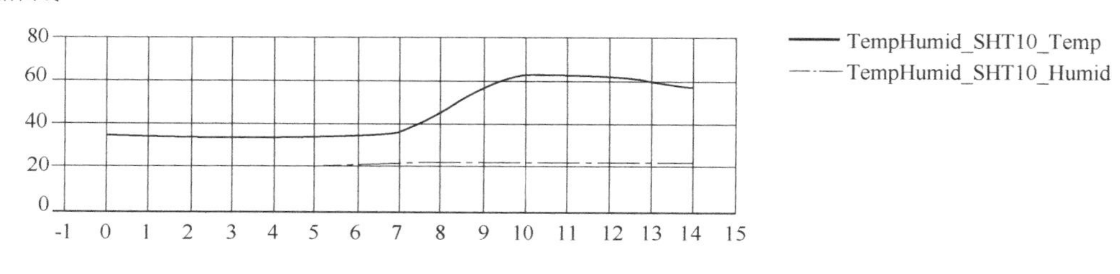

图7-63　数据采集窗口

职场互动

互动题目：以小组为单位分享出现的问题，通过讨论得出之前硬、软件安装调试时容易出现的问题，确认软件调试时的注意事项。

互动方式：小组竞赛，小组互评，教师讲评。

拓展提升

反复练习，并通过练习总结积累经验，缩短操作时间，提高成功率。

项目 4　无线智能终端遥控

项目描述

项目导引：上海企想信息技术有限公司智能家居系统的硬件和软件部分已经安装和调试完成了，但这些只是能够通过计算机对设备进行无线控制，而智能家居的控制绝不是单一化地在计算机上完成，多种多样的操作形式和方便的操作手法才是推广的关键，所以实现无线终端的控制变得极为关键。这也是本项目要完成的内容。

指导教师老于告诉大家，要实现无线设备的控制，要建立 Web 虚拟网站或制作相关应用程序，其他用户通过访问网站或使用程序的形式来实现控制，考虑到本项目的具体情况，选用建立 Web 虚拟网站的形式，继续使用调试时所用的计算机，通过 VMWare 虚拟机来实现同一台计算机上双系统的运行。无线智能家居的操控效果图如图 7-64 所示。

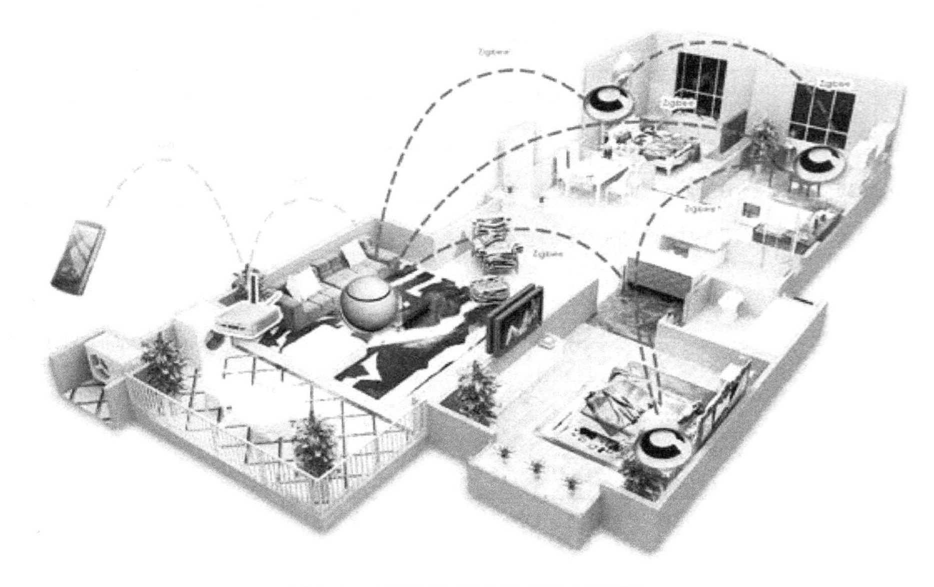

图7-64 无线智能家居操控效果图

活动流程：通过“启动 VMWare 虚拟机”“设置 Web 虚拟网站”“通过智能手机访问”以及“控制智能设备”4 个任务，来对上海企想信息技术有限公司的智能家居样板操作间的无线智能终端进行设置，并通过手机或平板电脑进行控制。将学生分为 2 人或多人一组，以组内分工协作，组间对抗竞争的形式完成实训。

项目实施

任务 1 启动 VMWare 虚拟机

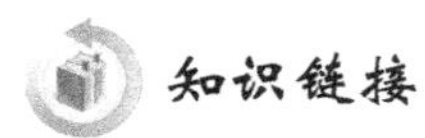

知识链接

VMWare Worksatation

VMware Workstation 是一款功能强大的桌面虚拟计算机软件，可使用户在单一的桌面上同时运行不同的操作系统以及进行开发、测试、部署新的应用程序，如图 7-65 所示。VMware

Workstation 可在一台实体计算机上模拟完整的网络环境以及可便于携带的虚拟机器，其优秀的灵活性与先进的技术胜过了市面上其他的虚拟计算机软件。对于企业的 IT 开发人员和系统管理员而言，VMWare Workstation 在虚拟网络、实时快照、拖动共享文件夹、支持 PXE 等方面的特点使其成为必不可少的工具。

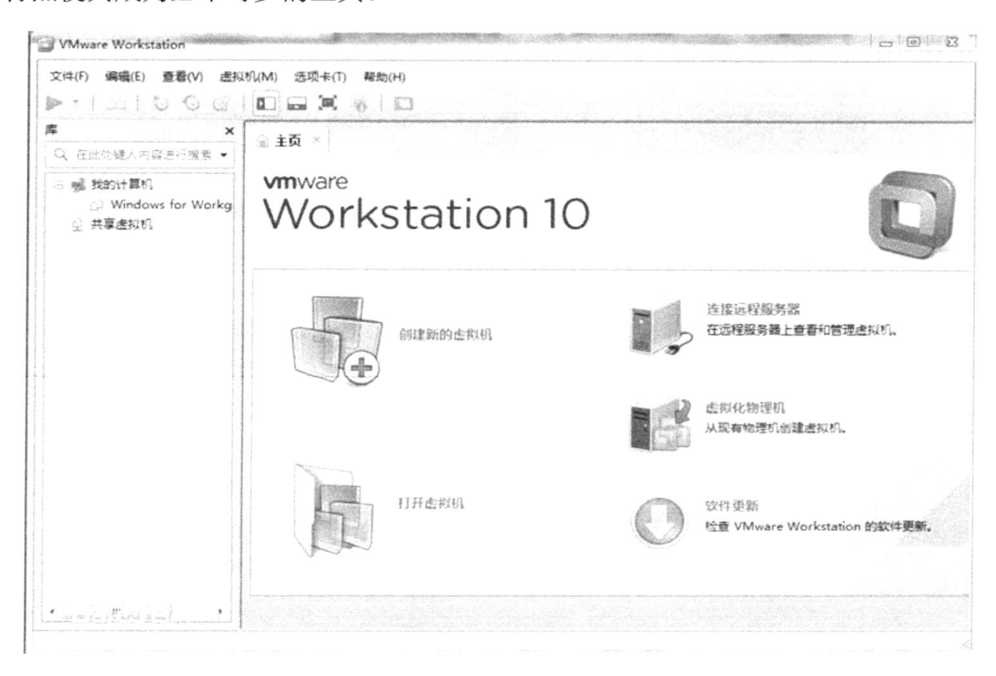

图7-65　VMWare Workstation 主界面

温情提示

在安装 VMWare Workstation 时，建议将软件放置在一个容量较大的硬盘分区中，给其预留充分的空间，防止运行过慢或无法运行。

上岗实操

因为上海企想信息技术有限公司提供了相关的软件和文件，所以整个操作简单了很多。首先需要启动 VMWare Workstation 软件，单击“创建新的虚拟机”按钮进行创建，选择“经典（推荐）”，单击“下一步”按钮，如图 7-66 所示。

选择“安装程序光盘映像文件（iso）”，单击“浏览”按钮，确定智能 iso 文件的安装路径，如图 7-67 所示。单击“下一步”按钮（如使用的是程序光盘等，则可根据文字说明选择其他选项）。

选择虚拟机要安装的操作系统（本实验选择 Microsoft Windows），如图 7-68 所示。

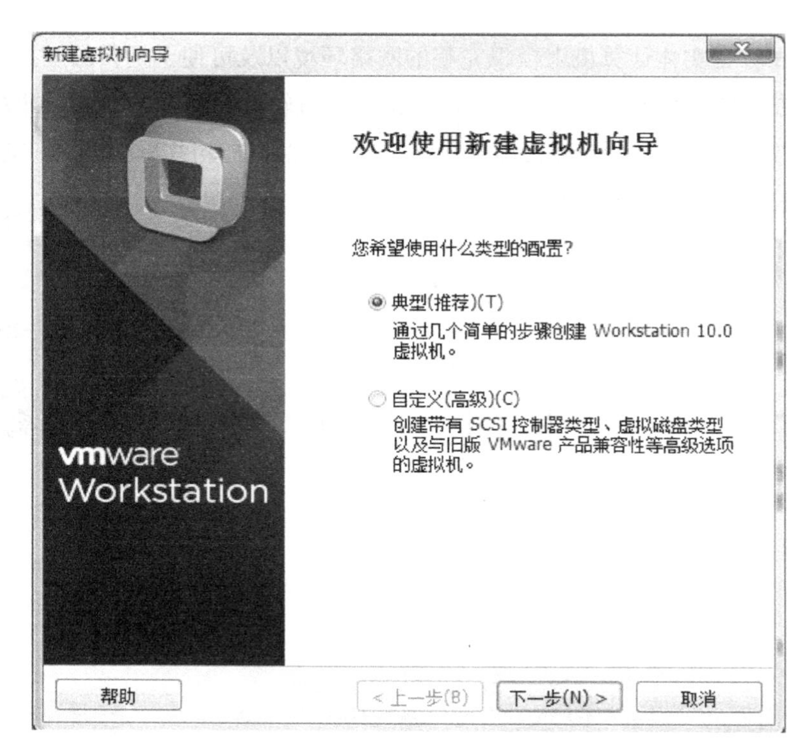

图7-66　新建虚拟机向导

图7-67　确定安装文件路径

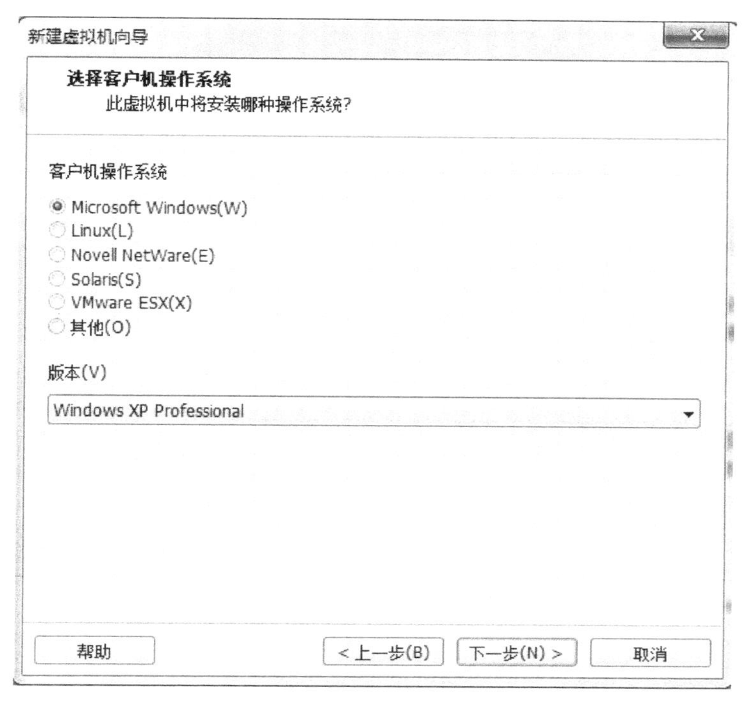

图7-68　选择操作系统

设置相关虚拟机所安装的位置、所占空间等相关参数，如图 7-69 所示。设置完成后的界面如图 7-70 所示。

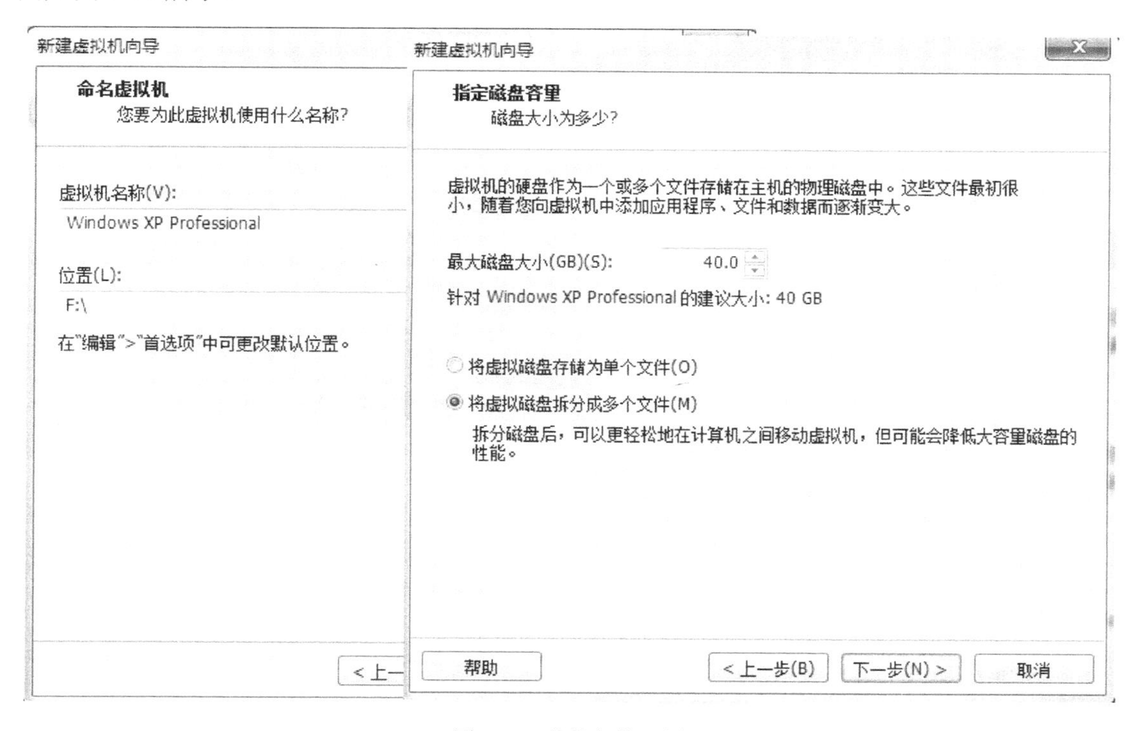

图7-69　其他相关配置

图7-70　设置完成

此时在 VMWare 软件主界面上就会显示出新建立的虚拟机名称，单击“开启此虚拟机”按钮就可以启动虚拟机，如图 7-71 所示。

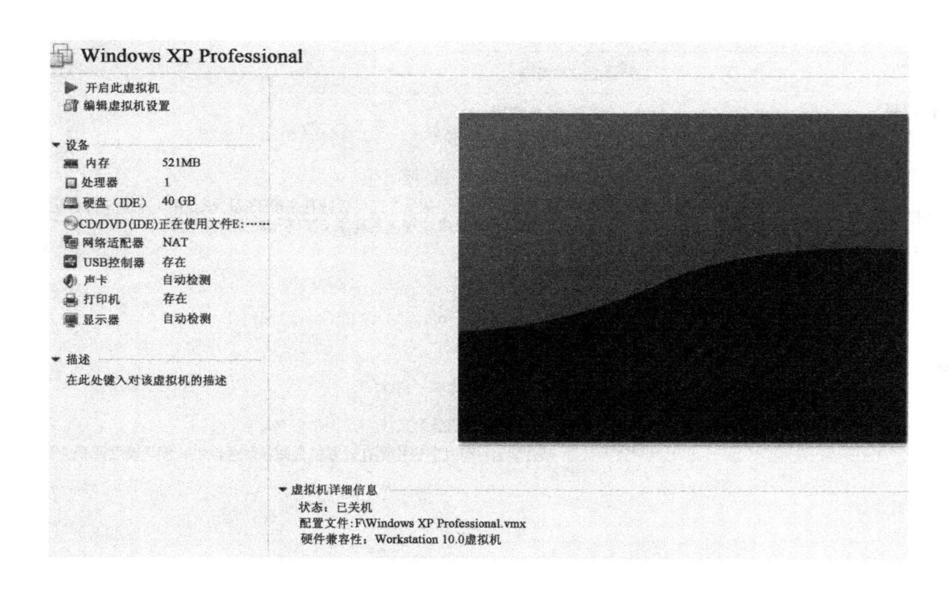

图7-71　VMWare虚拟机启动界面

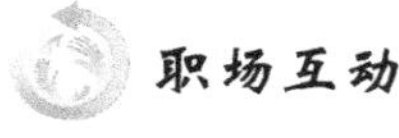

职场互动

互动题目：以小组为单位通过 VMWare 软件设置不同系统的虚拟机，并对 VMWare 软件的其他各项功能进行研究。

互动方式：小组竞赛，小组互评，教师讲评。

拓展提升

反复练习，并通过练习总结积累经验，缩短操作时间，提高成功率。

任务 2　设置 Web 虚拟网站

知识链接

测试物理机与虚拟机连接的方法如下：

使用 VMWare Workstation 打开虚拟机镜像 WsnWeb，该虚拟机为 Windows XP 操作系统，使用默认用户名登录系统，用户密码为 bizideal。

选择“开始”→“运行”，弹出如图 7-72 所示的对话框，输入“cmd”，单击“确定”按钮。

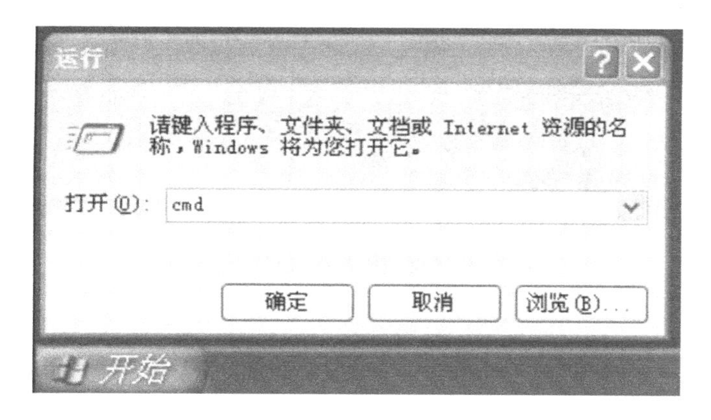

图7-72　运行DOS

在如图 7-73 所示的窗口中输入“ipconfig”，可查看虚拟机的 IP 地址。

```
C:\WINDOWS\system32\cmd.exe
Microsoft Windows XP [版本 5.1.2600]
(C) 版权所有 1985-2001 Microsoft Corp.

C:\Documents and Settings\Administrator>ipconfig

Windows IP Configuration


Ethernet adapter 本地连接:

        Connection-specific DNS Suffix  . :
        IP Address. . . . . . . . . . . . : 192.168.1.117
        Subnet Mask . . . . . . . . . . . : 255.255.255.0
        Default Gateway . . . . . . . . . : 192.168.1.1

C:\Documents and Settings\Administrator>
```

图7-73　查看虚拟机的IP地址

在物理机中重复以上操作，可查看物理机的 IP 地址，如图 7-74 所示。

```
Ethernet adapter 本地连接:

        Connection-specific DNS Suffix  . :
        IP Address. . . . . . . . . . . . : 192.168.1.126
        Subnet Mask . . . . . . . . . . . : 255.255.255.0
        Default Gateway . . . . . . . . . : 192.168.1.1
```

图7-74　查看物理机的IP地址

在虚拟机中输入 ping 物理机+IP 地址，在物理机中输入 ping+虚拟机 IP 地址，如果都能出现如图 7-75 所示的类似情况，则说明两者的网络连接已建立。

```
C:\Documents and Settings\lyc>ping 192.168.1.117

Pinging 192.168.1.117 with 32 bytes of data:

Reply from 192.168.1.117: bytes=32 time<1ms TTL=128
Reply from 192.168.1.117: bytes=32 time<1ms TTL=128
Reply from 192.168.1.117: bytes=32 time<1ms TTL=128
Reply from 192.168.1.117: bytes=32 time<1ms TTL=128

Ping statistics for 192.168.1.117:
    Packets: Sent = 4, Received = 4, Lost = 0 (0% loss),
Approximate round trip times in milli-seconds:
    Minimum = 0ms, Maximum = 0ms, Average = 0ms
```

图7-75　测试物理机与虚拟机的通信情况

温情提示

在本实验中，为了对系统加以区分，将通过 VMWare 软件启动的称为虚拟机，而将在计算机上安装的系统称为物理机。

上岗实操

设置“C:\Inetpub\WsnWCF”路径下的“WirelessSensorNetworkConfig.xml”文件（该文件可从“无线传感网实验平台软件”复制过来，并修改对应串口号，双击打开该路径下的“Wireless Sensor Network Hosting”，单击“启动服务”按钮，如图 7-76 所示。

图7-76　启动网络服务

注意：该程序不能关闭，否则无法正常使用。

在物理机中打开浏览器，在地址栏中输入该网址，并把“localhost”改为虚拟机 IP 地址，可以打开类似的网页。

双击虚拟机中的“iis”，如图 7-77 所示。

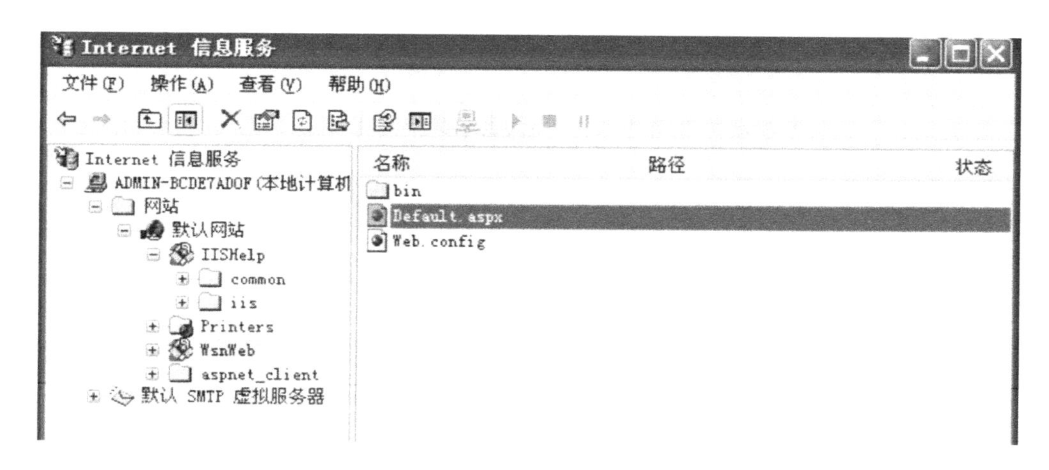

图7-77　Internet信息服务界面

右击“Default.aspx”，从弹出的快捷菜单中选择“浏览”命令，打开如图 7-78 所示的网页。

图7-78　无线传感网Web管理平台界面

如果协调器和节点板配置正确，并已经连接成功，则单击“刷新”按钮可以查看所有设备的现有状态，选择单个设备，则可以查看该设备更具体的数据，并可以使用下方的按钮发送相应的命令给各个设备并控制该设备。

职场互动

互动题目：以小组为单位，设置虚拟机竞速赛，并总结经验，共享资源。

互动方式：小组竞赛，小组互评，教师讲评。

拓展提升

反复练习，并通过练习总结积累经验，缩短操作时间，提高成功率。

任务 3　通过智能手机访问

知识链接

Android 手机 App 的安装：Android 是一个开放性的系统环境，可以通过安装第三方软件来实现相关功能操作。安卓手机的软件安装包为.apk 的文件格式，通过数据线连接将安装包放入手机指定位置，在手机上运行安装，根据提示即可完成整个安装过程。

本次任务所使用的手机软件文件名为 IOTControl.apk，在厂家所提供的软件包中可以找到。

温情提示

智能手机访问控制样板间有两种方法，即直接通过浏览器访问和通过手机 App 软件访问。

上岗实操

方法一：通过浏览器访问。

通过上一个任务所架设的虚拟服务器，可以直接打开手机浏览器，输入网址 http://192.168.1.117/wsnweb/default.aspx 来访问，通过相关按钮对智能家居样板间进行设置和操控。

方法二：通过手机 App 软件访问，其界面如图 7-79 所示。

无线传感网 Web 管理平台

刷新　查看节点详细数据

空调控制

温度 0　设置

单路继电器

□继电器开　执行

四路继电器

□第 1 路开□第 2 路开□第 3 路开□第 4 路开　执行

四路继电器

□第 1 路开 □第 2 路开 □第 3 路开 □第 4 路开　执行

直流电机

○正转 ○反转 ○停止　执行

步进电机

步数　□停止　执行

图7-79　手机访问Web管理平台界面

1）无线网络搭建。

将 PC 和协调器分别使用网线与无线路由器的 LAN 口连接，登录无线路由器的设置页面，设置无线局域网，使路由器、PC 和协调器网络模块在同一网段。

协调器网络模块的默认 IP 为 192.168.0.255，可以将路由器网关 IP 设置为 192.168.0.1，如图 7-80 所示。

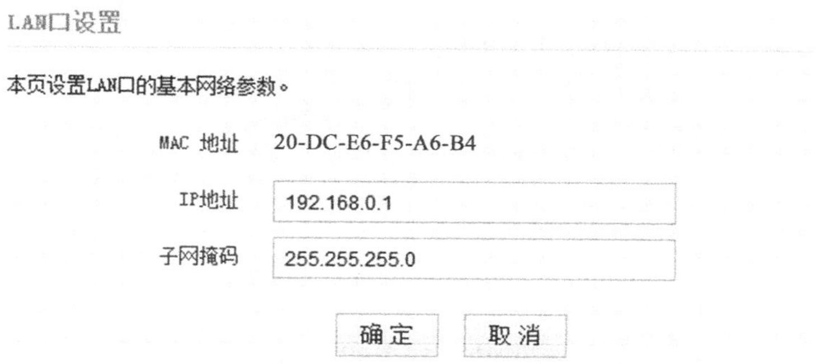

LAN口设置

本页设置LAN口的基本网络参数。

MAC 地址　20-DC-E6-F5-A6-B4

IP地址　192.168.0.1

子网掩码　255.255.255.0

确定　取消

图7-80　路由器网管IP设置

2）配置协调器网络模块。

打开软件 Conextop Device Manager，单击“搜索”按钮，查找到网络模块，如图 7-81 所示。

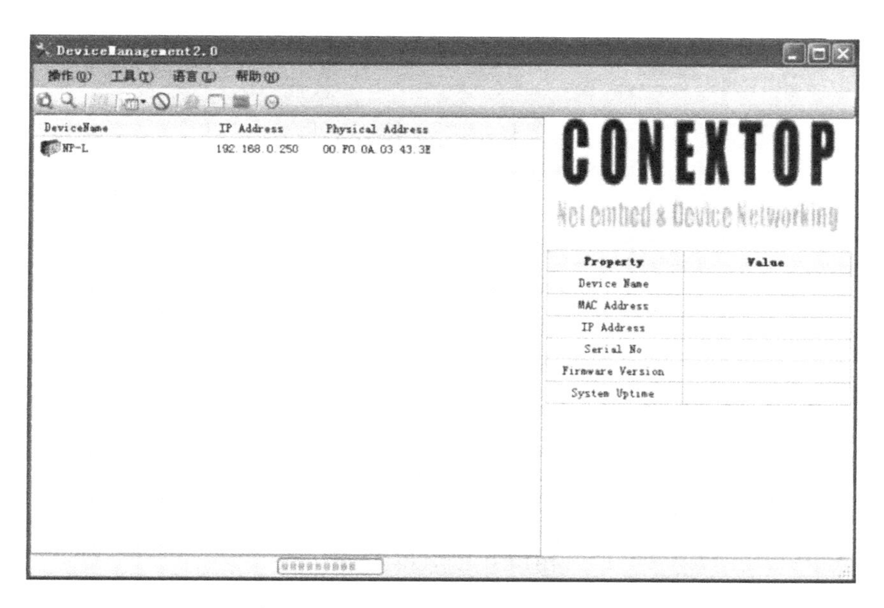

图7-81　Conextop Device Manager界面

双击所搜索到的设备，弹出现“配置”对话框，如图 7-82 所示。

选择“Network”选项，可在 IP Address 处配置协调器网络模块 IP 地址，这里采用默认地址就可以。

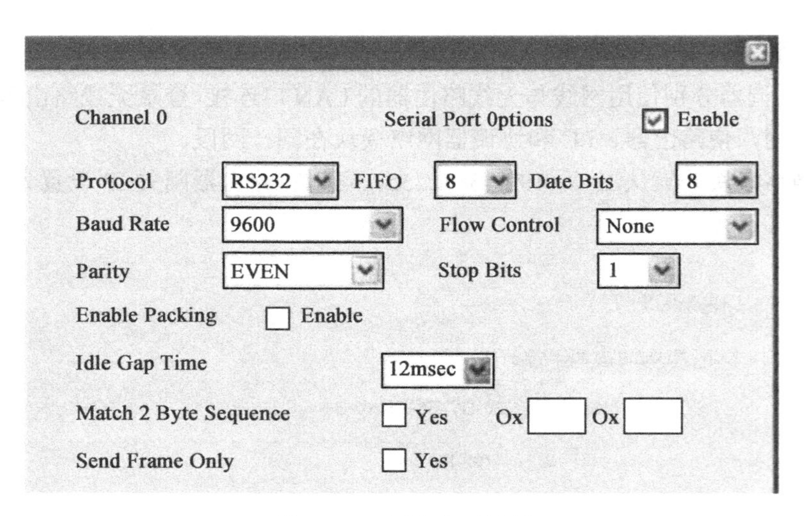

图7-82 “配置”对话框

依次选择“Channels”→“Channel0”→“Connection0”，将“Work As”设置为“Server”，“Remote Host”设置为“0.0.0.0”，“Remote Port”设置为“0”，“Local Port”设置“27011”，如图 7-83 所示。

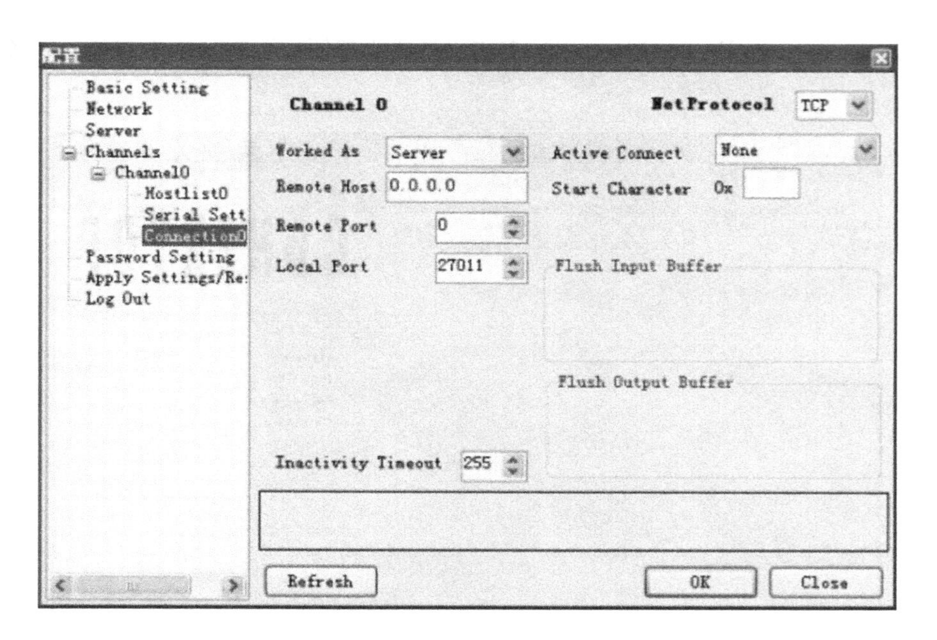

图7-83 设置相关参数

使用 apk 安装包将 IOTControl 软件安装到带有 Android 系统的智能手机上，将智能手机加入无线局域网，单击软件图标进入软件，默认账号为 zdd，密码为 123，如图 7-84a 所示。单击设置界面图标可以进入设置界面，进行账号密码管理，如图 7-84b 所示。单击网络配置图标可以进入网络参数配置界面，如图 7-84c 所示。

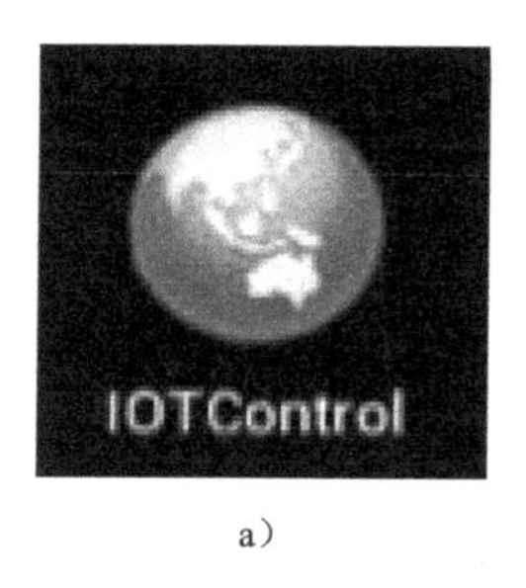

a）

b）

c）

d）

图7-84　APP各图标

a）软件图标　b）设置界面图标　c）网络配置图标　d）控制界面图标

IP 为协调器网络模块 IP 地址，端口号为之前所配置的，板号设置需要和节点板实际设置一致。

单击控制界面图标（见图 7-84d）进入控制界面，显示各个传感器的数据，控制各个执行设备，如图 7-85 所示。

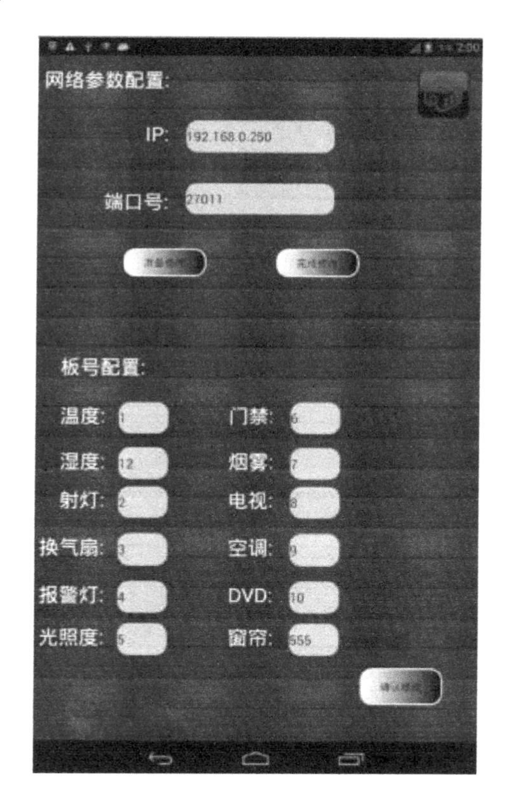

图7-85　Android控制界面

职场互动

互动题目：以小组为单位，进行速度竞赛，并总结经验，共享资源。

互动方式：小组竞赛，小组互评，教师讲评。

拓展提升

反复练习，并通过练习总结积累经验，缩短操作时间，提高成功率。

任务 4　控制智能设备

温情提示

本项目的所有设备都已安装完成，下面请根据控制各设备系统的实际情况填写表 7-6。

上岗实操

表 7-6　智能家居套件实际控制效果和遇到的问题

所负责的系统	实际控制效果	安装时所遇到的问题
环境检测系统		
烟雾报警系统		
灯光控制系统		
报警器系统		
电动窗帘系统		
门禁系统		
排气扇系统		
电视机控制系统		
空调系统		
DVD 播放系统		

拓展提升

反复练习，通过练习总结积累经验，缩短操作时间，提高成功率，并通过操作进一步加深对智能家居的安装与工作原理的认识。

监理验收：

本工程从智能家居典型案例的实际安装操作，以施工人员角色扮演的方式，按照业主的施工要求完成使用项目，在整个安装过程中根据操作规范严格执行，保质、保量地完成工作，合理使用各种工具，讲求协作，设计规范，布局合理。

最后通过项目验收表各模块的评分标准进行项目验收。

项目验收表

模　块	子　项	评分细则	分　值	得　分
节点板配置	节点板配置（一共 12 块）	节点板根据节点板配置表设置对应参数及功能，正确得 0.5 分，不正确不得分	6	
智能家居系统设备安装	LED 射灯	节点板外接 5V 电源，连线正确得 1 分，不正确不得分	1	
		20PIN 软排线，连线正确得 1 分，不正确不得分	1	
		继电器板 12V 供电，连线正确得 1 分，不正确不得分	1	
		LED 灯 1 红线，连线正确得 1 分，不正确不得分	1	
		LED 灯 1 黑线，连线正确得 1 分，不正确不得分	1	
		LED 灯 2 红线，连线正确得 1 分，不正确不得分	1	
		LED 灯 2 黑线，连线正确得 1 分，不正确不得分	1	
		布线美观，布线预留合理、线缆绑扎整齐得 1 分	1	
	换气扇	节点板外接 5V 电源，连线正确得 1 分，不正确不得分	1	
		20PIN 软排线，连线正确得 1 分，不正确不得分	1	
		布线美观，布线预留合理、线缆绑扎整齐得 1 分	1	
	报警灯	节点板外接 5V 电源，连线正确得 1 分，不正确不得分	1	
		20PIN 软排线，连线正确得 1 分，不正确不得分	1	
		继电器板 12V 供电，连线正确得 1 分，不正确不得分	1	
		报警灯红线，连线正确得 1 分，不正确不得分	1	
		报警灯黑线，连线正确得 1 分，不正确不得分	1	
		布线美观，布线预留合理、线缆绑扎整齐得 1 分	1	
	电动窗帘	节点板外接 5V 电源，连线正确得 1 分，不正确不得分	1	
		20PIN 软排线，连线正确得 1 分，不正确不得分	1	
		窗帘控制线 1，连线正确得 1 分，不正确不得分	1	
		窗帘控制线 2，连线正确得 1 分，不正确不得分	1	
		窗帘控制线 3，连线正确得 1 分，不正确不得分	1	
		窗帘控制线 COM 线，连线正确得 1 分，不正确不得分	1	
		布线美观，布线预留合理、线缆绑扎整齐得 1 分	1	
	门禁系统	节点板外接 5V 电源，连线正确得 1 分，不正确不得分	1	
		20PIN 软排线，连线正确得 1 分，不正确不得分	1	
		门禁手动开关，连线正确得 1 分，不正确不得分	1	
		门铃控制线 BELL1，连线正确得 1 分，不正确不得分	1	
		门铃控制线 BELL2，连线正确得 1 分，不正确不得分	1	
		门铃供电，连线正确得 1 分，不正确不得分	1	
		刷卡门禁 OPEN/SW，连线正确得 1 分，不正确不得分	1	

（续）

模　　块	子　　项	评分细则	分　　值	得　　分
智能家居系统设备安装	门禁系统	刷卡门禁 PUSH/NO，连线正确得 1 分，不正确不得分	1	
		刷卡门禁供电，连线正确得 1 分，不正确不得分	1	
		变压器 COM+ ，连线正确得 1 分，不正确不得分	1	
		变压器 COM−，连线正确得 1 分，不正确不得分	1	
		变压器 12V 输出，连线正确得 1 分，不正确不得分	1	
		电插锁控制线 L+/L−，连线正确得 1 分，不正确不得分	1	
		电插锁供电，连线正确得 1 分，不正确不得分	1	
		布线美观，布线预留合理、线缆绑扎整齐得 1 分	1	
	烟雾报警	烟雾探测器外接 12V 电源，连线正确得 1 分，不正确不得分	1	
		烟雾探测器控制线 1，连线正确得 1 分，不正确不得分	1	
		烟雾探测器控制线 2，连线正确得 1 分，不正确不得分	1	
		布线美观，布线预留合理、线缆绑扎整齐得 1 分	1	
	电视机红外遥控系统	节点板/学习板安装，连线正确得 1 分，不正确不得分	1	
		红外学习成功得 1 分，不正确不得分	1	
	DVD 红外遥控系统	节点板/学习板安装，连线正确得 1 分，不正确不得分	1	
		红外学习成功得 1 分，不正确不得分	1	
	空调器红外遥控系统	节点板/学习板安装，连线正确得 1 分，不正确不得分	1	
		红外学习成功得 1 分，不正确不得分	1	
	光照传感器	传感节点板安装，连线正确得 1 分，不正确不得分	1	
	温度传感器	传感节点板安装，连线正确得 1 分，不正确不得分	1	
	湿度传感器	传感节点板安装，连线正确得 1 分，不正确不得分	1	
Visio 绘图	拓扑图	使用 Visio 软件完成网络拓扑图的绘制	3	
	接线图	使用 Visio 软件根据提供的设备控件完成样板间所有系统的设备接线图，子系统每个 1 分	12	
软件调试	路由器组网配置	使无线路由器、Web 服务器、平板电脑处于同一网段，有一个 IP 不正确，扣 3 分	9	
	Web 服务器配置	XML 文件配置、Web 服务启动，每个 3 分	6	
远程控制	正确使用平板电脑，能够在平板电脑中正确控制各子系统得 1 分，不能控制不得分（共计 12 个子系统）		12	
总　　分			100	

工程 8　智能家居 DIY

随着智能家居市场和各项子系统产品的日渐成熟，自己动手做一套智能家居系统也将成为一种潮流。用户可以购买市场上成熟的产品对家居进行一次智能化 DIY（Do It Yourself）体验。

很多人认为高科技产品还很神秘，似乎有些遥不可及。其实智能家居并没有那么神秘，它与人们的生活息息相关。让用户每天都用的产品变得操作简单、使用方便，是一个好的智能家居产品必备的特点。

可以 DIY 的产品必须具备如下特点：

1）安装简单，布线简单或不用布线。

2）调试简单，不需要过多的检验。

3）使用简单，不需要很厚的说明书，可以轻松上手。

4）质量好，安装、调试和使用过程中不容易出问题，即便出了问题，也可以很快找出症结所在。

5）产品售后服务好，良好的售后服务会给用户更多的信心。

在自己动手之前要做好调研工作，仔细研究产品，了解这个产品的特点，以确定它是否适合 DIY。

工程目标

了解海尔安防-智慧眼产品。

掌握海尔安防-智慧眼的 DIY 安装方法。

掌握节能-灯光智能联动控制的方法和 DIY 控制操作。

掌握微信-智能家居 DIY 的操作方法。

项目 1　安防-智慧眼

项目描述

安防-智慧眼是网络摄像机，它广泛应用于多个领域，如教育、商业、医疗、公共事业等。

银行、超市、公司甚至某些家庭里使用的普通音频和视频摄像机监视系统正逐渐被网络摄像机代替，所有摄制的内容可以通过互联网实时传输。用户在任何可以上网的地方，都能看到公共或是私人提供的实时更新的照片图像或动态影像。

老人、孩子的自理能力相对较差，如果没有专人看护很容易发生危险，让家人难以放心，特别是在幼儿园、老人院等场所。如果这些场所安装了网络摄像机，那么监护管理人员就可以随时了解他们的活动情况，家人也可在家中通过网络摄像机随时了解他们的情况了。

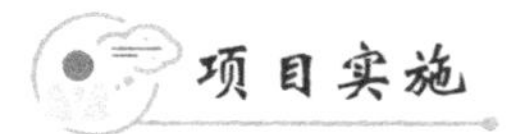
项目实施

任务 1　用户需求分析

主人上班在外，对家中的老人、孩子或宠物不是很放心，想要随时了解他们/它们在家中的情况，如图 8-1 所示。

图8-1　需求示意

任务 2　制订工程方案

此需求可以应用海尔 U-home 智慧眼网络摄像机来解决，如图 8-2 所示。

此款摄像机可以通过手机、PAD 等随时随地监控住房、店铺、库房、公司、幼儿园等，轻松实现“身在外，家就在身边”的愿景，其所具有的功能和特点如下：

1）百万像素，高清画质。视频画面可以达到 1280×800 像素、30fps 的高清画质，如图 8-3 所示。

2）高性能云台旋转无死角。通过计算机或智能手机可实现上下 90°、左右 180° 视角，让用户如同置身现场，视野无死角，如图 8-4 所示。

3）多组监控多人同看。支持同时监控 36 台网络摄像机。同一台网络摄像机可供 20 个用户同时观看视频，如图 8-5 所示。

图8-2　海尔U-home智慧眼网络摄像机

图8-3　视频画面

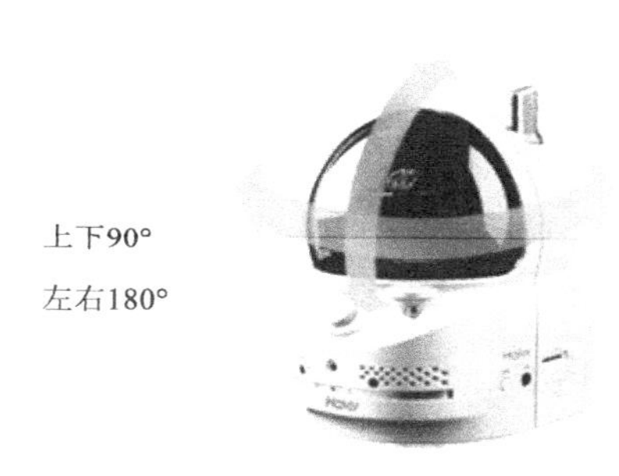

图8-4　云台功能

图8-5　多组监控

4）日、夜双镜头安全防盗不用愁。传统的 ICR 属于机械装置，长久使用会出现损坏，此设备同时配备日用镜头与夜用镜头，白天和晚上交替工作，不仅延长了使用期，还保障了全天 24h 安全监控，如图 8-6 所示。

5）双向语音监听通话全实现。不仅可以监听现场状况，还可以实现双向对讲交流，还配有外接喇叭插口，可外接音箱设备，如图 8-7 所示。

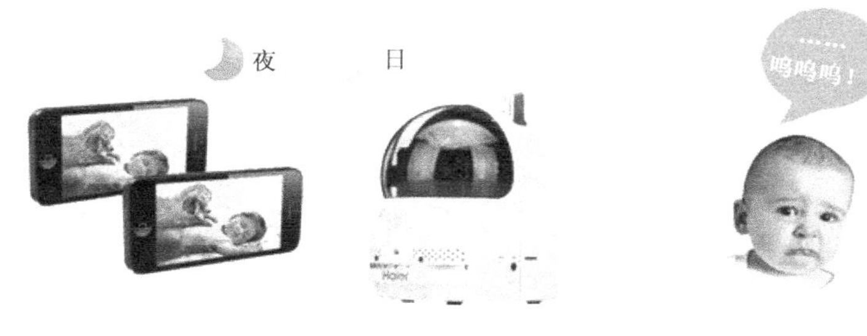

图8-6　日、夜双镜头

图8-7　双向语音

6）红外线人体移动侦测功能。无论白天还是黑夜，都能感应人体的红外线进行声音报警，并通过发送邮件或推送消息告知用户。有效感应距离为 7m，不会因光线变化而造成误报。无论是出门远行的用户，还是工厂、店铺的工作人员，都可以通过手机开启此功能布防，如图 8-8 所示。

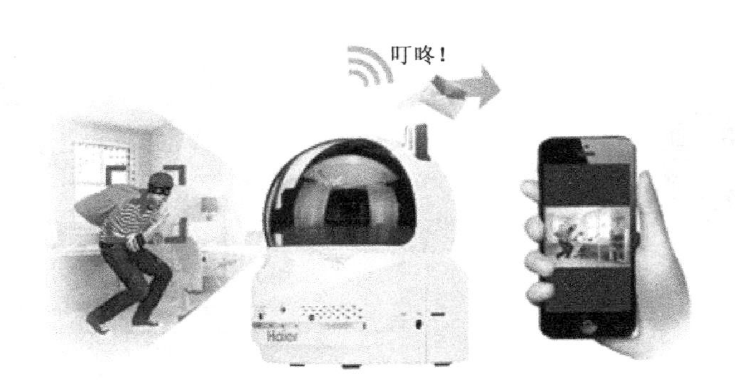

图8-8　安全布防

7）温度报警，及时消除安全隐患。使用医疗等级的红外温度计（准确性最高），不仅可以显示现场的温度，还可以预设温度范围，一旦超出范围，即自动报警，为工厂、仓库、店铺等避免火灾提供帮助，更可用于温室、娱乐公共场所等，如图 8-9 所示。

图8-9　红外温度计功能

8）移动报警及遮挡报警。只要有人移动或遮挡住智慧眼，就会发出报警声，并发送现场视频至手机客户端，如图 8-10 所示。

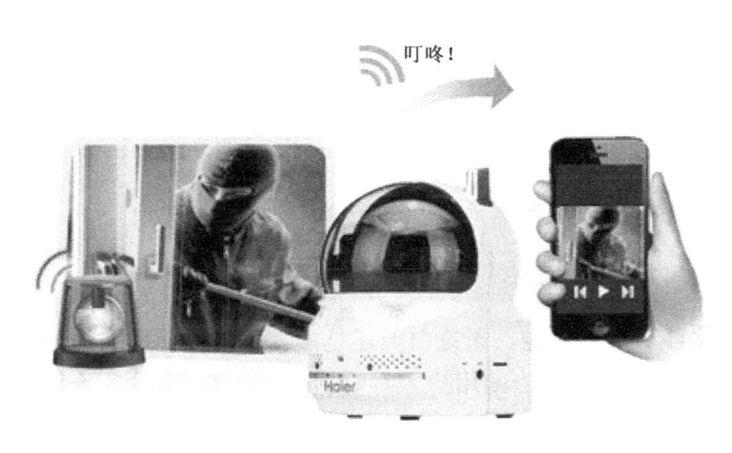

图8-10　移动报警

任务 3 编制项目施工单

进行项目施工单的编制，见表 8-1。

表 8-1 项目施工单

项目名称	安装调试智慧眼	班组名称	
施工地点			
工作内容			
工期		施工金额	
现场工长签字		施工员签字	

任务 4 智慧眼的安装及调试

智慧眼的安装及调试步骤如下：

1）连接电源，连接网线至路由器，如图 8-11 所示。

2）在计算机或手机上安装应用软件，可支持如图 8-12 所示的多种计算机及手机操作。

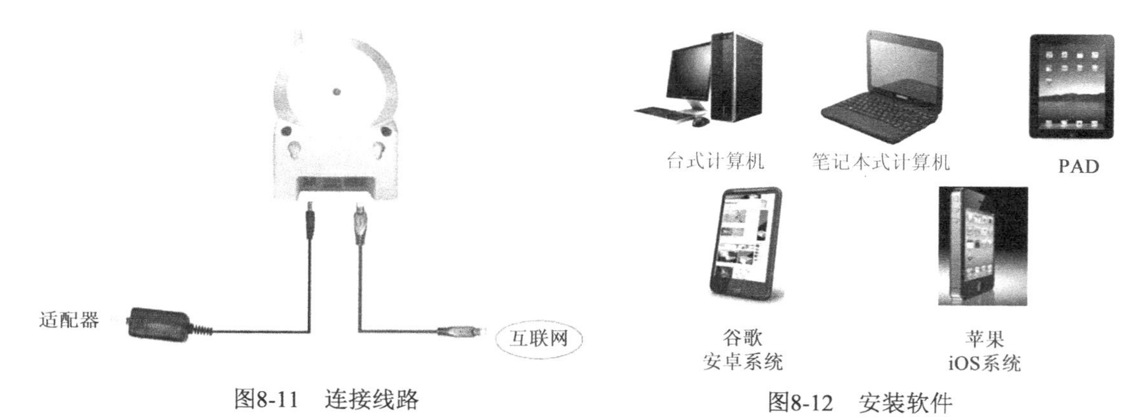

图8-11 连接线路　　图8-12 安装软件

3）输入全球唯一 ID 及密码即可实现远程查看，如图 8-13 和图 8-14 所示。

4）输入 ID 后，通过客户端一键访问即可看到清晰的画面，效果如图 8-15 所示。

图8-13 查看ID

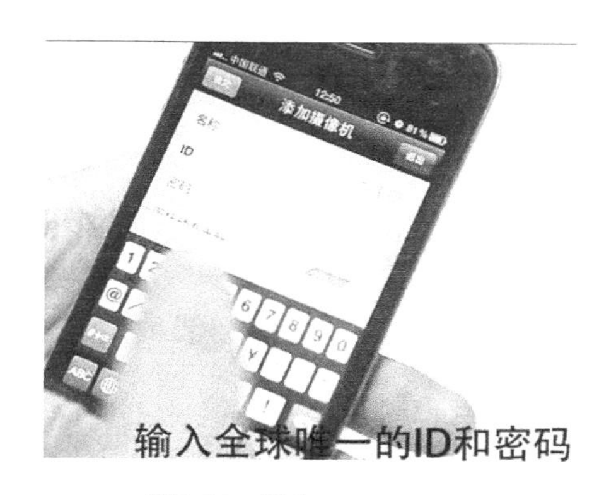

图8-14 输入ID

图8-15　调试效果

任务 5　运行验收

通过在家庭、公司、工厂、仓库、温室大棚、公共场所安装智慧眼可以实现“行在外，家就在身边”和“居于家，事业就在眼前”的愿景，运行效果如图 8-16 所示。

图8-16　运行效果

项目 2　节能-灯光智能联动控制

照明灯光是家居系统中必不可少的部分，从传统的灯泡、白炽灯到之后为了美观而安装的各种吊灯、射灯、彩灯，现代家庭的灯光系统不再只是为照明服务，同时也为衬托家中的

气氛、格调提供服务。将智能家居的理念引入现在的家庭，在灯光系统方面需要做的首先就是节能——减少各种不必要的浪费，选择节能环保型的设备；其次实现远程控制、自动控制，让用户摆脱单一的控制模式；最后根据用户的个人喜好和需求定制得当的贴心效果，如用户喜欢晚上坐在沙发上看电影，那么就可以设置晚间时段当用户坐到沙发上时自动打开电视机，并关闭室内大灯，亮起柔和的灯光效果，如图 8-17 所示。

图8-17　智能灯光系统

任务 1　用户需求分析

智能照明是智能家居中的一个基础部分，也是整个智能控制模块效果最明显的部分。用户在使用时往往需要其节能环保、控制方便、照明效果好且价格不宜过高。

在本次项目中，业主李先生的家位于市郊的××小区，欧式二层别墅，实用面积 300m^2，配有车库、花园，如图 8-18 所示。

图8-18　李先生的别墅

综合别墅的实际情况，业主表示需要使用一套操作简单、功能强大、简洁大方的智能化系统来进行控制，希望将大量的控制集中在少量的控制器上，并采用不同的控制方式，创造一个舒适、安全、便利、节能、环保的居住环境。

智能照明控制系统的综合优势如下：

1）良好的节能效果。在当前我国的宏观经济建设中，节能的任务越来越紧迫。智能照明控制系统借助各种不同的“智能设置”控制方式和控制元件，通过对不同时间、不同环境的光照度进行精确设置和管理来实现最大的节能效果。这种自动调节照度的方式，充分利用室外的自然阳光，只有当必需时才把灯具开到要求的亮度，利用最少的能源保证所要求的照度水平，节电效果十分明显。此外，智能照明控制系统对荧光灯等也可以进行调光控制，由于荧光灯采用了有源滤波技术的可调光电子镇流器，降低了谐波的含量，提高了功率因数，降低了低压无功损耗，同样实现节电目的。

2）延长灯具寿命。延长灯具寿命不但可以节省大量资金，而且大大减少更换灯具的维修工作量，降低照明系统的故障率和运行费用，使得管理维护变得更加轻松。无论是热辐射光源，还是气体放电光源，电网电压的波动是光源损坏的一个主要原因。因此，智能照明控制系统可以有效地抑制电网电压的波动，通过系统对电压的限定和滤波轭流等功能，有效避免过电压和欠电压对灯具的损害。另外，智能照明控制系统同时还具备了软启动和软关断技术，避免了冲击电流对光源的损害。通过上述方法，灯具的寿命通常可延长2～4倍。

3）改善照明质量。良好的照明质量是提高工作和学习效率的一个必要条件。智能照明控制系统以调光模块控制面板代替传统的平开关控制灯具，可以有效地控制各房间内整体的照度值，从而提高照度均匀性。同时，这种控制方式内所采用的电气元件也解决了频闪效应，不会使人产生头昏脑胀、眼睛疲劳的感觉。

4）实现多种照明效果。现代建筑中的照明不单纯为了满足人们视觉上的明暗效果，更应具备多种控制方案，以使建筑物的照明艺术性更强，让人们欣赏到美丽多彩的视觉效果。如果在建筑物内的展厅、报告厅、大堂、中庭以及外部轮廓等配备智能照明控制系统，按不同时间、不同用途、不同效果而采用相应的预设置场景进行控制，就可以让家居变得人性化、智能化，如图8-19所示。

图8-19　让家居变得人性化、智能化

5）管理维护方便。智能照明控制系统对照明的控制是以模块式的自动控制为主，手动控制为辅。照明预置场景的参数以数字式存储在 EPROM 中，这些信息的设置和更换十分方便，加上灯具寿命的大大提高，使得照明管理和设备维护变得更加简单。

6）较高的经济回报。据专家测算，仅从节电和节省灯具这两项来说，用 3～5 年的时间，业主就可基本收回智能照明控制系统所增加的全部费用。而智能照明控制系统可以改善照明环境、提高学习和工作效率，并能减少维修和管理费用等，实际上也为业主节省了一笔可观的费用。

任务 2　制订工程方案

通过选取适合的设备达到以下功能和效果：

1）玄关。在原有的照明设备基础上加装无线控制模块，并在鞋柜、衣帽间内加装射灯，实现“打开柜门时灯光自动亮起，关闭柜门时灯光自动关闭”这一功能。

2）客厅。在原有的照明设备基础上加装无线控制模块和光照温湿度传感器，并通过不同灯具组合为多种模式，如会客时亮起主吊灯让客厅显得宽敞明亮；晚间收看电视节目时开启小台灯，使光线柔和、改善视觉效果等。

3）餐厅。在原有的照明设备基础上加装无线控制模块和光照温湿度传感器，并通过不同灯具组合为多种模式，如用餐模式、派对模式、烛光晚餐模式等，如图 8-20 所示。

图8-20　多种模式

4）卧室。在原有的照明设备基础上加装无线遥控模块和光照温湿度传感器，通过传感器采集数据和照明控制达到联动效果，如白天当光照度低于设定值时自动开启电灯，深夜时如起夜可通过触摸或脚踏等形式打开光线柔和的台灯。

在此基础之上将电灯开关全部更换为液晶智能触摸面板，提高其使用寿命和控制效果，并且使开关都带有夜光或灯光提示，更便于在黑暗的环境下使用。

液晶智能触摸面板主要实现各个生活区域的灯光，空调器、电视机、影碟机等各种电器，智能窗帘门及电动投影幕，背景音乐，安防报警等智能家居系统的集中控制与管理，根据实际的安装生活区域，对不同的控制对象进行编址以实现各种区域场景的功能，液晶智能触摸面板可最多设置 5 个不同页面且每个页面最多 5 个触摸按钮，也可通过某一按钮进入特定设备控制专用界面，例如，电动窗帘及背景音乐等专用控制界面，此区域的液晶智能触摸面板主要实现客厅、楼道、过道三个区域的灯光集中控制与各种联动场景控制，主要包括“入场”“娱乐”“影院”“上楼”“休息”等一键场景功能。灯光控制液晶触摸面板如图 8-21 所示。

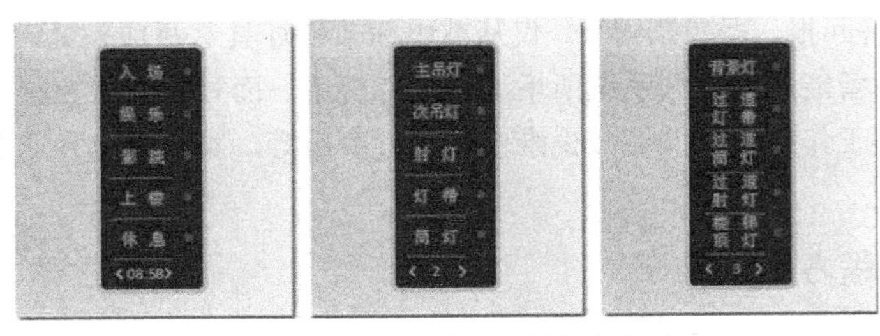

图8-21　灯光控制液晶触摸面板

任务 3　编制项目施工单

根据实际情况编制项目施工单，见表 8-2。

表 8-2　项目施工单

项目名称		班组名称	
施工地点			
工作内容			
工期		施工金额	
现场工长签字		施工员签字	

任务 4　家居常规灯光智能管理

考虑到私人区域（卧室、书房等）和公共区域（玄关、客厅、餐厅等）的不同需求，根据个人生活习惯进行人性化设计，对公共区域和私人空间的灯光控制做不同的处理，将控制做到最优化——不仅注重控制的整体性，还要在效果控制的基础上也能进行逐一控制，而且控制界面必须简单易懂，操作便捷，实现真正的便捷和随心所欲。

针对装修风格和业主对智能控制的需求，结合家居智能控制系统控制方式所具有的方便、灵活、易于修改、易于操作、易于维护等特点，采用智能家居控制系统，实现智能照明控制的解决方案，如图 8-22 所示。

图8-22　智能控制要与整体风格一致

所有控制器可随时更换位置、改变功能、改变控制负载对象，而无需更改线缆，并可自动修正设定，运行到最佳状态，节约能源，提高效率；所有执行器均采用模块化设计，采用标准 35mm 导轨安装方式——安装体积小，可安装在照明箱中，无需定制特殊箱体，尤其适合于别墅安装空间小的环境。

系统稳定性、兼容性和扩展性强，所有设备均采用相同协议传输信号，任何一个设备均可独立工作运行，出现故障时不影响其他设备，含有丰富的外界通信接口，如 RS-232、USB、IP 接口等；系统可随时通过 USB、COM 接口和 IP 接口进行升级。

在控制上可采用多种控制方式对各种调光灯和非调光灯进行控制，具有区控、组控、总控、定时、延时、条件判断等多种功能，如点对点控制、场景控制、感应控制、远程网络控制、手机控制、PDA 控制等。

1）点对点控制。采用智能数字控制器，通过控制器中的一个按键控制一路灯光，可单独对灯光进行开光，对调光灯进行 0～100%亮度调节，调光灯开启，由暗到亮；调光灯关闭，由亮慢慢变暗，减少对眼睛的刺激，特别适合老人房和小孩房，同时也增加了居家的舒适性。可设置多个控制器控制同一路灯光达到双控功能，面板直观，操作简单，如通过客厅墙面控制器的一个按键单独开关客厅吊灯，卧室入口与床头墙面控制器控制同一路灯光，具有双控功能。

2）区域控制。通过控制器上的一个按键控制一个区域的所有灯光，如通过出口处一个按键控制客厅里的所有灯光，作为一个区域来管理。

3）分组控制。通过控制器上的一个按键控制一组灯光。此方式在走廊灯光控制中有所应用，下楼后通过组控按键可以打开向左走或向右走方向灯光。

4）总控。通过控制器上的一个按键控制整栋别墅所有智能家居设备的开关，安装于隐蔽处，以防误操作。本项目安装于大门背后墙面，方便离家时使用。

5）场景控制。通过场景控制器控制室内灯光场景效果，可单独控制灯光效果，也可以结合背景音乐、温度、窗帘等其他智能家居设备进行整体联动，可记忆灯光亮度、音乐声音大小、温度值、窗帘开合幅度等所有效果。场景记忆断电不丢失，可安装于各个功能房间内，如设定晚餐场景、舒适场景、电视场景、聚会场景等。卧室床头起夜模式可打开和关闭室内调光灯、卫生间走廊灯和卫生间灯，方便夜晚使用。也可作为全关功能，控制一层或整栋楼所有设备的开关。晚间照明效果如图 8-23 所示。

图8-23　晚间照明效果

任务 5　人体红外探测器的运用

人体红外探测器的工作原理为：在红外线探测器中，热电元件检测人体的存在或移动，并把热电元件的输出信号转换成电压信号，然后对电压信号进行波形分析。人体红外探测器实物如图 8-24 所示。

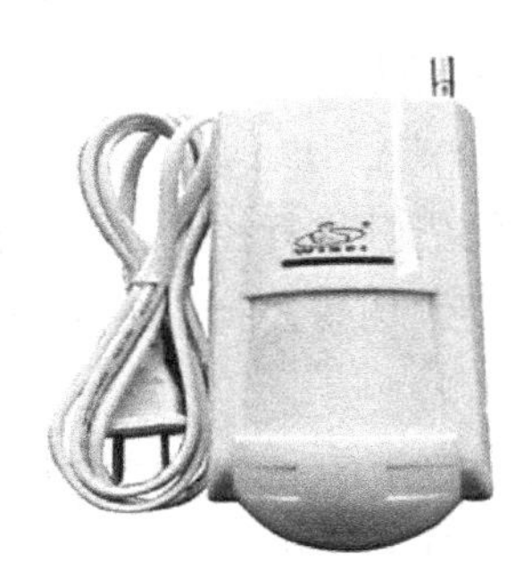

图8-24　人体红外探测器

在智能灯光设计过程中，为了达到最好的控制效果，人体红外探测器除了应用于安防系统，也为灯光智能控制提供服务。

将人体红外探测器安装在天花板或墙面上，即可自动探测人体红外感应，并根据光线亮度判断开灯，开灯后延时 1min 关闭灯光。其延时时间可调，探测角度和灵敏度也可调节。人体红外探测器主要安装在走廊和楼梯处，所要实现的效果就是“人到灯亮，人走灯灭”，如图 8-25 所示。

图8-25　走廊照明效果

任务 6　光照度传感器介绍及应用

光照度传感器采用对弱光也有较高灵敏度的硅兰光伏探测器作为传感器，具有测量范围宽、线形度好、防水性能好、使用方便、便于安装、传输距离远等特点，可用于各种场所，尤其适用于农业大棚、城市照明等场所，并可根据不同的测量场所配置不同的量程，线性度好、防水性能好、可靠性高、结构美观、安装使用方便、抗干扰能力强。

光照度传感器用来采集光照的强度，当光照度低于一定值时，可自动让相应灯光亮起，如一些照明灯和院子里的装饰灯，其效果如图 8-26 所示。

图8-26　装饰灯效果

另外，光照度传感器配合温湿度传感器、烟雾传感器可以组成整个家庭的环境监测系统，实时对家中的自然状况进行监控。这种系统不仅应用在智能家居领域，还在温室大棚、博物馆、图书室、舞台和工厂等诸多场所得到了成功应用。

任务 7　灯光节能联动控制及调试

将所有模块设置完成之后，所需做的工作就是测试无线控制功能的稳定性和设置相关符合业主要求的联动控制效果。此处选取的总控制器设置界面不要过于复杂，以便施工完成之后业主根据个人实际情况进行二次设置。具体设置方式如下：

1）通过控制器可对任何一个灯光回路或智能家居设备的动作设定多个条件，可储存 300 条带多个条件的命令，如设定在晚上 24:00—6:00 这一时间段内，当卧室卫生间的灯未关闭时，卧室灯光自动启动。

2）通过网关可以在互联网上登录智能家居控制系统网站，输入用户名和密码即可控制所有智能家居系统，控制灯光的开关和调光，有区控、组控、总控等多种方式，可部分选择性地控制，也可全部控制。室内则使用无线路由访问。

3）通过电话控制模块输入用户密码后，根据语音提示选择控制所有智能家居系统，可实现灯光的开关和调光，有区控、组控、总控等多种方式，方便用户外出时简单方便地关闭家里的设备，提供无网络时的多种远程控制方式，可部分选择性地控制，也可全部控制，如图 8-27 所示。

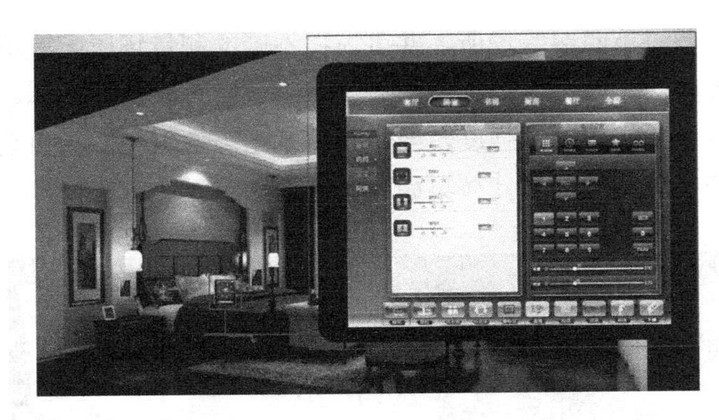

图8-27 整洁直观的控制方式

产品采用模块化的设计，每个设备都可以独立工作，并具有独立的对外接口，可以随时升级成最新版本。系统采用统一的通信协议，使用2芯双绞线，可以随时增加设备，扩展功能，而无需另外布线。智能家居控制系统为业主提供了优质、高效、舒适、安全、节能的生活空间，带来一种全新的生活享受。

在与业主李先生沟通后，施工人员最后确定了以下灯具联动设置：

1）当家中无人时，通过大门门锁反锁的信息来控制任何室内照明灯光的关闭，防止资源浪费。当业主外出反锁大门时，室内所有大型灯光自动关闭。

2）对室外院子的装饰灯光进行设置，使其按时段自动开启和关闭，减少人员的控制。自动控制时间可自行修改，初始化设置为夏季开启时间段是19:00—24:00，冬季开启时间是17:00—24:00，其余时间段关闭。也可通过与光照度传感器联动达到同样的效果。

3）为客厅和餐厅的所有照明灯光设置多种模式。会客模式：亮起主吊灯让室内明亮整洁；休闲模式：亮起背光灯和部分彩灯，使整个室内气氛轻松；派对模式：开启部分低功率灯和闪光球，提升派对氛围；烛光晚餐模式：关闭所有大灯，开启室内彩灯，烘托浪漫气氛，如图8-28所示。业主也可根据需求自行添加新模式。

图8-28 烛光晚餐模式

4）在所有衣柜、储藏室内加装照明灯，通过与门的传感器联动，实现“打开门时，室内灯光自动亮起，方便业主挑选找寻物品；关闭门时，灯光自动关闭”的功能。

5）深夜时间段业主睡眠时启动红外人体感应和踏板控制，卧室床两边的地面加装压力传感器，实现的效果为业主下地时脚接触压力传感器，自动亮起台灯（光线从无到有，不会刺激人眼，且亮度较低，只起到基础照明效果），灯光自动亮起 10min 后自动关闭。当业主进入走廊和其他房间时，通过人体红外设备的识别自动开启亮度较低的射灯，方便业主夜间走动，自动亮起 10min 后自动关闭。睡眠模式的灯光效果如图 8-29 所示。

图8-29　睡眠模式的灯光效果

当然，在进行这一部分的调试和安装时，有一个很重要的问题，就是不能只是将所有设置停留在理论层面，每一个特殊的设置都需要施工人员和业主双方测试其是否效果良好。如在之前的工程中，施工人员为业主设置了光照度低于一定值时开启室内灯光的简单联动控制，这看起来非常符合使用，但其结果却是：一旦室内变暗，灯光便自动开启；随着灯光的开启，室内光照度增加，灯又自动关闭，如此反复不停。所以这些联动效果是为了体现智能家居的人性化和自动化，不要因粗心大意而让其变得不再智能。

项目 3　微信-智能家居控制

项目描述

对于智能家居而言，微信是一个时尚、便利的终端应用。微信平台具有三个非常好的基本条件：一是成熟的平台技术，二是庞大的用户群，三是开放的用户平台。这三个条件为微信成为智能家居系统的用户控制终端奠定了基础。微信在微信-智能家居系统中相当于系统的“大脑”，用户通过微信控制终端远程发送指令后，利用 ZigBee 无线技术向住宅内的智能家居设备发出命令，以实现对家中设备的智能化控制。

项目实施

任务 1　用户需求分析

当外出游玩或者上班时，用户控制终端实现以下功能：①想通过微信实时控制家中各电器的运行；②进行布防；③利用摄像头看到家中客厅位置的图像。需求效果如图 8-30 所示。

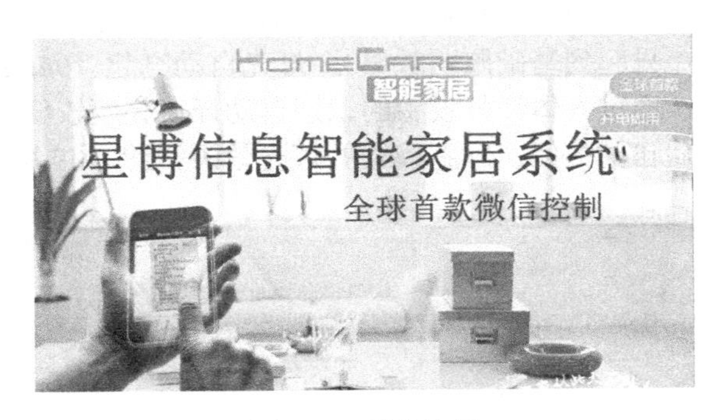

图8-30　需求效果

任务 2　制订工程方案

此工程可以通过 HomeCare 微信平台 DIY 完成。通过 HomeCare 微信客户端，可以随时控制无线摄像头及时回传预设监控位置的图像。可实现的功能为：布防状态门磁、红外感应器有告警触发，警铃联动响起，并能自动将图文告警信息发到微信端。从外面回家之前，用智能终端登录微信，通过简单操作轻松让 HomeCare 智能插座为用户提前开启所需电器，如热水器、灯等。

任务 3　编制项目施工单

编制项目施工单，见表 8-3。

表 8-3　项目施工单

项目名称		班组名称	
施工地点			
工作内容			
工期		施工金额	
现场工长签字		施工员签字	

任务 4　系统配件及选用

1. 无线智能插座

无线智能插座是可以无线控制的插座。另外，该设备也提供自带的开关控制，常用于家里的灯具、热水器、空调器等需要开关的设备，如图 8-31 所示。

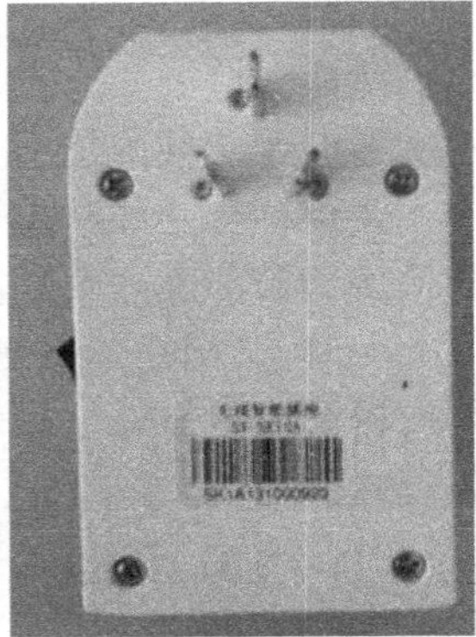

图8-31　智能开关

2. 无线红外探测器

无线红外探测器一旦感应到人体的红外线波段，在家居网络处于布防状态下会立即触发告警。无线红外探测器可安装于阳台上，用于非法入侵的监测，如图 8-32 所示。

3. 无线门磁感应器

无线门磁感应器与磁条分别安装在门或窗户开合的两边，当门或窗被打开时门磁便会立即触发告警，如图 8-33 所示。在智能家居系统处于布防状态时，如果出现异常，那么系统会触发警铃发出警报声，并通过微信发送警告通知给该智能家居的微信绑定账号。

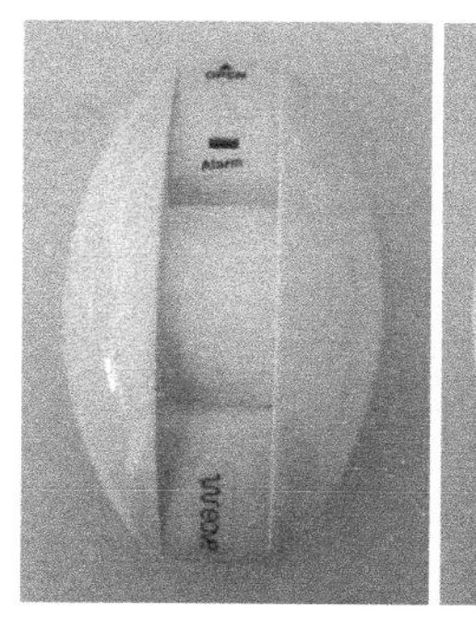

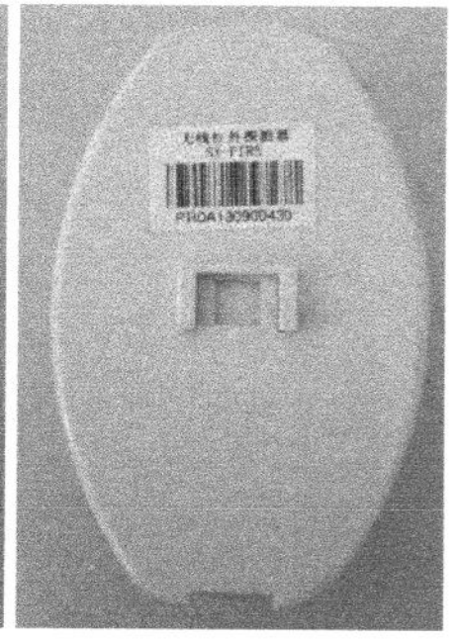

图8-32　无线红外探测器

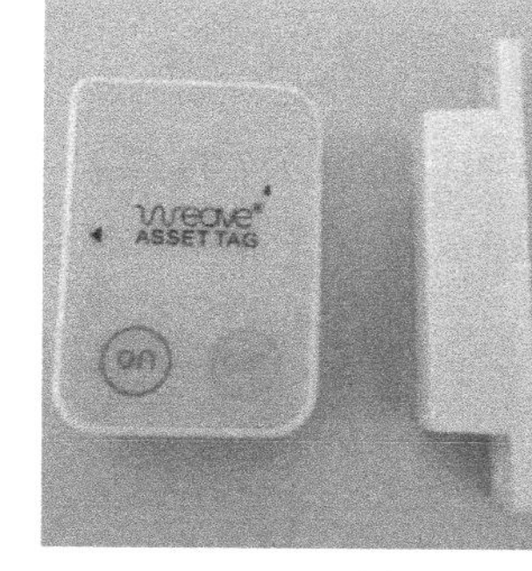

图8-33　无线门磁感应器

4. 无线遥控器

无线遥控器主要用于布防、撤防开关，以便用户随时开启和关闭安防状态，如图 8-34 所示。智能家居系统还可以借助微信平台通过操作指令远程管理安防状态，在本地提供一键布防和撤防的功能。

图8-34　无线遥控器

5. 无线警铃

无线警铃是智能家居系统安防告警警铃，在智能家居网络处于布防状态下，一旦智能家居中红外探测器或智能门磁等安防设备检测到异常信号，智能警铃会立刻发出尖锐的报警声，如图 8-35 所示。

6. WI-FI 摄像头

WI-FI 用于拍照与录像。用户可通过微信终端进行一键拍照并回传，如图 8-36 所示。

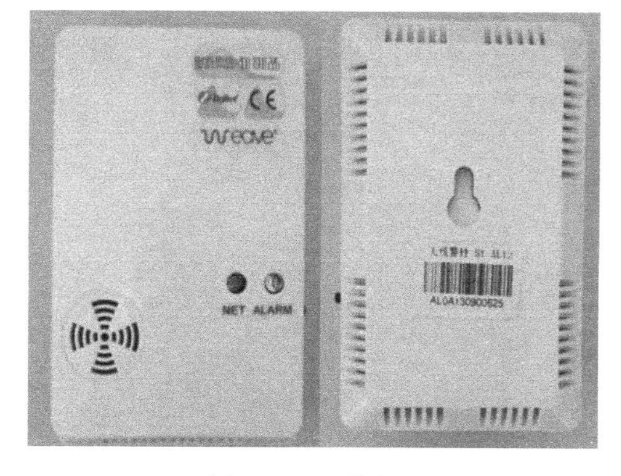

图8-35　无线警铃

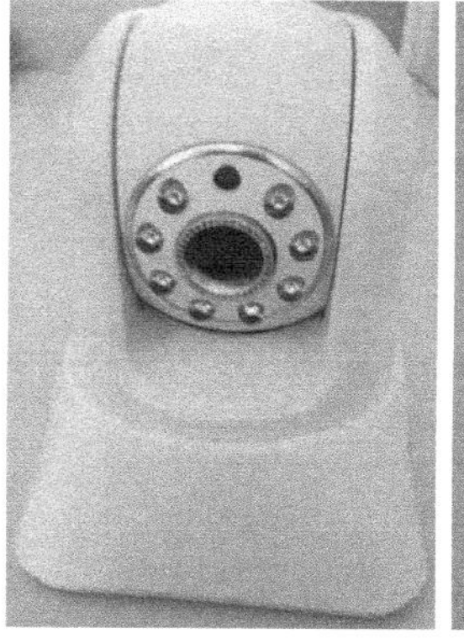

图8-36　WI-FI摄像头

7. 无线接入点（Access Point，AP）

无线 AP 用于 WI-FI 摄像头与中控网关的连接，如图 8-37 所示。

8. 中控网关

中控网关是整套智能家居系统的控制中心，负责前端设备管理，如图 8-38 所示。设备接上网线连接到互联网，即可以通过微信来远程控制智能家居设备（智能插座、无线警铃、无线红外探测器、无线门磁感应器、WI-FI 摄像头等）。

图8-37　无线AP

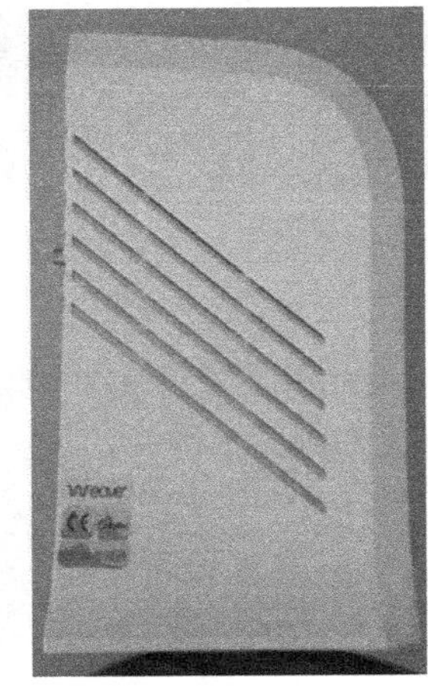
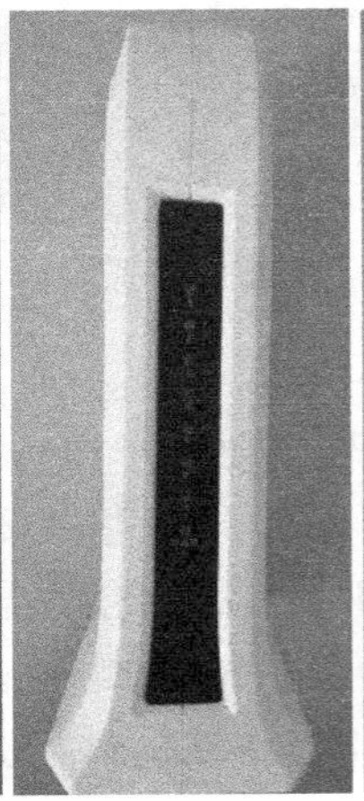
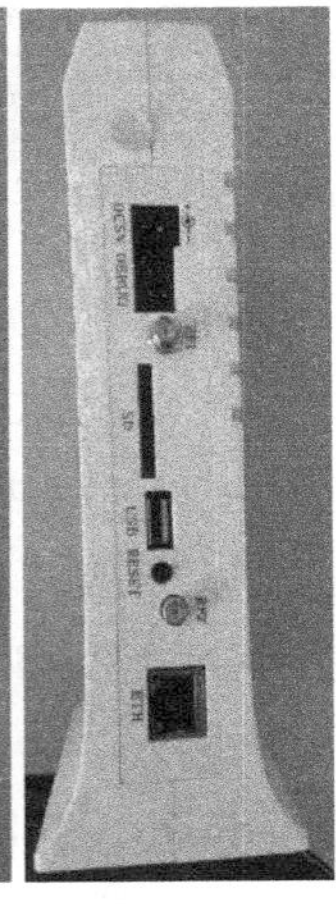

图8-38　中控网关

任务 5　安装与调试

1）所有智能家居设备智能插座、无线警铃、无线红外探测器、无线门磁感应器及 WI-FI 摄像头全部通电，连接网线。设备连接示意图如图 8-39 所示。

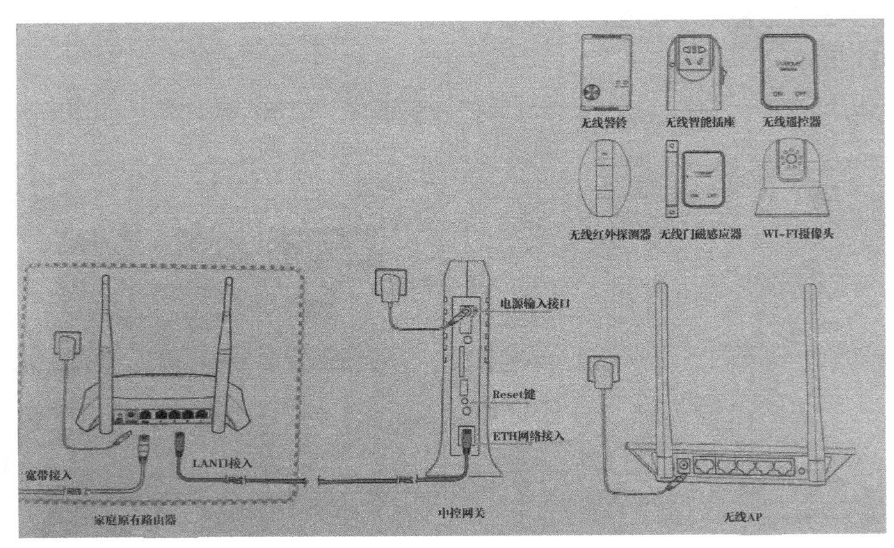

图8-39　设备连接示意图

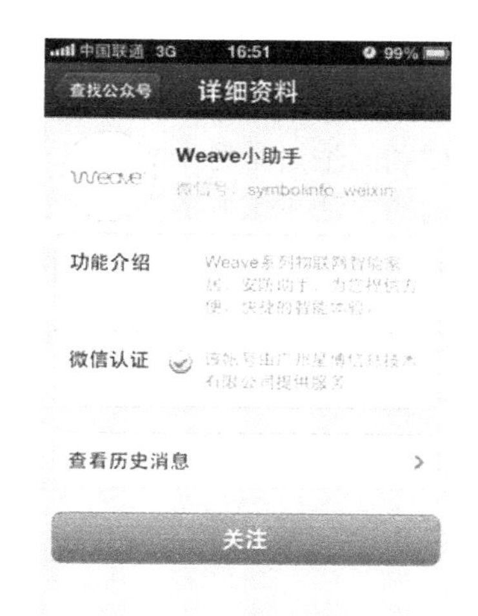

图8-40　关注“Weave小助手”微信号

2）关注微信，通过“通信录”→“添加朋友”→“查找公众号”，在搜索文本框中输入“Weave 小助手”并进行关注，或者直接用微信扫描二维码功能扫描 VIP 卡上的“二维码”添加关注即可，如图 8-40 所示。

3）注册主账号，用微信打开 Weave 小助手，输入注册码验证号，提示注册成功后即可控制智能家居。主账号注册成功的同时用户应及时完善资料，绑定邮箱地址和手机号，即可成功接收智能家居反馈的邮件和短信，如图 8-41 所示。

4）注册子账号。一个主账户可以有多个子账户同步控制，但只有主账户才能申请注册子账户。在主账户登录的状态下输入“WS”后获取子账户注册码，再输入“WR+子账户注册码”即可完成子账户的注册。注册成功后，子账户即可控制智能家居设备。最后调试效果如图 8-42 所示。

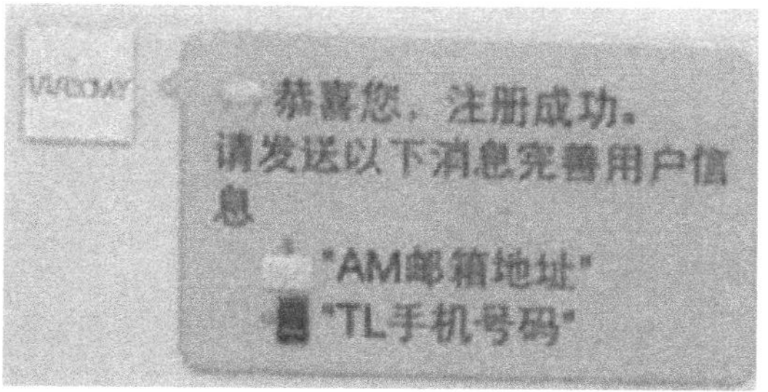

图8-41　注册主账号

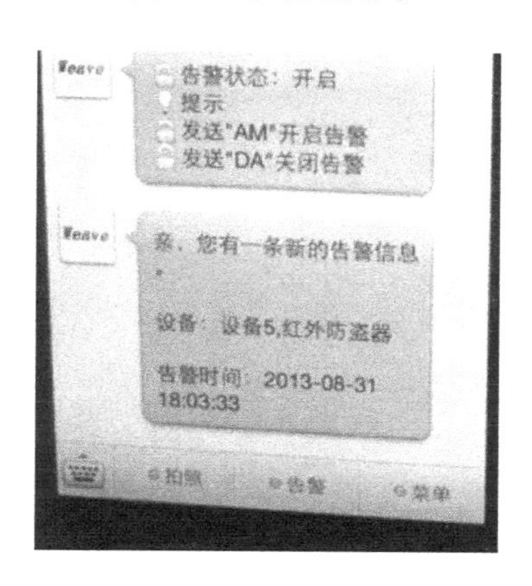

图8-42　微信控制智能家居

监理验收

智能家居有一个重要的特点，就是要个性化定制，正如家庭的装修、家电设备、衣物和玩具等，智能家居的选配和安装需要家庭用户自己的参与，因此智能家居 DIY 是将来的发展趋势。在将来，市场上会出现很多智能家居（家庭自动化）产品的专卖店。对于老百姓来讲，舒适便利的生活是每个家庭追求的目标，而智能家居作为提高生活质量的一种手段，确实能给人们的生活带来好的改变，让人们享受到科技给生活带来的乐趣与方便。动手打造属于自己的智能家居不仅能体验 DIY 的乐趣，而且还能让自己的家居格外与众不同。

参 考 文 献

[1] 韩江洪，等. 智能家居系统与技术[M]. 合肥：合肥工业大学出版社，2005.
[2] 田景熙. 物联网概论[M]. 南京：东南大学出版社，2012.